UNREAL ENGINE 5 基础入门教程

彭玉元 编著

人民邮电出版社

北京

图书在版编目（CIP）数据

Unreal Engine 5基础入门教程 / 彭玉元编著. --
北京：人民邮电出版社，2024.9
ISBN 978-7-115-63568-6

Ⅰ. ①U… Ⅱ. ①彭… Ⅲ. ①虚拟现实—程序设计
Ⅳ. ①TP391.98

中国国家版本馆CIP数据核字(2024)第048921号

内 容 提 要

本书为虚幻引擎5（Unreal Engine 5）的基础入门教程，专为初学者量身定制。本书共7章，内容涵盖从虚幻引擎的基础知识到实际项目应用的全方位知识，侧重于虚幻引擎中的场景搭建、数字人类和基础蓝图等内容，引导读者以简单的操作构建完整、真实的场景。

本书从虚幻引擎5的功能和用途开始介绍，引导读者下载、安装虚幻引擎，创建、体验基础游戏模板，随后逐步讲解界面功能。本书还安排了实例，读者可以跟随实例进行练习，由浅入深地掌握软件。此外，本书赠送所有案例的素材文件、源文件等。

本书适合游戏开发者、设计师，以及相关专业的师生学习参考。

◆ 编　著　彭玉元
　　责任编辑　王　冉
　　责任印制　陈　犇
◆ 人民邮电出版社出版发行　　北京市丰台区成寿寺路11号
　　邮编　100164　电子邮件　315@ptpress.com.cn
　　网址　https://www.ptpress.com.cn
　　固安县铭成印刷有限公司印刷
◆ 开本：787×1092　1/16
　　印张：21　　　　　　　2024 年 9 月第 1 版
　　字数：624 千字　　　　2025 年 2 月河北第 3 次印刷

定价：79.90 元

读者服务热线：(010)81055410　印装质量热线：(010)81055316
反盗版热线：(010)81055315

前言
PREFACE

虚幻引擎作为一款功能强大的游戏引擎，广泛应用于各种游戏和应用程序的开发。凭借卓越的性能、易用的界面及优异的画面表现力，虚幻引擎已成为当今市场上比较先进的游戏引擎之一，深受动画、游戏设计、XR（VR/AR/MR等）开发等行业相关人士的喜爱。

本书将系统地介绍虚幻引擎5的基础知识与操作，涵盖下载与安装、项目创建、界面介绍、场景搭建、数字人类创建、游戏蓝图实例、过场动画制作及项目发布等方面的内容。通过学习本书，读者能够快速掌握如何运用虚幻引擎5构建一个完整的游戏场景。

本书旨在清晰明了地呈现虚幻引擎5的基础知识，配有详细的操作指南和实例演示，使读者能够更深入地理解每个步骤，以便读者在学习初期

和后期实践中提高动手能力。值得一提的是，本书的部分案例环境以编者所在的城市——桂林市的风景为背景，以象鼻山风光为实例逐步实现各种游戏功能，让读者在学习过程中领略桂林的自然美景。书中所使用的素材将附赠给读者，以方便读者学习。

感谢研究生助手张铭成、工新宇、高小涵、蒋雨轩、王怡文、李珂、万阳等人，他们从校稿到实例测试，为编者提供了巨大的支持。

本书的目标是成为渴望学习虚幻引擎相关技能的初学者的一本实用参考书。希望本书通过分享虚幻引擎5的基础知识和实践经验，能为读者提供帮助，使读者能运用所学知识开发出更加优秀的游戏作品。

目录
CONTENTS

03章 场景搭建入门实例

04章 数字人类

05章 游戏蓝图实例

06章 过场动画制作

07章 项目发布

01 章

初识虚幻引擎5

虚幻引擎5（Unreal Engine 5，UE5）是由Epic Games（英佩游戏）公司开发的游戏引擎，支持多种平台和设备，能够提供从启动项目到发行产品所需的一切。其世界级的工具套件及简易的工作流程能够帮助开发者快速迭代概念并立即查看成品效果，而开发者无须掌握编程技术。虚幻引擎是开源的，这意味着开发者可以自由修改、扩展引擎功能，并使用前人积累的技术资源来丰富项目。

近年来，越来越多的开发者、开发商投入虚幻引擎的开发中，因为它相较于传统游戏引擎具有更好的画面表现力。虚幻引擎开发正在成为一项热门的技术，在城市数字景观、城市规划、数字孪生方面都有应用。图1.1所示为虚幻引擎5渲染效果。

更广阔的世界，更宏大的叙事。
更多的虚幻技术。

图 1.1　虚幻引擎 5 渲染效果

虚幻引擎可以免费下载，并且具备开发、发行任何类型的跨平台游戏所需的功能，所有工具和功能安装即可使用。同时它还提供完整的源代码访问权限、健全的C++ API（Application Program Interface，应用程序接口）和蓝图可视化脚本，能制作出差异化的作品。

虚幻引擎的重要功能包含行业领先的图形技术、多人游戏框架、C++源代码访问权限、蓝图功能及MetaHuman Creator（逼真人类创建器）。

行业领先的图形技术

使用虚幻引擎基于物理的光栅化和光线追踪渲染，可以轻松得到令人惊叹的视觉内容。虚幻引擎可利用先进的动态阴影选项、屏幕空间及真3D反射、多样的光照工具和基于节点的灵活材质编辑器创作出逼真的实时内容，图形表现力非常强，这是很多人选择虚幻引擎的原因之一。图1.2所示为虚幻引擎5.4.1实时演示图片，画面效果非常惊人。

图 1.2　虚幻引擎 5.4.1 实时演示

成熟的多人游戏框架

历经20多年的发展，虚幻引擎的多人游戏框架已通过众多平台以及不同游戏类型的考验，被用于制作许多业内顶尖的多人游戏。虚幻引擎推出的"下载即用"型客户端/服务器端架构不但具有延展性，而且能够胜任多种复杂项目，代表作有《绝地求生》和《堡垒之夜》，图1.3所示为《堡垒之夜》海报。

图 1.3　《堡垒之夜》海报

C++源代码访问权限

开发者通过对完整C++源代码的自由访问，可以学习、自定义、扩展和调试整个虚幻引擎，从而更加顺畅地完成项目。虚幻引擎在GitHub上的源代码库会随着主线功能的开发而不断更新，因此开发者甚至不必等待下一个产品版本发行，就能获得最新的代码；而对于精通C++语言的开发者来说，这更是一个非常实用的功能。图1.4所示为GitHub官方网站主页。

图 1.4　GitHub 官方网站主页

蓝图功能

蓝图功能是虚幻引擎的主要功能之一，是一种简化的编程系统，它对设计师而言更加友好。有了蓝图可视化脚本，开发者无须编写代码，就能快速制作出原型并推出交互内容。开发者可以使用蓝图构建对象行为和交互、修改用户界面、调整输入控制以及进行许多其他操作，也可以使用强大的内置调试器在测试作品的同时可视化玩法流程并检查属性——这也是很多人选择虚幻引擎的原因之一。5.4.1版本引入了在引擎内解码像素流送视频流的支持，这样就可以在多个应用程序之间，甚至潜在地在编辑器之间提供流送。该功能随附新蓝图节点，可支持在引擎中设置流播放，而无须编写C++代码。该版本还对虚拟制片Live Link（Virtual Production Live Link） iOS应用添加了试验性支持，以使用像素流送试验性流送和控制iOS设备上的虚拟摄像机。图1.5所示为蓝图的编辑界面。

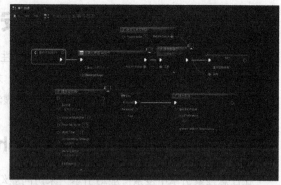

图 1.5　蓝图的编辑界面

MetaHuman Creator（逼真人类创建器）

次世代的游戏玩家期待看到逼真角色，所以有了MetaHuman Creator技术，通过它，开发者能在几分钟内创作出具有高品质毛发和服装的数字人类角色。MetaHuman Creator具有完整的绑定和8级LOD（Levels of Detail，细节层次），可以在虚幻引擎项目中用于动画制作。图1.6所示为MetaHuman Creator的简单介绍画面。

图 1.6　MetaHuman Creator 的简单介绍画面

虚幻引擎5.4.1 的新功能

虚幻引擎5.4.1更新了一些功能，如视效性能优化、新一代实时渲染、纹理和纹理资产编辑器改进、全新开放世界工具集、内置的角色和动画工具、建模和塑造工具更新、UV编辑和烘焙、增强的编辑器用户界面、新的导入框架和工作流程等，后面将逐步引入这些内容。其中虚幻引擎5.4.1的渲染精度、光照和操作界面都有了很大程度的优化，优化了Lumen着色、软件光线追踪等，改进了Nanite虚拟化微多边形几何体和虚拟阴影贴图（Virtual Shadow Maps，VSM）的基础性能，为游戏在次世代主机和具有足够处理能力的PC上以60帧/秒的速率运行提供支持，增强游戏体验；解除了元数据与对象数据之间的耦合，这将允许我们按需同步代码控制系统中的部分内容，进而精简工作空间，加快同步速度。利用虚幻引擎的全套水系统（Water System） 渲染和网格体工具，可以在关卡中添加各种水体Actor（Water Body Actor）类型来表示水。类似Quixel Bridge功能的集成将极大程度加快场景成型的速度，同时对计算机资源的占用率和要求也更高了。图 1.7所示为虚幻引擎5.4.1的渲染效果。（本书内容基于虚幻引擎5.4.1，后面的"虚幻引擎5"系"虚幻引擎5.4.1"的简称。）

图 1.7　虚幻引擎 5.4.1 的渲染效果

1.2 　虚幻引擎5的下载与安装

虚幻引擎的定价模式如下：虚幻引擎在创作线性内容（如电影）时是免费的，进行游戏开发时也是免费的，只有当创作者的作品营收超过100万美元时，才需要就超出部分支付5%的分成费用。此外，虚幻引擎还提供了比较完善的学习资料及社区支持，访问虚幻引擎的官网可以进行学习。

1.2.1　安装Epic Games Launcher

在任意搜索引擎中搜索"虚幻引擎"来访问虚幻引擎的官方网站，单击图1.8所示页面右上角的"下载"按钮跳转到下载指南页面。

下载指南页面会显示虚幻引擎的定价信息和推荐系统要求，如图1.9所示。开发者的PC需要至少四核的Intel或AMD处理器，至少8GB的内存，以及支持DirectX 11或DirectX 12的显卡（NVIDIA RTX-A2000系列以上，或者AMD RX-6000系列以上）。

图1.8　虚幻引擎的官方网站

图1.9　下载指南页面

在下载指南页面，单击图1.10所示的"下载启动程序"按钮即可进行下载。

下载后打开安装文件，单击"安装"按钮即可启动安装Epic Games Launcher（英佩游戏启动器）的程序，如图1.11所示。Epic Games Launcher是一个PC端的游戏发布平台，需要在该平台中进行虚幻引擎5的下载和安装。

图1.10　下载启动程序

图1.11　启动安装Epic Games Launcher的程序

1.2.2　下载并安装虚幻引擎5

Epic Games Launcher安装完毕后，会生成桌面快捷方式，如图1.12所示，双击即可进行登录。平台提供了多种登录方式，这里选择"注册"，如图1.13所示。

跳转到注册界面，选择"使用电子邮件地址登录"，如图1.14所示。

图 1.12 Epic Games 图 1.13 Epic Games Launcher 登录界面   图 1.14 选择注册方式
Launcher 的桌面快捷
方式

跳转到信息输入界面，如图1.15所示，可以直接使用QQ邮箱等国内主流邮箱进行注册，注册完毕后即可登录平台。

登录后选择平台左侧的"虚幻引擎"，选择上方的"库"选项卡后单击"+"按钮，即可选择虚幻引擎的版本，这里选择5.4.1版本，如图1.16所示。

单击"安装"按钮后，平台会开始下载并安装虚幻引擎5。安装包大小为50GB左右，默认安装到C盘，请保证C盘或其他磁盘（若设置安装到其他磁盘）有50GB以上剩余空间。

图 1.15 信息输入界面   图 1.16 选择虚幻引擎的版本

1.3 虚幻引擎5项目创建

完成虚幻引擎5的安装后，可通过单击Epic Games Launcher中的"启动"按钮启动虚幻引擎，如图1.17所示。

也可以通过桌面快捷方式来启动虚幻引擎。当完成虚幻引擎的安装后，桌面上会自动生成虚幻引擎的快捷方式"Unreal Engine"，双击该快捷方式即可启动虚幻引擎，如图1.18所示。

图 1.17　通过 Epic Games Launcher 启动虚幻引擎

图 1.18　通过快捷方式启动虚幻引擎

1.3.1　模板介绍

初次打开虚幻引擎会进入"虚幻项目浏览器"界面，如图 1.19 所示，在该界面的左侧可以选择"游戏""影视与现场活动""建筑""汽车、产品设计和制造"等标签，使得创建的项目侧重于其中的某一项。本书将逐步引导初学者创建一个独立的游戏项目，所以这里直接聚焦于"游戏"标签。

"游戏"标签内共有 7 个选项，包含市面上大部分的游戏类型。其中"空白"选项将会创建一个空无一物的场景与项目，不推荐初学者使用。下面将对其余 6 个选项进行简述。

图 1.19　"虚幻项目浏览器"界面

● 第一人称游戏

第一人称游戏模板如图 1.20 所示，玩家通过第一人称视角体验游戏，只能观察到自己面前的视野及部分肢体和工具，无法看到自己的全身，具有非常强的代入感。第一人称游戏大多是动作、射击和解谜类型的游戏，如《生化危机》《穿越火线》《反恐精英》等。

若选择此选项，则可获得一个基础的第一人称射击游戏模板，模板包含一个可操控的佩枪角色，可以在固定平台中进行移动和射击。

● 第三人称游戏

第三人称游戏模板如图 1.21 所示，玩家可以在游戏中控制角色移动和操作，并通过第三人称视角体验游戏故事和世界，玩家是从角色的越肩视角进行观察的，可以通过旋转视角从各个角度观察角色全身及周围环境。第三人称游戏通常是动作、角色扮演、体育、战略类型的游戏，如《超级马里奥兄弟》《和平精英》《绝地求生》等。

若选择此选项，则可获得一个基础的第三人称游戏模板，模板包含一个可操控的第三人称角色，可以在固定平台中进行移动。

图 1.20　第一人称游戏模板

图 1.21　第三人称游戏模板

● 俯视角游戏

俯视角游戏模板如图1.22所示，拥有一个可控制的角色，摄像机位于角色的上方，但位置比第三人称视角要高得多。玩家可以通过鼠标或触摸屏指定目的地，或使用导航系统来辅助角色移动。俯视角游戏通常是策略、冒险、模拟类型的游戏，如《星际争霸》《精灵宝可梦》《梦幻西游》等。

● 载具

载具模板如图1.23所示，包含一辆普通载具和高级载具。玩家可以通过键盘、手柄或触摸式设备上的虚拟摇杆来控制载具移动。高级载具具有双横臂式悬架。此外，该模板还包含载具引擎音效，以及一个能够显示当前挡位和车速的UI。

● 手持式AR应用

手持式AR应用模板如图1.24所示，是Android及iOS设备创建增强现实应用的良好起点，包含开启和关闭AR模式的运行逻辑、关于平面检测的调试信息、命中检测及处理预计光照的示例代码。

● 虚拟现实

虚拟现实模板如图1.25所示，该模板基于OpenXR（XR技术的应用程序接口）实现，用于面向台式计算机、主机端及移动端的VR设备开发项目。该模板具有玩家传送、玩家旋转、物体拾取、物体交互、Google Resonance Audio空间音频，以及VR观察视角等功能。

建议初学者根据自身对项目的设想在以上6个选项中进行选择，其中利用第三人称游戏模板可以比较方便地进行场景影片录制，它的可扩展性较强，所以下面将以第三人称游戏模板为例进行讲解。

图1.22 俯视角游戏模板

图1.23 载具模板

图1.24 手持式AR应用模板

图1.25 虚拟现实模板

1.3.2 模板选择

在"虚幻项目浏览器"界面中选择"第三人称游戏"模板，此时在界面右下方的"项目默认设置"处可以设置项目的基本属性，默认设置为"蓝图"编辑模式、"桌面"（PC端）平台开发、"最大"画面质量、"初学者内容包"选项勾选以及"光线追踪"选项不勾选，如图1.26所示。

在界面下方可以设置当前项目的保存位置和项目名称，该名称会决定项目打包时的名称。建议初学者按照图1.26进行设置。下面将对以上设置进行简述。

图1.26 选择第三人称游戏模板

● 蓝图/C++

此处选择将项目设置为蓝图或C++项目。蓝图是虚幻引擎的特色功能，是一种简化的程序编写方式（用于编写各种游戏内的功能与交互效果），非常适合初学者使用；C++是一种高级程序设计语言，由C语言扩展升级而来，使用时需要有一定的编程基础。

● 目标平台：桌面、移动平台

此处选择将项目设置为在桌面平台（PC端）或移动平台（移动设备，如平板计算机）上进行发布，该选项可以在后续编辑中更改。

● 质量预设：最大、可缩放

此处选择将控制项目的画面效果，一般选择"最大"以保证游戏的画面效果，开发者可以结合PC端的硬件条件进行选择。

● 初学者内容包

启用后将为项目添加一个额外的内容包，包含基础材质、纹理和简单的可放置网格体，可以帮助初学者快速丰富项目内容。

● 光线追踪

光线追踪开发项对PC性能要求较高，建议先不开启。

在完成图1.26中所有的设置后，单击"创建"按钮即可跳转到虚幻引擎5的编辑界面，如图1.27所示。此时编辑界面中所呈现的是一张空白的地形环境地图，而非模板地图。下面按照步骤依次打开需要的模板地图并进行编辑。

此时编辑界面左上角显示地图的名称为"未命名"，表示地图是新建的空白地图，还未进行保存。

在该界面下方的"内容浏览器"面板中，双击打开"ThirdPerson"（第三人称）文件夹，该文件夹中的文件即第三人称游戏模板文件。

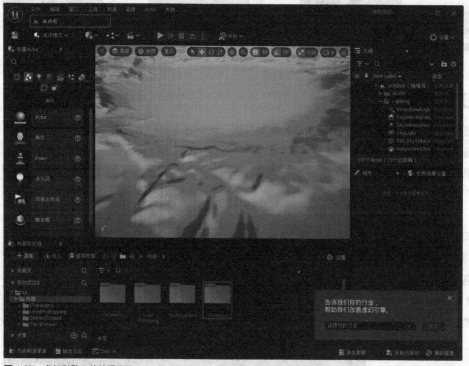

图1.27 虚幻引擎5的编辑界面

打开 "Maps"（地图）文件夹，第三人称游戏模板地图就在其中，如图1.28所示。

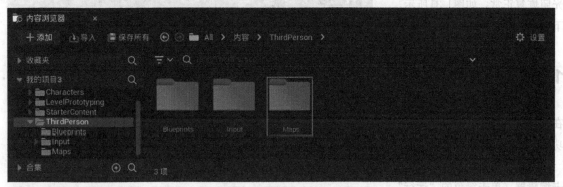

图 1.28　打开 "Maps" 文件夹

● 修改错误的定向光源效果

在 "Maps" 文件夹中，双击打开地图文件 "ThirdPersonMap"（第三人称地图），如图1.29所示，可以看到整个场景呈现一片白色，这是虚幻引擎5的BUG（错误）所导致的，若读者使用虚幻引擎时并未出现该错误则可以跳过此内容，详细操作步骤如下。

❶ 双击打开第三人称地图。

❷ 在界面右上角的 "大纲" 面板中找到文件夹 "Lighting"（灯光），选择第一项。

❸ 在界面右侧展开 "细节" 面板。

❹ 在 "细节" 面板中展开 "光源" 栏，可以看到该项目 "DirectionalLight"（定向光源）的强度为3，光源颜色为白色。这就是场景呈现白色的原因。

图 1.29　第三人称地图

下面我们来修改这两项错误数据（具体设置见图1.30），操作步骤如下。

❶ 在 "细节" 面板中找到 "光源" 栏中的 "强度" 属性，将数值改为0.04lux。

❷ 找到 "光源" 栏中的第二项 "光源颜色"，展开 "取色器" 面板。

❸ 在 "取色器" 面板中找到 "V" 选项，将数值修改为0.04。

❹ 单击 "确定" 按钮完成设置。

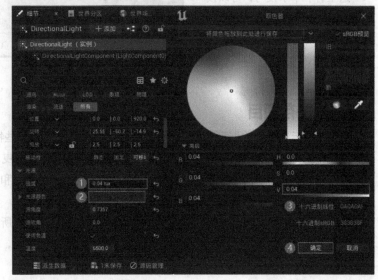

图 1.30　调整定向光源强度和颜色

完成以上操作后，该地图的光照恢复正常，如图1.31所示。下面对该模板地图进行试玩。

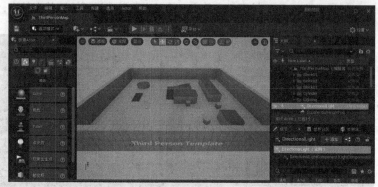

图 1.31　光照恢复正常

1.3.3　模板地图试玩

现在简单地尝试运行该地图，在第2章中会对虚幻引擎的界面及功能进行详细介绍。

虚幻引擎5的视口上方是关卡编辑器，单击绿色的"运行"按钮或按Alt+P组合键即可直接在当前视口运行这个地图，如图1.32所示。

图 1.32　运行地图

运行地图后，视口变为以金属小人（默认角色）为主角的第三人称游玩界面，如图1.33所示，可以通过W/A/S/D键和空格键操控该角色在场景中奔跑、跳跃以及与其他物体进行碰撞；单击红色的"停止"按钮或者按Esc键即可退出运行模式。

这里有一个小技巧，可以按F11键将视口调整为全屏显示，全屏显示的界面大小和虚幻引擎5的界面大小相关。

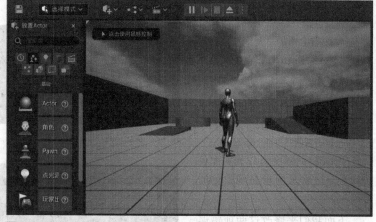

图 1.33　成功运行地图

1.3.4　保存项目

掌握了运行游戏和退出运行模式的操作方法后，可以尝试添加一些物体到地图中。

在退出运行模式的情况下，可以选择将Actor放置到场景中，拖曳界面左侧的立方体到场景中即可创建一个对应的资产，单击"运行"按钮运行此关卡，就可以在场景中和这个立方体进行交互了，步骤如图1.34所示。

当完成类似的编辑后，可以单击"内容浏览器"面板中的"保存所有"按钮来保存之前的操作。"保存所有"是虚幻引擎中最全面的保存功能，不仅能保存地图内的编辑，也可以保存"内容浏览器"面板中的编辑，直接单击"保存所有"按钮即可对整个项目进行保存。

此外，若一段时间内不进行操作，虚幻引擎会自动保存项目；在未保存时选择退出，虚幻引擎会提示进行保存。下面通过硬盘目录对项目文件进行简述。

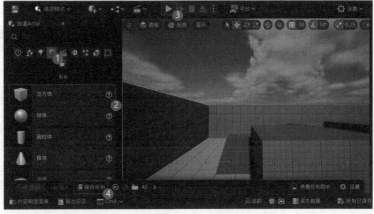

图1.34 放置资产并保存所有

● 查看项目文件

可以在图1.35所示的目录找到"我的项目"文件，该路径与图1.19中的项目保存路径一致，其中"管理员"是开发者的Windows账户名称，目录可能存在一定差异，建议读者利用"我的文档"或"文档"来寻找该路径。下面对项目内的文件夹及文件进行简述。

图1.35 项目文件

● Config（配置）

包含布局与默认引擎、默认游戏等多项默认编辑器设置文档。

● Content（内容）

项目内各种资产的存放位置，也是该文件夹中最重要的文件夹，后续内容中会多次提到。

● DerivedDataCache（派生数据缓存）

派生数据缓存简称DDC，许多虚幻引擎资产都需要额外的"派生数据"才能使用（包含着色器的材质就是一个简单示例），材质在渲染之前需要进行编译、加载才能进行正常显示，此处就是用于存放派生数据缓存的临时文件夹。

● Intermediate（中间缓存）

用于保存构建项目和使用虚幻引擎时产生的临时文件，每次在虚幻引擎中打开项目就会进行重新创建。

● Platforms（平台）

包含与各种平台相关的代码和资源，这些文件用于实现虚幻引擎在不同平台上的特定功能和性能优化。例如，Windows平台文件夹包含与Windows操作系统相关的代码和资源。

● Saved（存档）

　　包含游戏的存档数据，这些文件可以存储玩家的进度、配置、首选项等信息。在游戏中，存档数据通常可以被玩家读取和写入，以便他们在不同时间和地点继续游戏。

● 我的项目.uproject（项目配置文件）

　　我的项目.uproject文件是一个项目配置文件，双击打开此文件即可打开该项目进行编辑。在使用虚幻引擎创建项目时会自动生成这个文件。

02章

虚幻引擎5界面及功能

　　第1章详细介绍了如何下载、安装并初步使用虚幻引擎5，相信初次接触虚幻引擎的读者仍然处于较困惑的状态。本章会详细地介绍虚幻引擎5各个常用面板的功能，并结合案例引导读者理解、掌握这些功能。图2.1所示为虚幻引擎5的界面布局。

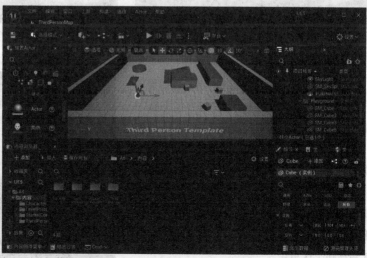

图2.1　虚幻引擎的界面布局

2.1 界面简介

本节介绍虚幻引擎5的主界面，在正式开始介绍之前，先对上一章的部分操作进行回顾。

● 准备工作

打开Epic Games Launcher，依次选择"虚幻引擎>库"，即可回到虚幻引擎的启动界面，此时再次单击"启动"按钮，即可重新打开虚幻引擎，如图2.2所示。

虚幻引擎启动过程中会弹出图2.3所示的画面，画面左下角会显示启动进度。

图2.2　虚幻引擎启动　　　　　　　　　　　　　　　　　　图2.3　虚幻引擎5的启动画面

● "虚幻项目浏览器"界面

加载完成后并不会马上进入软件的主界面，而是会进入图2.4所示的"虚幻项目浏览器"界面，该界面的主要作用是快速启动最近打开的项目和新建项目。

最近打开的项目：在"虚幻项目浏览器"界面上，找到"最近打开的项目"标签，如图2.5中的"①"所示，单击该标签即可在"②"处浏览我们之前保存的项目，单击项目即可将其打开。

如果以后虚幻引擎5版本升级了，打开之前用低版本创建的项目时，系统会询问是否备份，因为以高版本虚幻引擎打开用低版本创建的项目时会对项目产生覆盖效果（产生永久性的影响），所以当需要打开用低版本创建的项目时，一定做好备份管理。

 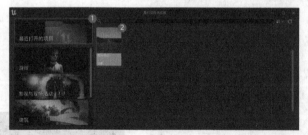

图2.4　"虚幻项目浏览器"界面　　　　　　　　　　　　　图2.5　快速启动最近打开的项目

● 软件主界面

虚幻引擎5的主界面如图2.6所示，包括菜单栏、关卡编辑器、模式面板、"内容浏览器"面板、"大纲"面板、"细节"面板、"视口"面板、控制台及隐藏窗口8个部分，下面将依次进行介绍。

菜单栏：包含进行新建、保存、导出等基础操作的菜单，除了常规的编辑内容外，虚幻引擎5将关卡编辑器中的许多功能以折叠菜单的形式转移到了这里。

关卡编辑器：对关卡内大部分功能进行管

图2.6　虚幻引擎5的主界面

理和设置，目前简化为7个常用的功能，从左到右依次为"保存当前关卡""模式面板切换""快速添加到项目""蓝图""添加序列""运行关卡与游戏设置""平台相关操作"。基于虚幻引擎5对光照系统的改进，移除了之前常用的"构建"，将"平台相关操作"分离出来单独作为一个功能。

模式面板：通过关卡编辑器可以进行功能切换，默认放置各种Actor到关卡内的界面，常用的有选择、放置Actor、地形、植物、网格体绘制和笔刷编辑功能，虚幻引擎5中新增了"建模""破裂""动画"模式。

"内容浏览器"面板：类似磁盘中文件夹模式的浏览界面，在此处可以进行资产的浏览，是最常用的面板之一，在虚幻引擎5中改动较小。

"大纲"面板：此处可以浏览关卡内放置的所有资产，可以把资产从"内容浏览器"面板中拖曳到此处，同时单击主视口内的任意模型、资产也会在此处显示相关的资产名称和类型。

"细节"面板：为选中的资产提供详细说明和展示参数的面板，在此处可以对各种资产的参数进行设置，调整资产的大小、位置、角度和其他属性。

"视口"面板：虚幻引擎5的主视口，根据不同的设置可以展现不同的视角和视图，相较之前的版本顶部的功能按钮没有太大改变。

控制台及隐藏窗口：虚幻引擎5中新增的小功能栏，可以按住Ctrl键的同时按空格键来调出第二个"内容浏览器"面板，还整合了一些关于输出日志及代码编辑、控制台之类的功能。

2.2 菜单栏

这一节将对虚幻引擎5的菜单栏进行概述。需要注意的是，初学者并不需要立刻了解虚幻引擎的全部菜单及功能，只需掌握使用虚幻引擎的基础知识即可，后面会通过实例讲解让读者逐渐熟悉虚幻引擎的各个功能。

菜单栏位于虚幻引擎5界面的顶部，由8个菜单组成，包括"文件""编辑""窗口""工具""构建""选择""Actor""帮助"。菜单栏的右侧还会显示当前项目的名称（我的项目），以及用于对当前虚幻引擎的界面进行缩放与关闭的按钮，如图2.7所示。

图2.7　菜单栏

单击以上8个菜单中的任意一项都可以展开下拉菜单进行操作。

2.2.1 "文件"菜单

单击"文件"菜单即可展开下拉菜单，如图2.8所示，其中包含"新建关卡""打开关卡""保存当前关卡""导入到关卡中""新建项目""退出"等重要命令。命令右侧显示的键是启动该命令的快捷键。

1.打开

"文件"菜单的顶端是"打开"功能区域，如图2.9所示，其中"新建关卡""打开关卡""打开资产"是比较常用的命令。

图2.8　"文件"菜单总览

"新建关卡"可以在当前项目中创建一个基础或空白的关卡；"打开关卡"和"打开资产"则是以一个额外窗口的形式对项目中的所有关卡和可执行资产进行检索和使用，"内容浏览器"面板中也有对应的功能。

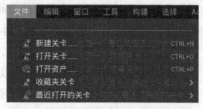
图2.9　"打开"功能区域

"收藏夹关卡"可以将当前关卡进行收藏，可以在该命令的子菜单中快速启动收藏的关卡。

"最近打开的关卡"可以浏览最近打开过的所有关卡，也可以快速启动关卡。

2. 保存

"保存"功能区域如图2.10所示。

"保存"功能区域的功能前面有提到过，可以对当前关卡、整个项目或单独文件分别进行保存（一般选择"保存所有"）。此处"保存所有"命令的作用和"内容浏览器"面板中的"保存所有"按钮的作用是完全一样的。

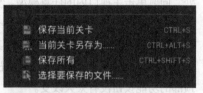
图2.10　"保存"功能区域

3. 导入/导出

"文件"菜单的中间部分是"导入/导出"功能区域，如图2.11所示。"导入/导出"功能在后面有完善的演示和讲解，可以简单理解为将磁盘内的资源导入项目和将项目资源导出到磁盘中。

图2.11　"导入/导出"功能区域

4. 项目和退出

"文件"菜单的底部是"项目"功能区域与"退出"功能区域，如图2.12所示。

"项目"功能区域中的命令可以对整个项目进行设置，"项目"是关卡的父项，且可以包含多个关卡，这里的"新建项目"和"打开项目"会启动虚幻项目浏览器的部分界面。

图2.12　"项目"功能区域与"退出"功能区域

"压缩项目"常用于传输项目，可以把项目压缩为一个ZIP格式的文件以便于传输；"最近打开的项目"和"退出"属于比较基础的命令。

2.2.2 "编辑"菜单

单击"编辑"菜单即可展开下拉菜单，如图2.13所示，其中包含"历史记录""编辑""配置"功能区域。

"历史记录"功能区域包含"取消移动元素""恢复""取消操作历史"，这些命令都是较常用的命令。

"编辑"功能区域包含"剪切""拷贝""粘贴""复制""删除"。

"配置"功能区域中的"编辑器偏好设置"可以对当前版本的虚幻引擎进行设置，包含"外观""区域和语言""性能"等大量的选项，一般不进行改动；"项目设置"可以对当前项目的"打包""地图和模式"等进行设置，仅针对当前的项目生效；"插件"可以启用各类来源的插件，其中Datasmith（史密斯数据）等插件需要在这里通过勾选开启，后面会详细介绍如何搜索和使用插件。

图2.14所示为"编辑器偏好设置"面板，其中包含了大量的可设置项，比较常用的有"外观"设置，可"外观"设置以对编辑器的外观进行非常细致的设定，改变整个编辑器界面的颜色。

图2.13 "编辑"菜单总览   图2.14 "编辑器偏好设置"面板

图2.15所示为"项目设置"面板，其中"打包""地图和模式"是比较常用的选项，在后面会通过实例进行操作演示。

图2.15 "项目设置"面板

图2.16所示为"插件"面板，在其中可以启用各类来源的插件进行更加方便的操作或与其他软件进行

链接，比如Datasmith插件（虚幻引擎官方出品，用于将主流建模软件的模型导入虚幻引擎的插件）。

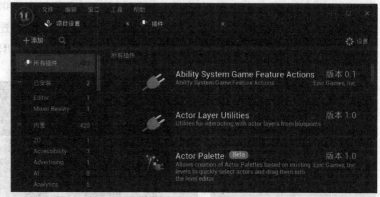

图2.16 "插件"面板

2.2.3 "窗口"菜单

单击"窗口"菜单即可展开下拉菜单，如图2.17所示，其中包含"关卡编辑器""日志""获取内容""布局"功能区域，其中"获取内容"功能区域较为常用，集合了"虚幻商城"和"Quixel Bridge"（Quixel桥梁）两个强大的优质资源商城，可以帮助开发者加快项目开发速度。

1.关卡编辑器

"窗口"菜单顶端是"关卡编辑器"功能区域，如图2.18所示，其中的命令可以控制各个关卡相关面板的开关，较为常用的面板都已经默认打开了，此处的"过场动画"将在后面进行详细讲解。

"内容浏览器""视口""细节"最多可以打开4个相同的面板，以便同时查看不同的资产。

"关卡"用于管理当前项目中的关卡。

"图层"用于管理关卡中Actor（对象）类所在图层。

"环境光照混合器"用于统一管理关卡内所有的光源和视觉效果类资产，可以有效避免开发者在关卡中寻找光源资产时浪费时间（这类资产很难通过框选寻找），图2.19所示为"环境光照混合器"面板。

图2.17 "窗口"菜单总览

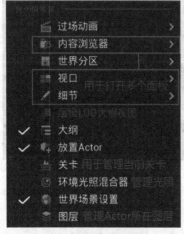

图2.18 "关卡编辑器"功能区域

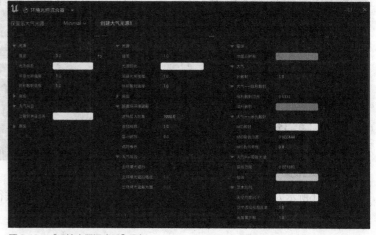

图2.19 "环境光照混合器"面板

2.日志

图2.20所示为"日志"功能区域。"日志"功能区域中比较常用的是"输出日志",又称"打包日志",在打包时如果出现打包错误的情况,我们可以利用"输出日志"查看警告信息并排除相关问题,相关内容会在7.2节中进行演示。

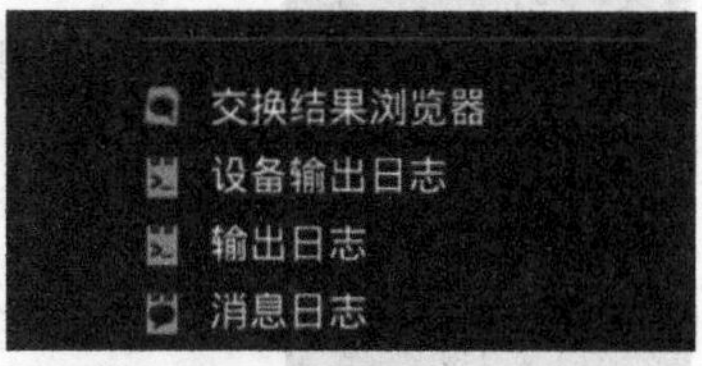

图2.20 "日志"功能区域

3.获取内容

"日志"功能区域的下方是"获取内容"功能区域,如图2.21所示,这是一个非常重要的功能区域,其中"打开虚幻商城"可以获取付费或免费的各类大体积资产,包括3D模型、蓝图、可操控角色和可试用关卡等,而"Quixel Bridge"可以获取海量的免费资产,包括

3D模型、纹理和贴花等,从而极大程度地丰富场景。以上两个途径获取的资产均可进行无限制使用。

图2.21 "获取内容"功能区域

选择"打开虚幻商城"会直接在虚幻引擎外打开Epic Games Launcher并跳转到"虚幻商城"界面,如图2.22所示,开发者可以在这里购买各种样式的资产,也可以将自己制作的资产进行售卖。

而选择"Quixel Bridge"会打开Quixel Bridge界面,如图2.23所示,开发者可以在这里下载各种样式的资产,主要是模型、材质类资产。

图2.22 "虚幻商城"界面

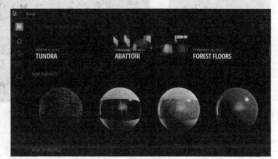

图2.23 Quixel Bridge 界面

4.布局

"窗口"菜单的底部是"布局"功能区域与"启用全屏"命令,如图2.24所示。"布局"功能区域比较简单,其中"加载布局"可以让开发者切换到虚幻引擎4的布局样式,该布局样式会自动启用"视口""大纲"等面板。

开发者可以自行拖曳各种面板形成不同的布局,再使用"保存布局"和"移除布局"来管理它们。

"启用全屏"可以把虚幻引擎设置为全屏显示,快捷键是Shift+F11。

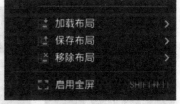

图2.24 "布局"功能区域

2.2.4 "工具"菜单

单击"工具"菜单即可展开下拉菜单,如图2.25所示,其中包含"编程""工具""测量""源码管理"等功能区域,有大量C++相关的功能,整合了部分旧版本的右键菜单的内容,初学者只需对"工具"菜单的常用命令进行简单的了解。

图 2.25 "工具"菜单总览

1.编程

"工具"菜单的顶端是"编程"功能区域,如图2.26所示,利用该功能区域可以新建C++类资产和生成Visual Studio项目。

这两个命令都需要安装Visual Studio软件才可以使用,其中C++类资产和蓝图类资产类似,但编写语言为C++,选择"新建C++类"命令后出现图2.27所示的"添加C++类"面板。Visual Studio是微软公司的开发工具包系列产品,是用于PC端代码开发的程序,和虚幻引擎的项目发布有直接关系,在后面的打包项目中会进行详细介绍。

图 2.26 "编程"功能
区域

图 2.27 "添加 C++ 类"面板

2.工具

图2.28所示为"工具"功能区域,其中较为常用的命令有"本地化控制板""合并Actor"。

选择"本地化控制板"命令后出现图2.29所示的面板,可以在其中设置一些本地化相关的细节,如语言、文本等。

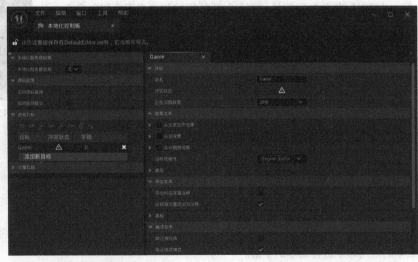

图 2.28 "工具"功能区域

图 2.29 "本地化控制板"面板

选择"合并Actor"后出现图2.30所示的面板，可以将多个选中的Actor资产合并为一个新的资产，并直接替换原文件（非特殊情况不建议这样操作），通过这个命令可以将多个零散的建筑模型合并为一个整体再进行后续编辑。

图2.30　"合并 Actor"面板

3.世界分区

图2.31所示为"世界分区"功能区域，"转换关卡"可以将项目中的关卡转换为世界分区，让多个开发者在同一个关卡内编辑不同的区域而互相不受影响。

图2.31　"世界分区"功能区域

4.数据验证

图2.32所示为"数据验证"功能区域，"验证数据"可以检测内容目录中的所有数据是否存在错误，在检测完成后可以根据提供的日志检查错误原因。

图2.32　"数据验证"功能区域

2.2.5 "构建"菜单

单击"构建"菜单即可展开下拉菜单，如图2.33所示，其中较为常用的命令有"构建所有关卡"和"仅构建光照"。

选择"构建所有关卡"命令后会弹出一个对话框显示构建进度，系统会自动对当前关卡进行光照数据与可视性数据计算，以生成正确的阴影，而"仅构建光照"命令仅对关卡的光照数据进行计算，耗时较短；其余命令可以在虚幻引擎显示相关警告时再使用。

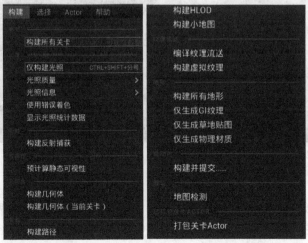

图2.33　"构建"菜单总览

2.2.6 "选择"菜单

单击"选择"菜单即可展开下拉菜单，如图2.34所示。"选择"菜单是将旧版本中右键菜单的部分功能移动到了此处，包含"通用""层级""BSP""光源""静态网格体"等多个功能区域，有非常多常用的命令。

1. 通用

图2.35所示为"选择"菜单顶端的"通用"功能区域，其中"选择所有"可以一次性选择关卡内的所有Actor，"取消全选"和"反向选择"与它对应，可以覆盖所有的Actor类。

图2.34 "选择"菜单总览

图2.35 "通用"功能区域

"选择所有StaticMeshActor"可以根据资产的类型选择所有同类型项目，如图2.36所示，场景中的默认几何体类型与我们添加的"盒体笔刷"类型是不同的，可以使用"选择所有StaticMeshActor"来分别选择上述资产的同类型项。使用"聚焦选中项"后会将视口镜头拉近到所选资产附近。

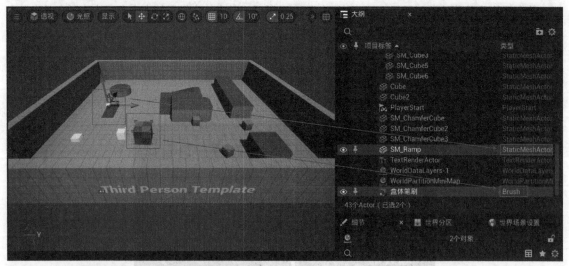

图2.36 Actor的类型具有区别

2. 层级和BSP

图2.37所示为"层级"和"BSP"（盒体笔刷编辑）功能区域，"层级"中的两个命令比较容易混淆，后面会以图例讲解区分它们的方法；"BSP"功能区域中的命令在虚幻引擎5中已经基本被"建模"模式功能取代了，这里不再进行讲解。

以关卡内自带的资产文件夹"Block01"（石块01）为例，其中"新建文件夹1"和蓝色区域中的资产都是它的直接子项（可简单理解为它的"儿子"），如图2.38所示，而"新建文件夹1"的子项"SM-Cube4"（立方体4）属于"Block01"的孙子辈，所以无法通过"选择直接子项"命令将其选中，此时对"Block01"执行"选择所有后代"命令则可以选择文件夹内的一切Actor。

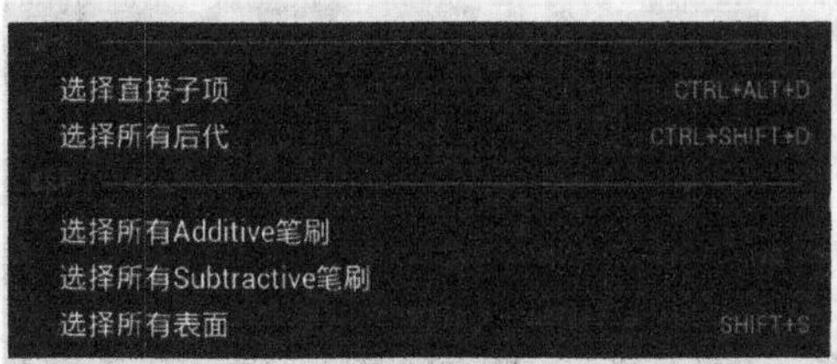

图2.37　"层级"和"BSP"功能区域 　　　　　图2.38　"选择直接子项"命令

3. 光源和静态网格体

图2.39所示为"光源"和"静态网格体"功能区域。

"光源"功能区域中，"选择相关光源"可以选择与当前资产相关的光源；"选择所有光源"可以一次性选择关卡中所有的光源，这个命令比较常用；"选择过度重叠的固定光源"可以选择超出重叠限制的光源。

图2.39　"光源"和"静态网格体"功能区域

"静态网格体"功能区域内的命令类似于之前提到的"选择所有StaticMeshActor"，但具有更加细致的选择范围，选择"选择匹配（所选类）"命令可以选择具有相同静态网格体（相同模型）和Actor类的资产。

2.2.7　"Actor"菜单

单击"Actor"菜单即可展开下拉菜单，如图2.40所示，在视口内对任意Actor右击时也会看到和此处几乎一样的命令。

1. 资产选项

图2.41所示为"资产选项"功能区域，"资产选项"功能区域中的"浏览至资产""编辑Cube""资产工具""替换选中的Actor"等命令较常用，在"大纲"面板中对所选Actor右击也可以看到相似的内容。

"浏览至资产"将会在"内容浏览器"面板中显示你所选资产的路径。

"编辑Cube"相当于在"内容浏览器"面板中双击了选中的Actor，可以展开一个面板对Actor进行详细的编辑，包括大小、角度等属性。

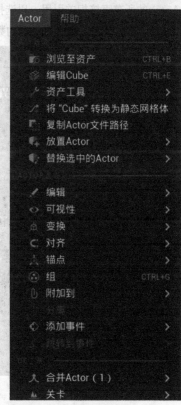

图2.40　"Actor"菜单总览

"将'Cube'转换为静态网格体"可以将选中的Actor转换为静态网格体并保存到"内容浏览器"面板。

"放置Actor"可以添加新的Actor到关卡中，等同于拖曳资产到关卡中。

"替换选中的Actor"是一个常用命令，可以把关卡中选中的Actor替换为"内容浏览器"面板中选中的资产，且保留坐标信息；在虚幻引擎5中，"替换选中的Actor"可以选择替换时是否保留资产的材质。

"浏览至资产"的效果如图2.42所示，对关卡内的Actor使用后，将在"内容浏览器"面板中跳转到Actor的文件位置并自动选择它，这是一个非常重要的命令。

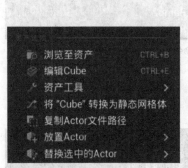

图2.41　"资产选项"功能区域　　　图2.42　"浏览至资产"的效果

图2.43所示为选择"资产工具"中常用命令"引用查看器"后弹出的面板，在其中可以查看所选Actor的所有直接相关引用。以选择的蓝色立方体为例，"引用查看器"面板展示了所选蓝色立方体用到的材质和Actor资产及关卡内资产的数量、名称、位置等信息。

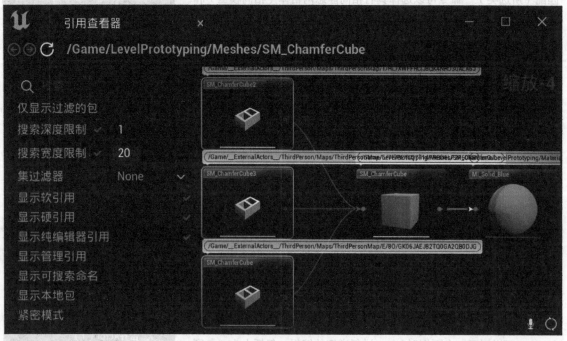

图2.43　"引用查看器"面板

2.ACTOR选项

图2.44所示为"ACTOR选项"功能区域，其中的命令与当前版本的右键菜单内容相似，也可以通过右键单击"大纲"面板或关卡内的Actor来使用这些命令。

"编辑"包含了剪切、粘贴、复制等基础编辑操作。

"可视性"可以在编辑模式中隐藏所选的Actor，但是运行关卡时它们仍然会显示。

"变换"可以使Actor沿x、y、z轴做镜像变换，但不包含复制，也可以在这里锁定所选Actor，使它无法再移动。

图2.44　"ACTOR 选项"功能区域

"对齐"可以使Actor以地面、2D图层等对象为参照进行对齐，避免手动操作时产生误差。

"锚点"比较重要，后面会进行实例演示，可以将它的作用简单理解为更改模型的坐标系。

"组"是指将所选的Actor编组以便更好地编辑。

"附加到"可以将所选Actor作为子项附加到其他项中，"分离"与之相对。

"添加事件"可以为Actor添加各种事件，使它受损、消失或与角色交互等。

3.UE工具

图2.45所示为"UE工具"功能区域，其中"合并Actor（1）"和之前提到的"工具"菜单中的"合并Actor"的作用一样。

"关卡"是对初学者很友好的命令，可以在"内容浏览器"面板中显示当前正在编辑的关卡。

图2.45　"UE 工具"功能区域

2.2.8 "帮助"菜单

单击"帮助"菜单即可展开下拉菜单，如图2.46所示，在这里可以找到在线文档和教程等外部资源，大部分命令会通过外部的网页浏览器直接跳转到虚幻引擎的社区或官方网站。"社区"功能区域中的"在线学习"提供了比较全面的汉化视频教程，对初学者掌握虚幻引擎非常有帮助。

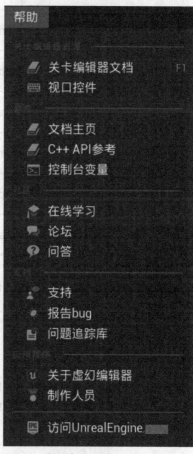

图2.46　"帮助"菜单总览

2.3 导入/导出

在学习完菜单栏的基本功能后，我们应该深入了解导入、导出功能的含义和使用方法；导入、导出是常规三维软件最常用的功能，但虚幻引擎仅支持导入特定格式的资产，导出与打包与其他三维软件也有一定区别。

2.3.1 导入

导入：将一个资产从磁盘中导入虚幻引擎5的"内容浏览器"面板中。

在虚幻引擎5的"内容浏览器"面板中，可以单击顶部的"导入"按钮,如图2.47所示,将一个资产(模型文件、音频文件、图片等)从磁盘中导入当前的文件夹中,也可以直接将资产从外部拖曳至"内容浏览器"面板中。

图2.48中导入时展开的目录是当前项目的"Content"(内容)文件夹,这是因为"Content"文件夹是虚幻引擎导入资产的唯一有效路径,后面我们会多次提到"Content"文件夹的作用。

图2.47 "内容浏览器"面板中的"导入"按钮

图2.48 "Content"文件夹

虚幻引擎5中常见的可导入的资源类型如表2-1所示。

表2-1 虚幻引擎5常见的可导入的资源类型

资源类型	文件扩展名	应用程序
三维模型	.fbx、.obj	Maya、3ds Max、ZBrush
纹理和图片	.bmp、.jpeg、.png、.psd 等	Photoshop
字体	.otf、.ttf	BitFontMaker 2
音频	.wav	Audacity、Audition
视频和多媒体	.wmv	After Effects、Media Encoder
Physx	.apb、.apx	APEX PhysX Lab
其他	.csv	Excel

其中需要注意的是,虚幻引擎5不支持导入.mp3格式和.mp4格式的资源,这两类格式的文件需要通过相关软件转换为特定格式后才能导入。

2.3.2 导出

导出:针对当前关卡,将关卡导出为模型格式到磁盘中,或仅导出当前选中项。

与其他三维软件类似,虚幻引擎5可以导出当前关卡内的模型或特定模型,如图2.49所示,导出的格式有fbx、obj等常见的模型格式。

"文件"菜单中"导入/导出"功能区域的命令也可以进行Actor的导入。可以发现虚幻引擎的常用功能可以在多个不同的区域找到，非常方便。

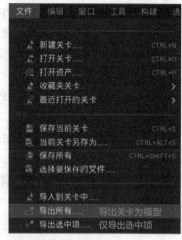

图2.49 导出

2.4 关卡编辑器

在虚幻引擎5中，关卡编辑器功能由11个简化为7个，分别是"保存当前关卡""模式面板切换""快速添加到项目""蓝图""添加序列""运行关卡与游戏设置""平台相关操作"（启动、打包和自定义编译），旧功能（如"构建"等）被移到了顶部菜单栏中，如图2.50所示。

图2.50 关卡编辑器

1.保存当前关卡

可以保存当前编辑的关卡，如图2.51所示，但较少使用，因为部分导入的素材、贴图可能不在关卡内，一般使用"内容浏览器"面板内的"保存所有"按钮来进行全面的保存，如图2.52所示。

图2.51 关卡编辑器内的"保存"按钮

图2.52 "内容浏览器"面板中的"保存所有"按钮

2.模式面板切换

显示各种模式，如图2.53所示，从中可以选择不同的模式来编辑不同类型的Actor。其中默认的模式是"选择"，可以选择关卡中的各种资产进行编辑，并为关卡添加或删除资产。

"地形"模式可以在虚幻引擎中从无到有地创建各种地形，也可以通过导入高度图来一键生成相应的地形。

"植物"模式可以让开发者以一定密度在场景表面一次性添加植物或其他网格体资产。

"网格体绘制"模式用于对网格体表面进行颜色或纹理的绘制。

"建模"是虚幻引擎5新增的模式，增加了样条线生成模型等相关功能，现在在虚幻引擎中可以做更加复杂的建模工作。

"破裂"模式是虚幻引擎5新增的模式，可以控制爆炸物的爆炸当量和破裂等级等数据。

"笔刷编辑"模式可以对BSP盒体笔刷进行编辑，相当于简易的建模功能。

"动画"模式是虚幻引擎5新增的模式，主要是针对角色的动画进行编辑设置。

以上的各种模式此处不进行详细展开，后面会有对应的实际应用案例演示。

图2.53 关卡编辑器中的模式

3. 快速添加到项目

"快速添加到项目"菜单如图2.54所示，"获取内容"功能区域中的4个命令与前文中提到的完全一样，此处提供了一个快捷取用的菜单。

图2.55所示为"放置Actor"面板，可以拖曳、放置各种类型的Actor资产到关卡中。选择"快速添加到项目"菜单中的"放置Actor面板"命令可以将此面板调出。

在"最近放置"选项卡中可以快速调用最近使用过的Actor资产。

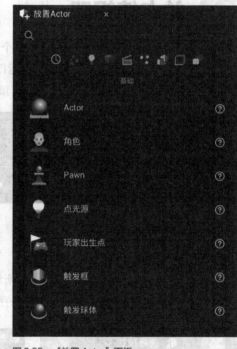

图2.54 "快速添加到项目"菜单　图2.55 "放置 Actor"面板

4. 蓝图

它是一切交互的基础，相当于可视化的代码，此处可以在"内容浏览器"面板中新建空白蓝图类文件、将关卡内项目转换为蓝图类文件、打开蓝图类文件以及打开关卡蓝图等操作。

"关卡蓝图"是指当前关卡内的蓝图，仅在当前关卡内生效，无法简单地转移到其他关卡，常用于编写一些场景交互系统，比如开关门、升降电梯等交互。而编写完成的蓝图类文件可以简单转移到其他关卡内进行使用。

"蓝图"菜单如图2.56所示，"项目设置"功能区域可以对当前关卡的游戏模式进行设置。现在关卡中默认的游戏模式是第三人称游戏模式（BP_ThirdPersonGameMode），后面会对这个游戏模式做一些调整，以便编写单击触发式事件。

图2.56 "蓝图"菜单

5.添加序列

"序列"在旧版本中被称为"过场动画"，是通过调整摄像机镜头对场景进行拍摄来捕捉动画的功能。利用"添加序列"菜单可以拍摄场景动画，也可以导出AVI格式的影片到磁盘中，如图2.57所示。

图2.57　"添加序列"菜单

"关卡序列"是一个默认长度为数秒的短片，而"主序列"可以对数个"关卡序列"进行剪辑和导出，两者都可以直接引用到关卡蓝图中进行播放，后面会对序列功能进行案例演示说明。

6.运行关卡游戏设置

该功能较为常用，可以对当前关卡进行试玩、预览关卡的运行效果、检测蓝图是否生效等。单击"修改游戏模式和游戏设置"按钮打开"运行选项"菜单，可以切换为独立窗口、独立进程游戏模式，默认模式为在当前视口运行，如图2.58所示。

7.平台相关操作

"平台"在旧版本中被称为"启动"，在虚幻引擎5中加入了项目打包相关的命令，现在可以使用关卡编辑器的快捷功能对项目进行打包，如图2.59所示。

"快速启动"功能区域可以实现"在此Windows上启动游戏"，模拟游戏打包完成后的启动效果与"运行选项"菜单中的"快速启动"功能区域一样，并且可以设置游戏在运行中烘焙，而非启动时进行烘焙。

"内容/SDK/设备管理"功能区域中的命令都可以进行打包和烘焙，后面会有进行Windows平台的打包和运行的演示。

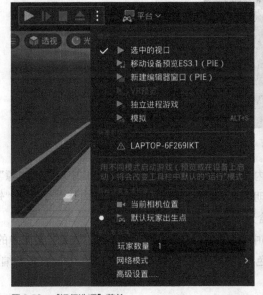

图2.58　"运行选项"菜单

图2.59　"平台"菜单

"选项和设置"功能区域中的命令可以对打包进行相应的设置、压缩打包后项目的体积等。

2.5　模式面板

本节简单介绍虚幻引擎5的模式面板，根据2.4节中"模式面板切换"相关的内容，当前版本共有"选择""地形""植物""网格体绘制""建模""破裂""笔刷编辑""动画"8种模式。

2.5.1　"选择"模式

在"选择"模式下，可以切换左侧模式面板的内容，且面板会始终保留"选择模式"选项框，如图

2.60所示，便于开发者随时由其他模式切换回"选择"模式。

"放置Actor"是模式面板默认展示的功能，其中包含大量常用的Actor，如基础Actor类、几何体、光源、触发盒体、空气墙、空白角色、空白Actor等，可以将它们拖曳到关卡中。在虚幻引擎5中，"选择"模式的面板进行了一些简化，功能上没有太大改变，以下将依次介绍该面板中的分类。

最近放置：可以快速选择放置最近使用过的Actor资产，如图2.61所示。

基础：放置一些基础物体，包括"Actor"（空对象）、"角色"（空角色）等，如图2.62所示，可以在后续编辑中为它们添加模型和设置，此外还可以放置"点光源"、"玩家出生点"和两种触发器；触发器可以在关卡蓝图中编辑触发式蓝图，让系统识别到角色是否进入触发区域，使用它可以简单地制作一些开关门、升降电梯等交互。

图2.60 "选择"模式面板

图2.61 最近放置

图2.62 基础

光源：放置场景内常用的光源，如图2.63所示，其中"定向光源"可以模拟太阳光的效果，"点光源"可以模拟灯泡照明的效果，"聚光源"能模拟室内灯光效果，"矩形光源"可以模拟液晶屏幕的效果。一般场景中会包含天空光照，不需要重复添加。

形状：虚幻引擎5中新增的选项，如图2.64所示，"基础"分类中的部分Actor移动到了此处，可以放置一些比较简单的白色几何体，但它们不能像BSP笔刷那样进行形状编辑，其中"平面"常用于塑造简单的地面。

过场动画：放置一些专业的摄像机模型，包含专业的参数，可以配合关卡编辑器内的"添加序列"功能来拍摄场景内容，但一般不通过这里在场景中添加"关卡序列Actor"，因为可能会影响开发者对关卡序列的选择，如图2.65所示。

图2.63 光源

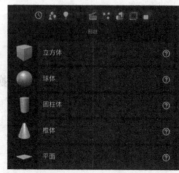

图2.64 形状

图2.65 过场动画

视觉效果：放置一些常用的效果，通过参数可以调整出不同的效果，如图2.66所示，其中"天空大气""体积云"等效果可以简单地拖曳到场景中应用；"指数级高度雾"是一个功能强大的命令，根据不同的设置可以模拟出各种强烈光线，也能增强关卡的真实度，后面会有相关案例演示。

几何体：此处添加的几何体属于BSP笔刷相关功能，如图2.67所示，除了可以拖曳到关卡中生成对应的几何体外，还可以使用笔刷编辑模式进行修改以完成简单的建模，如搭建房屋、设备等，后面会有相关案例演示。

体积：放置各种不同设置的碰撞类Actor，如"触发体积"具有类似空气墙的作用，可以阻挡玩家操控的角色，各种体积都有相应的目标，如图2.68所示。

所有类：包含上述所有类型的Actor和其他一些类型的Actor，如图2.69所示。

图2.66　视觉效果

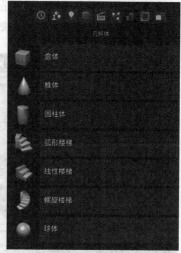

图2.67　几何体

图2.68　体积

图2.69　所有类

2.5.2 "地形"模式

"地形"模式用于绘制一些简单的地形，如图2.70所示，可以通过读取高度图来生成相应的地形、河流、道路等元素，通过调整面板中工具的参数可以制作地面的起伏效果，还可以对地形进行雕刻。此模式生成的地形是一层灰白材质的平面，后面可以通过雕刻和赋予材质等操作来完善细节，丰富效果。

图2.71所示为高度图（通常是灰度图）设置，可以便捷地生成相应的地形，但通常导入的地形会非常巨大，从而导致卡顿，所以需要按比例进行缩放。

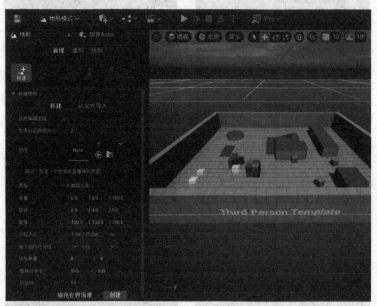

图2.70　"地形"模式面板

图2.71　高度图设置

2.5.3　"植物"模式

"植物"模式用于绘制植物元素。切换到"选择"工具，拖曳各种资产到该面板中，即可在主视口场景中进行绘制。在图2.72所示的路径中可以找到一种基础的植物"SM_Bush"（灌木），拖曳它到"植物"模式面板即可开始"绘制"或"填充"植物。

应用完毕后，切换到"绘制"工具，如图2.73所示，配合"绘制"中的"笔刷选项"进行密度和尺寸的调整，即可简单地绘制植物到场景中，但使用此类方法绘制的植物效果较差，只适合布置一些简单的矮小植物，若植物资产的面数较多，则很容易给场景带来巨大的负担，不利于项目打包和优化。后面会有相关案

图2.72　"选择"工具

例演示如何使用其他方法生成高大的树木，以及如何进一步使用"植物"模式面板。

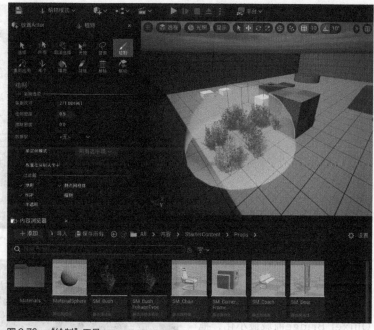

图2.73 "绘制"工具

2.5.4 "网格体绘制"模式

"网格体绘制"模式用于为Actor的表面绘制颜色和效果，过程比较复杂，需要先创建一个混合材质才能使用。网格体绘制会给计算机带来较大负担，下面简单演示该模式的功能。

首先需要通过Quixel Bridge下载两种基础材质完成"创建材质混合"，这样网格体绘制功能才能生效。通过菜单栏的"窗口"菜单打开图2.74所示的Quixel Bridge界面，在搜索框中搜索"STRIPED ASPHALT"（条纹沥青）即可找到图中的公路材质并下载，下载完毕后再次单击该材质即可安装到当前项目中。

同上，搜索并下载"DRY FALLEN LEAVES"（干燥的落叶），如图2.75所示，单击图2.75右下角的■按钮后即可开始混合两个材质。

在"内容浏览器"面板中找到"Megascans"（高清扫描）文件夹，这是Quixel Bridge商城保存下载材质的路径，单击"过滤器"下拉按钮，在弹出的菜单中选择"材质"里的"材质实例"命令，得到图2.76所示的界面，文件夹中的所有材质实例依

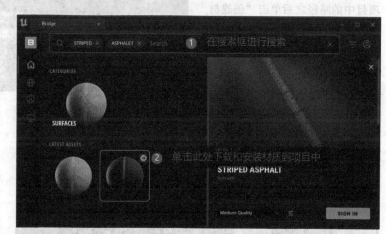

图2.74 搜索并下载材质1 "STRIPED ASPHALT"

图2.75 搜索并下载材质2 "DRY FALLEN LEAVES"

次排列（材质实例是材质的一种子项形式资产）。

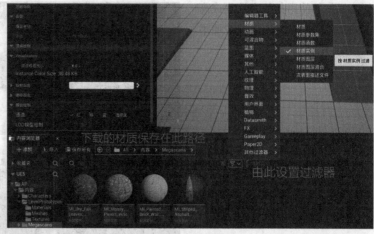

图2.76 在"Megascans"文件夹中筛选"材质实例"

随后回到Quixel Bridge中选择材质，展开"Megascans"面板，先不着急创建材质混合，将Quixel Bridge商城最小化，拖曳"Megascans"面板到"内容浏览器"面板附近，如图2.77所示，下一步开始混合材质。

依次选择公路材质和落叶材质，先选择的材质会作为混合材质的表面，这里只混合两种材质以便初学者掌握；设置好保存到项目中的路径之后单击"创建材质混合"按钮即可创建材质混合，如图2.78所示。

在保存路径中找到混合成功的材质，如图2.79所示。

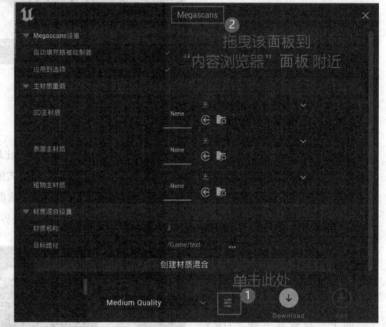

图2.77 操作"Megascans"面板

图2.78 创建材质混合

图2.79 混合成功的材质

下面来创建一个细节丰富的平面，操作步骤如图2.80所示。

❶ 选择"建模"模式。

❷ 在"模式工具栏"面板中选择"Rect"(矩形)。

❸ 在"建模"模式面板中,将"形状"栏的"宽度细分"和"深度细分"均设置为50。

❹ 在视口中单击进行应用。

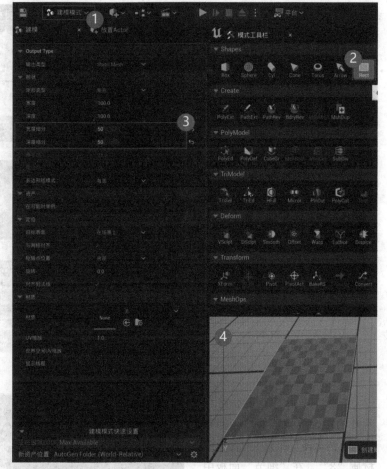

图2.80 "建模"模式创建平面

回到"选择"模式,单击刚刚创建的平面,复制两份该平面并排列好,如图2.81所示,当前的虚幻引擎5因为BUG,必须一次选择3个平面才可以正常使用网格体绘制功能。

拖曳混合材质到3个平面中,开始进行网格体绘制,如图2.82所示。

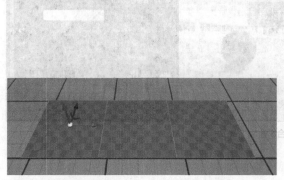

图2.81 复制并排列平面

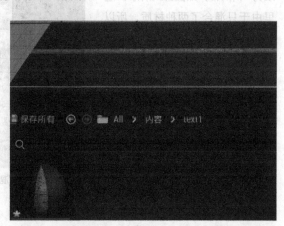

图2.82 拖曳混合材质到3个平面中

切换到"网格体绘制"模式,选择"选择"工具,在按住Shift键的同时单击3个平面,切换到"绘制"工具后调整笔刷的尺寸和强度,确保"绘制颜色"为黑色,一次只勾选一个通道,这里勾选"红"

（当混合多个材质时可以通过勾选不同的通道绘制多个层级的效果），完成上述操作后，就可以在视口中进行网格体绘制了，如图2.83所示。

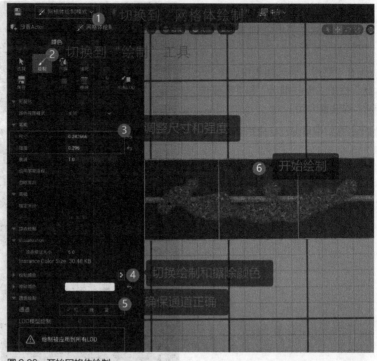

图2.83　开始网格体绘制

绘制完毕后，发现公路和落叶的融合效果不够好。回到"内容浏览器"面板中双击混合材质"3"，在"细节"面板中搜索"blend"（混合），勾选"Base/Middl"（基础/中部）选项并将它的前两项数值分别修改为-7和1.5，如图2.84所示。这里由于只混合了两种材质，所以只需要修改落叶层的属性即可，若混合了多种材质，也可以依次在"细节"面板中修改它们的属性。

完成上述修改后，回到主视口可以发现，混合的效果不错，已经成功模拟出了有落叶的公路。

图2.84　修改材质混合属性

2.5.5　"建模"模式

"建模"模式用于完成一些复杂的模型编辑。

在上一小节，利用"建模"模式创建了一个高精度的"Rect"来作为网格体绘制的载体，在这个过程中我们初步应用了"建模"模式，它是虚幻引擎5中新增的一种模式，结合了"放置Actor"中的一些基础功能，如"形状"中的基础类模型。

在此基础上可以在左侧的面板中对这些基础形状进行形状设置，比较常用的有图2.85所示的形状设置和材质设置，这里可以对生成模型的长、宽、高以及3个方向的细分进行设置，数值越高生成的模型细节越丰富，性能开销越大，在3ds Max等三维软件中都有类似的设置。

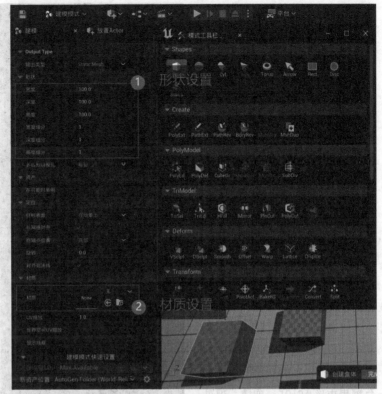

图2.85 "建模"模式面板

材质设置可以提前选择生成模型的表面材质，也可以在创建完模型后，在关卡中选择它，编辑它的细节属性来修改它的材质。

"建模"模式的"Create"（创建）是虚幻引擎5中新增的一个重要工具栏，其中的"PolyExt"（以多边形方式进行创建）工具可以在关卡中以绘制多边形的方式进行模型挤出，"绘制模式"可以切换为自由绘制、矩形、环形等模式来生成各种简单的形状，效果如图2.86所示。在模式面板的"对齐"栏中进行相应勾选后，可以在关卡中对齐各种边缘、顶点、轴等来绘制需要的模型（此处"对齐到表面"选项需要关闭视口中的网格对齐后才能启用）。

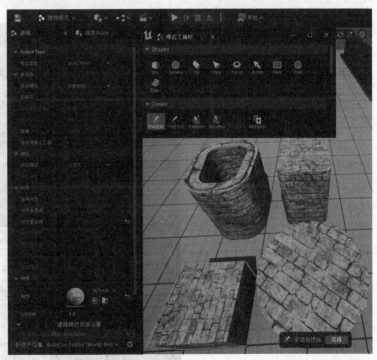

图2.86 "PolyExt"工具

下面对"Create"栏中的工具进行介绍。

"PathExt"（路径扩展）工具可以在关卡中绘制中空的墙体，如图2.87所示，操作方式与"PolyExt"

类似，生成墙体的厚度和密度可以手动控制或者使用固定的数值生成。

"PathRev"（路径旋转）工具可以在对齐网格中绘制图像，然后以轴为旋转中心进行旋转复制，产生"车削"的效果。

"BdryRev"（以轴进行旋转）工具可以选择某一Actor以轴为圆心进行旋转复制生成新的模型。

"MshMrg"（对象快速合并）工具可以将两个选中的Actor快速合并为一个Actor并保存到场景中。

"MshDup"（对象快速复制）工具可以快速将选中的Actor复制到它的路径中，可以右键单击该Actor，选择"浏览至资产"命令来查看它的路径和复制的资产。

图2.87 "PathExt"工具

2.5.6 "破裂"模式

"破裂"模式用于将资产转换为破裂网格体。

破裂功能可以简单地让选择的对象转换为可破裂的资产，如图2.88所示。我们需要在场景中选择一个对象，然后切换到"破裂"模式，选择"新建"并保存到指定文件夹中。

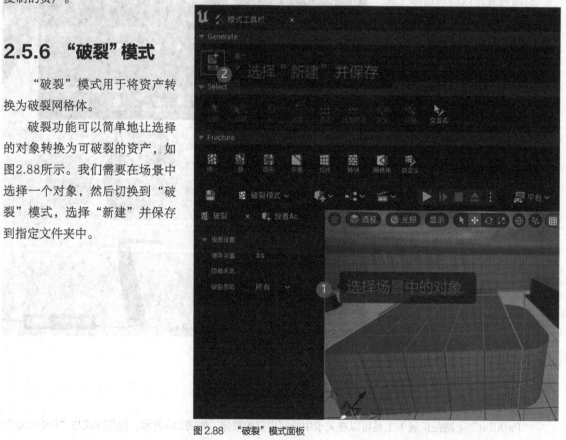

图2.88 "破裂"模式面板

保存完毕后，系统会在指定路径生成一个对应的破裂资产，需要在"Fracture"栏中选择一个破裂形式，这里选择"簇"，资产会产生不同的破裂密度；还需要将"爆炸当量"设置为0以上的数值，否则物体不会破裂，如图2.89所示。

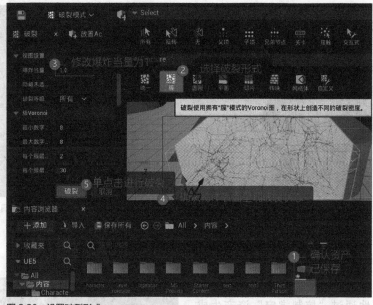

图2.89 设置破裂形式

破裂完毕后，场景中的文件会呈现不正常的颜色，此时在"大纲"面板中选择并删除它，或替换为保存好的破裂资产，如图2.90所示，替换完毕后，将该Actor拉高与地面产生一定的距离，运行关卡就可以观看它的破裂效果了。

受系统中的重力影响，Actor自动下落并破碎了，也可以在"破裂"模式面板中设置它的破碎程度，让它碎得更加彻底。此外可以将该资产编写为蓝图类资产，为它赋予碰撞类事件，这样可以通过触碰、踩踏等事件使该资产破碎，而非掉落，也可以为这个破裂事件赋予音效和粒子特效，产生真实的爆炸碎片效果，如图2.91所示。

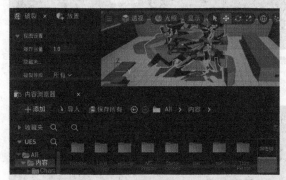

图2.90 替换破裂资产

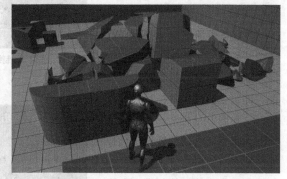

图2.91 破裂效果

2.5.7 "笔刷编辑"模式

"笔刷编辑"模式用于雕刻盒体笔刷。笔刷指的是BSP笔刷，需要在"选择"模式下的"几何体"分类中拖曳一个盒体到场景中，才可使用笔刷编辑工具对盒体进行编辑，如图2.92所示。仅虚幻引擎5中创建的盒体可以使用笔刷编辑，用以生成房屋等简单的模型。

创建盒体后，可以切换到"笔刷编辑"模式，使用笔刷编辑工具对盒体进行简单的编辑，如图2.93所示，移动盒体的各个顶点来改变它的外形。此处的功能较简单，与"建模"模式中的功能类似，用户可以结合"笔刷编辑"和"建模"模式创建自己的建筑。

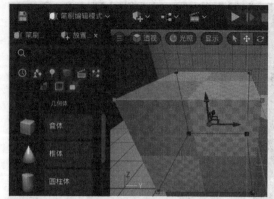

图 2.92 创建盒体

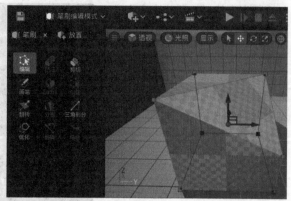

图 2.93 笔刷编辑工具（几何体编辑）

2.5.8 "动画"模式

可以用"动画"模式简单地通过"控制绑定"资产生成关卡序列，并拍摄角色动画。使用此模式，需要创建一个"控制绑定"资产，下面以第三人称关卡为例。（注意，这个功能仍然有许多BUG，会导致虚幻引擎闪退，请在操作过程中随时保存。）

在默认骨骼路径下找到任意一个"骨骼网格体"，右击并选择"创建"中的"控制绑定"命令，即可生成一个"控制绑定"资产，如图2.94所示。该骨骼是第三人称模板自带的默认角色骨骼，读者也可以自行下载其他的任意骨骼并生成"控制绑定"资产进行动画录制。

"控制绑定"资产创建完毕后，双击"控制绑定"资产开始编辑，单击"绑定层级"展开"选项"列表，选择心仪的控制点并右击创建新控制点，如图2.95所示。此处选择了"head"控制点，这意味着在"动画"模式中可以调整"head"部分的运动，读者可以选择自己需要的控制点，比如手臂、膝盖等部位。

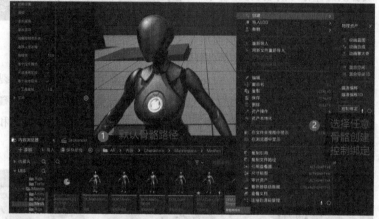

图 2.94 生成"控制绑定"资产

图 2.95 创建新控制点

创建完新控制点后，选中它，按Shift+P组合键取消父子关系，这会让这个控制点独立出来，移动到左侧列表的底部，如图2.96所示，便于选择。

拖曳"head_ctrl"控制点到右侧的图表编辑器面板中，选择"获取控制点"命令，如图2.97所示。

图2.96 生成的新控制点

图2.97 "获取控制点"命令

再拖曳"head"控制点到右侧的图表编辑器面板中，选择"设置骨骼"命令，如图2.98所示。注意这是两个不同的控制点。

按图2.99所示连接控制点，只要在两个控制点间拖曳连线即可完成连接，最后将图表中的"类型"改为"控制点"即可。

图2.98 "设置骨骼"命令

图2.99 连接控制点

完成控制点连接后，需要单击界面左上角的"编译"和"保存"按钮，这是进行蓝图编写时必要的操作。现在切换到"动画"模式，拖曳"控制绑定"资产到视口中，即可生成一个关卡序列，如图2.100所示。

单击"Sequencer"（序列器）按钮打开面板，然后就可以开始编辑角色动画了。如图2.101所示，在"Sequencer"面板中，选择"head_ctrl"，这是之前制作的头部控制点，在0000帧添加关键帧，记录头部控制点

图2.100 拖曳"控制绑定"资产到视口中

的位置信息，随后将时间轴指针移动到0060帧，控制"head_ctrl"向下旋转45°并添加关键帧，这样一个非常简单的动画就完成了，内容为该角色的头部在两秒内向下匀速旋转。

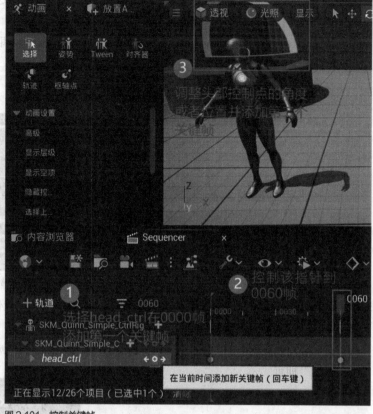

图2.101　控制关键帧

　　完成影片捕获后，单击"Sequencer"面板的"影片渲染"按钮即可将关卡序列为AVI格式的影片导入磁盘中，此处可以自由设置导出影片的帧率、质量和输出位置等信息，完成设置后单击"捕获影片"按钮即可，如图2.102所示。

图2.102　导出动画

2.6 "内容浏览器"面板

　　本节，我们将对虚幻引擎5的"内容浏览器"面板进行介绍。在之前的内容中，我们已经简单使用该面板完成查看资产、编辑资产等操作，下面系统地讲解"内容浏览器"面板中包含的功能。

　　"内容浏览器"面板是在虚幻引擎中添加、导入、查看和修改资产的主要区域，它的使用方法和磁盘目录的操作方式一样，可以对资产进行各种编辑整理。在"内容浏览器"面板内可以搜索当前项目中的所有资产。

"内容浏览器"面板的主要功能按钮有"添加""导入""保存所有""返回到""前进到""资产过滤器""设置"等，如图2.103所示。

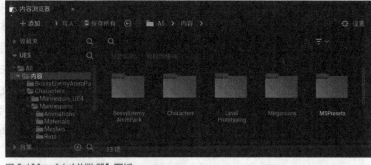

图 2.103 "内容浏览器"面板

1. 添加

可利用"内容浏览器"面板左上角的"添加"按钮快速进行内容、资产的添加。单击"添加"按钮弹出的"添加"菜单如图2.104所示，在"内容浏览器"面板的空白处右击也可打开此菜单。

导入到当前文件夹：功能和"导入"一样，可以将磁盘中的资产导入"内容浏览器"面板中。

添加Quixel内容：选择该命令即可进入Quixel Bridge商城。

导入：将资产从磁盘中导入虚幻引擎5的"内容浏览器"面板中，2.3节中已有详细说明。

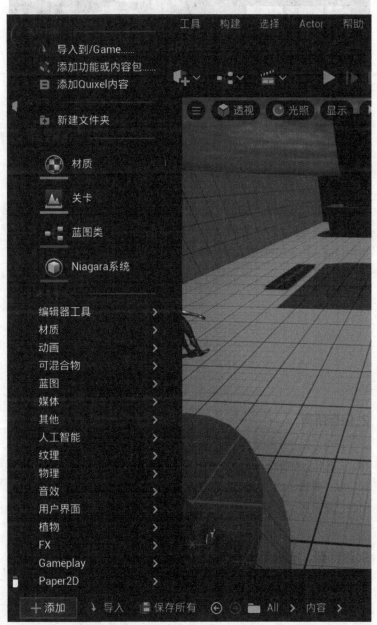

图 2.104 "添加"菜单

添加功能或内容包：选择该命令将弹出图2.105所示的面板，其中包含虚幻引擎自带的游戏模板和内容包，可以帮助开发者快速构建任意游戏模式，包含一些基础的场景、材质以及玩法。若开发者建立项目时未勾选"初学者内容包"，或需要为当前项目添加别的模板，可以使用该功能添加。

注意：重复添加第三人称游戏等模板可能导致当前编辑的关卡消失，请提前修改默认关卡的名称。

新建文件夹：在"内容浏览器"面板的当前路径中新建一个空白文件夹，如图2.106所示。

"创建基础资产"功能区域如图2.107所示，用于快速新建材质、关卡、蓝图类、粒子系统文件，并进行编写；其中创建的是完全空白的关卡，效果和"文件"菜单中创建的空白关卡一致。

图2.105 "将内容添加到项目"面板

图2.106 新建文件夹

图2.107 "创建基础资产"功能区域

"创建高级资产"功能区域如图2.108所示，包含大量的高级资产的创建命令，其中"控件蓝图"可以用于编写UI交互蓝图，游戏的用户界面、小地图等都是通过"控件蓝图"实现的。

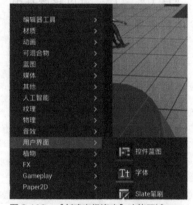

图2.108 "创建高级资产"功能区域

2.保存所有

单击"保存选中项"按钮可以一次性保存项目和关卡内的所有内容，如图2.109所示。在当前版本中，资产的"类型"列中的字体更加明显。单击"内容"文件夹退回到上层路径中，同时当前文件夹的路径也显示在"内容"文件夹后方，可以单击跳转到相应路径。

图2.109 "保存选中项"按钮

3.返回到、前进到

通过"返回到""前进到"两个按钮可以快速在"内容浏览器"面板内的层级中跳转，如图2.110所示。

图2.110 "返回到""前进到"按钮

4. 左侧面板

位于"内容浏览器"面板左侧的是源面板，其中展示"内容浏览器"
面板中的父子层级关系，方便开发者找到特定文件夹，同时也可以右键单
击某一文件夹设置为收藏，以更快地访问常用文件夹，如图2.111所示。

图 2.111　源面板

5. 资产过滤器

当"内容浏览器"面板内的资产过多时，使用过滤器能非常精确地查
找特定类型的资产，若当前文件夹没有相应的文件，那么"内容浏览器"面板内会没有内容呈现，此时可
以切换到"内容"文件夹。当前版本可以同时打开多个过滤器，图2.112所示为"内容浏览器"面板中所有
的材质实例和骨骼网格体，打开过滤器时，"内容浏览器"面板中的"资产视图"面板则不会再展现"文
件夹"图标，可以结合左侧源面板继续访问相应的文件夹。

6. 设置

"设置"菜单如图2.113所示，用于调整"内容浏览器"面板。"视图类型"功能区域包含"图
块""列表""列"3个命令；可以利用"锁定内容浏览器"锁定当前"内容浏览器"面板，这样在"大
纲"面板中调用"内容浏览器"面板相关的功能时会直接跳转到第二个"内容浏览器"面板。

通过控制"内容"功能区域中的显示类型，可以让"内容浏览器"面板展现出更多隐藏的内容。

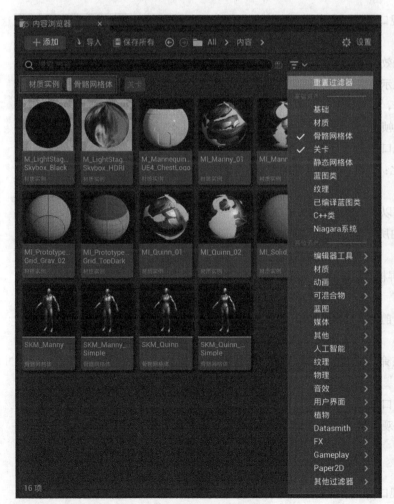

图 2.112　"内容浏览器"面板中所有的材质实例和骨骼网格体　　　　图 2.113　"设置"菜单

2.7 "视口"面板

在这一节将对虚幻引擎5的"视口"面板进行介绍。"视口"面板是编辑关卡时的浏览和操作面板，在"选择"模式中，可以自由控制视口内的Actor进行多种编辑，下面开始系统地学习。

2.7.1 "视口"面板简介

"视口"面板是进入虚幻引擎中编辑世界场景的面板，可以通过按住鼠标左键、鼠标中键或鼠标右键的操作方式来移动视角，也可以通过按住鼠标右键的同时按W/A/S/D/Q/E键的方式进行视角转换。

虚幻引擎5的"视口"面板包含各种工具和查看器，可以精确地显示各种数据。在"窗口"菜单的"视口"命令中可以打开多个视口，应用到不同的显示器中，提高生产效率，如图2.114所示。

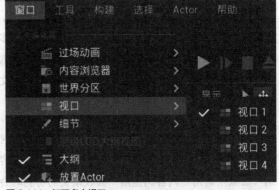

图2.114 打开多个视口

1. 视口选项

在"视口"面板左上角的"视口选项"菜单中可以设置各种视口选项，如图2.115所示。

实时：在视口中实时显示渲染效果。

显示数据：关闭、打开所有显示数据。

统计数据：显示统计数据命令，包含帧率、AI等。

显示FPS：在主视口显示实时帧率。

显示工具栏：关闭、打开主视口顶部的工具栏（默认打开）。

视场、远景平面、屏幕百分比：控制主视口视角等设置，一般不进行修改。

允许过场动画控制：勾选后可以通过视口播放关卡序列。

游戏视图：关闭、打开视口内所有辅助图标，如天光模型、摄像机等。

沉浸模式：切换到视口的全屏模式，全屏大小取决于虚幻引擎5界面是否设置为最大化。

书签：通过该功能可以记录当前的视角位置，还可以通过按Ctrl+任意数字键读取记录的视角。

高分辨率截图：可以通过该命令在视口内截取更高分辨率的截图。

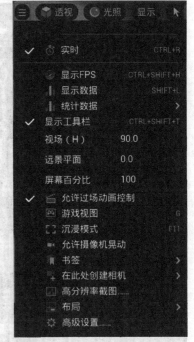

图2.115 "视口选项"菜单

布局：可以将视口设置为多窗口布局。

高级设置：进行视口控制、外观控制等高级设置。

2. 透视

在"透视"菜单中可以切换视口的显示模式，如图2.116所示。透视的视口类型为"默认视口"，也就是常见的三维编辑场景，在进行建模时需要经常切换到正交视图，以便使用"样条"类功能绘制几何体轮廓或选择几何体。

图2.117所示为正交顶视图和线框视图的显示样式，在顶视图模式下可以更加方便地选择某些Actor或进行建模。

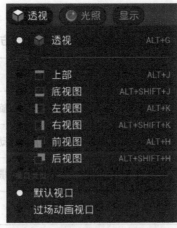

图2.116 "透视"菜单

图2.117 正交顶视图和线框视图的显示样式

3.视图模式

"光照""无光照""线框"等视图模式，会随着透视的变换而自动切换，其中常用的是"线框"模式，效果如图2.118所示，该模式会展现物体的线框而非光照，以便开发者在无光照的场景中选择Actor。

4.显示

"显示"菜单如图2.119所示，可以让视口显示更多的相关信息，比如勾选"碰撞"命令后，视口内会显示所有Actor的碰撞体积，其余命令默认即可。

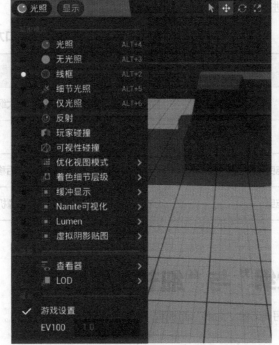

图2.118 "线框"模式的效果

图2.119 "显示"菜单

2.7.2　用鼠标和键盘进行视口操作

常用的视口移动方法如表2-2所示，可简单归类为两种方法。

操作方法一：按住鼠标左键、鼠标右键或鼠标中键拖曳进行移动。

操作方法二：按住鼠标右键并按W/A/S/D/Q/E/Z/C键进行操作。

按住鼠标右键并按W/S/A/D键可以进行视口摄像机的前、后、左、右移动。

按住鼠标右键并按Q/E键可以进行视口摄像机的上、下移动。

按住鼠标右键并按Z/C键可以进行视口摄像机的拉远、拉近。

表2-2 虚幻引擎主视口摄像机移动方式

方式	操作
按住鼠标左键 + 拖曳	前后移动视口摄像机和左右旋转视口摄像机
按住鼠标右键 + 拖曳	旋转视口摄像机，不前后移动
同时按住鼠标左键和鼠标右键 + 拖曳	在世界场景中上下移动视口摄像机
按住鼠标右键 +W/A/S/D/Q/E/Z/C 键	在视口进行镜头的移动

表2-3的视口操作方式针对选中的物体（Actor）进行环绕、移动和跟踪，方便在"大纲"面板中对特定物体（Actor）进行查看。

表2-3 虚幻引擎环绕、移动和跟踪视口方式

方式	操作
按 F 键	将视口摄像机聚焦到视口、"大纲"面板中选中的 Actor 上
按住 Alt 键 + 拖曳	围绕选中的 Actor 旋转视口
按住 Alt 键 + 右键拖曳	以当前选中的 Actor 向前或向后移动视口摄像机
按住 Alt 键 + 中键拖曳	在视口上、下、左、右移动摄像机

2.8 "大纲"与"细节"面板

本节将对虚幻引擎5的"大纲"面板和"细节"面板进行简要介绍。

● "大纲"面板

大纲以列表的形式呈现当前关卡内的所有Actor，通过视口右侧的"大纲"面板可以选中关卡中的资产并编辑，还可以结合下方的"细节"面板进行详细设置。

关卡内的一切资产（如地面、天光、体积雾等）都包括在"大纲"面板内，如图2.120所示。在视口内选择某一Actor，此时在"大纲"面板内该Actor的资产信息（名称和资产类型）也会被选中，通过这种方式可以快速选择场景内的组合资产，或将一些资产组合成组，以便进行后面的操作。

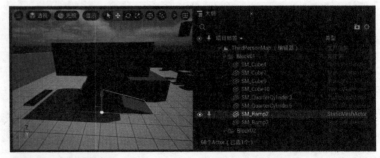

图 2.120 "大纲"面板

可以选择多个Actor，再单击"大纲"面板右上角的"新建"按钮，如图2.121所示，新建一个包含当前选择的Actor的文件夹，这样可以简单将它们组成组。

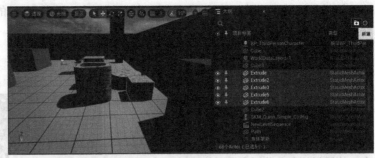

图2.121 新建一个包含当前选择的Actor的文件夹

通过拖曳可以将任意Actor转换为其他Actor的子项，也可以将Actor拖曳到某一文件夹中。但当项目中Actor数量较多时，拖曳的操作方式已经不再便利，此时可以右键单击Actor进行常规编辑（删除、复制等），或通过"移动至"命令将其移动到当前"大纲"面板中的某一文件夹中，如图2.122所示。

图2.122 "移动至"命令

● "细节"面板

常规工作流程中，在"大纲"面板或视口中选择需要编辑的Actor，然后在"细节"面板中进行各种设置。本节主要介绍"细节"面板中常用的几种属性，包括Actor的变换、动画、骨骼网格体、静态网格体和Pawn，根据所选Actor的类型会显示不同的可编辑属性。

"细节"面板位于"大纲"面板下方，显示关卡内所选Actor的所有可编辑属性，如图2.123所示。

图2.123 "细节"面板

1. 变换

变换是"细节"面板中最基础的设置项，在此处可以对Actor的位置、旋转、缩放进行精确的数值编辑，单击图2.124所示的"锁定"按钮后，可以等比例缩放所选Actor。在后面会详细介绍在"视口"面板中编辑物体的方法，此处的物体变换更加数值化且精确。

图2.124 "锁定"按钮

其中"移动性"决定了该Actor是否能进行运动,如"物体-门"的属性若设置为"固定"的话,将无法进行互动。

2.动画

蓝图类Actor具有编辑属性,可以选择动画蓝图和动画资产模式,如图2.125所示,使得相应的蓝图类Actor可以套用已有资产进行操作,例如操作角色与其他Actor进行互动等。在虚幻引擎5中,使用新的角色蓝图套用系统时默认骨骼产生错误的概率变低了,这意味着开发者可以更加简单地导入自定义角色并播放相应动画了。

图 2.125　蓝图类 Actor 的动画设置

3.骨骼网格体

骨骼网格体指当前蓝图类Actor所套用的骨骼网格体资产,它是一种已经编辑好了的资产,关卡内的蓝图类Actor可以在"骨骼网格体"菜单中选择兼容的骨骼网格体。这里默认选择的是偏女性的角色"SKM_Quinn",可以将其切换为偏男性的角色"SKM_Manny",如图2.126所示。

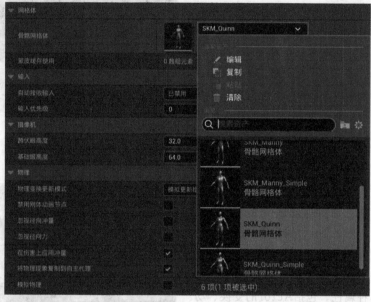

图 2.126　蓝图类 Actor 的网格体设置

不同骨骼的网格体模型在此处进行切换时可能会产生模型错误,而"SKM_Manny"和"SKM_Quinn"都是第三人称模式的默认角色,并使用同一个骨骼资产,所以这两个骨骼网格体可以直接进行切换。

将骨骼网格体切换为"SKM_Manny"后未出现错误,如图2.127所示。也可以尝试导入不同的网格体并套用默认骨骼,在此处将默认角色切换为个性化角色。

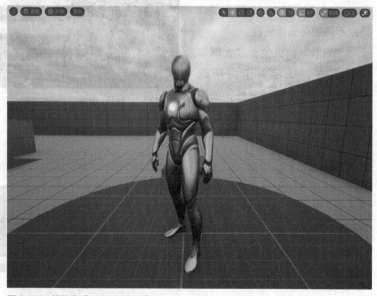

图 2.127　切换为 "SKM_Manny" 的 Actor

4.静态网格体

静态网格体是普通Actor具有的细节选项，如图2.128所示，可以使用“内容浏览器”面板中的其他任意静态网格体来替换掉当前的Actor，用于替换的静态网格体会继承相关的变换数值和材质。

图2.128　静态网格体设置

使用按钮可以快速打开“内容浏览器”面板。

使用按钮可以跳转到当前使用的资产在“内容浏览器”面板中的位置，等同于“浏览至资产”命令。

以上两个按钮的功能在虚幻引擎中多处出现，效果完全相同。

5.Pawn

当关卡中出现多个可操控的角色（蓝图类Actor）时，可在此处进行设置。

必须在“细节”面板的搜索框处搜索“poss”才能找到“Pawn”栏，其中“玩家0”指角色被控制的优先级，如图2.129所示。例如角色A的Pawn设置为“玩家0”，角色B的Pawn设置为“玩家1”时，玩家进入游戏则会开始操作角色A；若两个角色的Pawn设置都是“玩家0”，则玩家操作的角色是后设置为“玩家0”的角色。

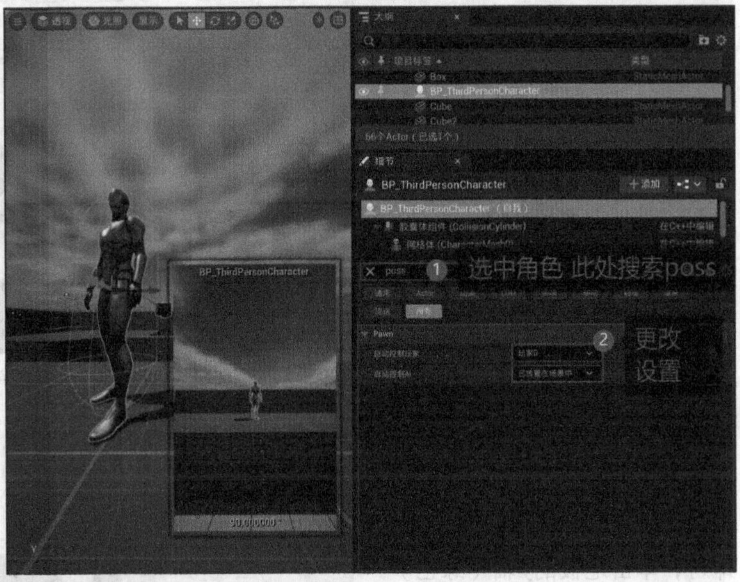

图2.129　“Pawn”栏

读者也可以在关卡蓝图中利用相关命令在多个角色之间进行切换，此处的设置仅关系到进入关卡时的角色控制优先级。

2.9 对象编辑

这一节介绍虚幻引擎5的Actor编辑功能，虚幻引擎的Actor编辑是通过坐标系的数值变化实现的，可以通过控制Actor的“细节”面板来调整Actor的位置、旋转和缩放数值，也可以直接在视口中选择Actor进行调整，本节的编辑主要通过“视口”面板完成。

2.9.1 交互式坐标轴变换工具

选中视口中的任意Actor会出现对应的坐标系，如图2.130所示，将鼠标指针移动到坐标系的蓝色z轴、绿色y轴、红色x轴上进行任意拖曳，可以改变Actor的位置，拖曳坐标系的原点则可以沿着当前场景的表面改变Actor的位置。

选中图中的地板后将鼠标指针靠近z轴即可对Actor进行上下拖曳,如图2.131所示。

在此基础上,可以对选择的对象进行旋转和缩放。分别单击"视口"面板上方的按钮可以将选择模式设置为"选择对象(Q)""选择并平移对象(W)""选择并旋转对象(E)""选择并缩放对象(R)",如图2.132所示。

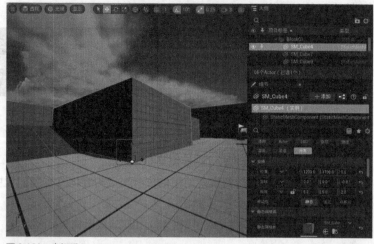

图2.130 坐标系

图2.131 鼠标指针靠近z轴进行Actor的上下拖曳

图2.132 设置选择模式

Actor的旋转操作非常简单,按E键后选择Actor,将鼠标指针移动到任意轴上进行拖曳即可,单击地板的y轴(绿色)并进行拖曳,地板在y轴方向旋转了10°,此时在地板的"细节"面板中可以看到,"变换"栏中"旋转"对应的数值增加了10°,如图2.133所示。

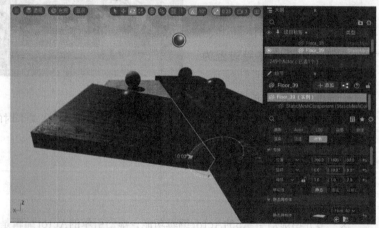

图2.133 选择并旋转对象

对Actor的缩放操作同上,按R键后选择Actor,将鼠标指针移动到任意轴上进行拖曳操作。单击地板的x轴(红色)并进行拖曳,地板在x轴方向放大到原来的1.25倍,此时在地板的"细节"面板中可以看到,"变换"栏中"缩放"对应的数值提升到了1.25,如图2.134所示。

由于引擎默认开启了缩放网格对齐，所以在"选择并缩放对象"模式中Actor的缩放数值变化量锁定为0.25，每次拖曳都会让Actor的缩放数值增加或减少0.25，若直接在"细节"面板中编辑Actor的数值则不会受到缩放网格对齐的影响。

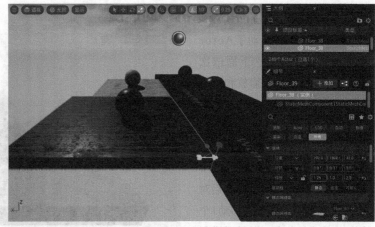

图2.134 选择并缩放对象

2.9.2 世界场景坐标系和局部坐标系

"视口"面板上方的"坐标系"按钮可以切换相应物体的世界场景坐标系和局部坐标系，如图2.135所示。

世界场景坐标系：永远垂直于地面的坐标系，不随物体的旋转而变化。

局部坐标系：垂直于物体表面的坐标系，会随着物体的旋转而变化。

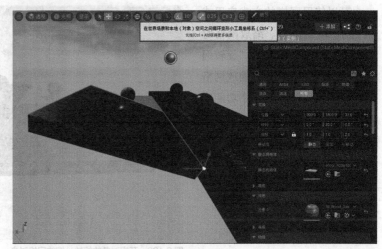

图2.135 切换相应物体的世界场景坐标系和局部坐标系

虚幻引擎默认的局部坐标系将垂直于Actor表面，这样在对Actor进行旋转后，Actor的平移方向也会产生相应的变化，如图2.136所示。

图2.136 Actor 的局部坐标系（垂直于 Actor 表面）

2.9.3　网格对齐和摄像机移动速度

　　虚幻引擎默认启动了Actor的缩放和旋转对齐，下面依次讲解Actor的平移、缩放和旋转对齐。

　　在"视口"面板的右上方找到"平移网格对齐"按钮，按钮为蓝色表示已开启，如图2.137所示，默认对齐大小为1，开启后对Actor的每次拖曳将使其移动1个单位，而对齐大小可以随时进行更改。

图2.137　"平移网格对齐"按钮

　　可以使用同样的方式启用或禁用Actor的旋转、缩放网格对齐。图2.138中Actor的"旋转网格对齐"值为10°，"缩放网格对齐"值为0.25，这两个功能比较重要，建议启用。

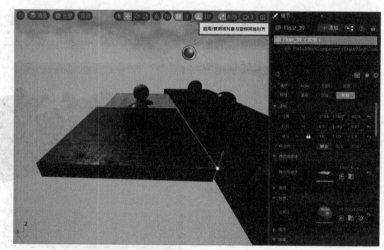

图2.138　开启对象的旋转、缩放网格对齐

　　"视口"面板顶部右侧的摄像机按钮可以控制摄像机速度，默认速度是4，如图2.139所示。若当前关卡的地形较大，或者需要在室内场景进行浏览则可以适当提高或降低摄像机速度。

图2.139　摄像机按钮

2.9.4　更改Actor坐标系位置

虚幻引擎5中创建的Actor对象的坐标系是紧贴物体的，如图2.140所示，方便用户进行物体编辑。而从外部导入的模型坐标系若在导出时未归零，且坐标系不在对象上，则导入虚幻引擎5时坐标系会产生较大的偏离，不利于用户进行编辑。

图2.140　虚幻引擎5中创建的Actor对象的坐标系紧贴物体

此时，有两种方法改变对象的坐标系。

方法一：将模型导回到建模软件中，单独更改该物体的坐标系，并将物体的位置改为（0,0,0），再将模型导入虚幻引擎中。

方法二：选择该对象，右键单击对象，在菜单中选择"锚点"→"在此处设置枢轴偏移"命令，如图2.141所示。

图2.141　"在此处设置枢轴偏移"命令

在此处设置枢轴偏移后，坐标系已经移动到了指定位置，但还需要进行下一步操作。

将鼠标指针移动到坐标系的原点，此时坐标系原点呈黄色，表示已经激活，右键单击坐标系的原点，选择"锚点"→"设置为枢轴偏移"命令，即可修改该对象的坐标系，如图2.142所示。

在虚幻引擎中创建的Actor几乎不需要调整坐标系的位置，所以在后面内容中尽量在虚幻引擎中完成建模等工作。

图2.142　修改对象的坐标系

2.9.5 对象的快速复制

在虚幻引擎中可以选中对象,按住Alt键在坐标轴的对应位置进行拖曳以快速复制当前对象。

除了拖曳对象的平移坐标系外,也可以拖曳对象的旋转、缩放坐标系以复制不同旋转角度、大小的物体。

按住Alt键,在对象的y轴处进行拖曳如图2.143所示。

图 2.143　按住 Alt 键,在对象的 y 轴处进行拖曳

2.10　引用查看器与项目迁移

这一节将介绍虚幻引擎5的两项重要功能:引用查看器与项目迁移。引用查看器可以在虚幻引擎中快速查看当前资产的父项和子项以及所有引用的关系;而项目迁移是一种高级的资产迁移方式,且传输速度快于常规方式,也更加安全。

引用查看器

在虚幻引擎的"内容浏览器"面板右键单击任意资产,选择"引用查看器"命令,如图2.144所示,即可查看当前资产的所有相关引用,包括父项、子项关系,使用材质,当前资产在哪个关卡生效等信息,常用于寻找与资产相关的贴图、动画文件等。

在"大纲"或"视口"面板中选择某一对象,右击对象并选择"浏览至资产"命令,如图2.145所示,即可在"内容浏览器"面板中跳转到该资产的实际位置,以便进行后续操作。

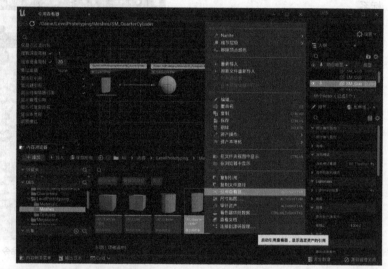

图 2.144　选择"引用查看器"命令

图 2.145　选择"浏览至资产"命令

项目迁移简介

在虚幻引擎中，项目迁移是一项快捷、安全的资源迁移功能，相较于直接复制、粘贴项目文件，这种办法更加高效且不易出错，在以下场景中可以使用它。

1.从旧项目中迁移资源到新项目中以节约项目开发时间。

2.从网上下载资源迁移到自己的项目中以加快项目进度。

3.把自己的项目迁移给同事、老板。

迁移文件夹

在多数情况下，直接选择迁移整个文件夹到另一个项目中。在"内容浏览器"面板中选择一个文件夹，然后右击该文件夹并选择"迁移"命令，如图2.146所示。

弹出"资产报告"面板，提示文件夹中有哪些资产将被迁移，勾选需要的资产后单击"确定"按钮，如图2.147所示。

图2.146 选择"迁移"命令

图2.147 "资产报告"面板

跳转到磁盘目录，此时选择要迁移到的项目位置中的"Content"（内容）文件夹，单击"选择文件夹"按钮，如图2.148所示。"Content"文件夹就是虚幻引擎存放所有项目资源的位置。

图2.148 选择"Content"文件夹

若迁移到的位置不是"Content"文件夹，虚幻引擎会提示开发者该操作会使得资源读取错误，如图2.149所示。

图2.149 迁移位置错误提示

迁移资产

除了上述方法，我们也可以选择数个资产进行迁移，方法如图2.150所示，在"内容浏览器"面板中按住Shift键的同时单击多个资产，然后右击并选择"资产操作"→"迁移"命令，后续操作同上。

图2.150 迁移多个资产

03.章

场景搭建入门实例

在完成了第2章的学习后，相信读者已经对虚幻引擎5有了初步的了解，在第3章中将引导读者新建一个空白关卡，再逐步搭建一个真实、丰富的场景，这样的实例训练将帮助初学者快速掌握虚幻引擎的功能。

图3.1所示为第3章场景搭建入门实例的最终效果图，完成本章的学习后，可在该场景中编写关卡进行游玩。

图3.1　最终效果图

3.1 初始项目设置

本节需要在项目中新建一个空白关卡，随后逐步添加资产来丰富它，后面的场景搭建都将在该关卡中进行，初学者将从本节了解关卡应有的各种基础资产和曝光设置。

3.1.1 创建新关卡

首先在项目的"内容浏览器"面板中创建一个属于自己的文件夹，用于存放个性化资产。在该文件夹中的空白处右击并选择"创建基础资产"功能区域中的"关卡"命令，如图3.2所示。

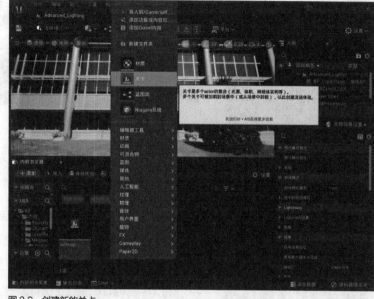

图 3.2 创建新的关卡

创建好一个空白的关卡后，在"内容浏览器"面板中双击它进入该关卡，如图3.3所示。

图 3.3 进入空白关卡

接下来为当前关卡添加天空球。在"内容浏览器"面板右上角单击"设置"按钮，选择"显示引擎内容"命令，如图3.4所示，这样就能在"内容浏览器"面板中搜索到天空球蓝图。

天空球是一个包含场景的球体，该球体内附有环境贴图，所有游戏行为均在球体中进行，从球体内看，附有贴图的球体就

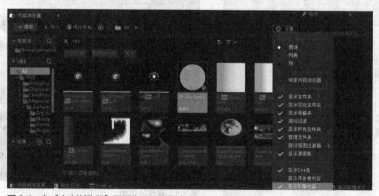

图 3.4 在"内容浏览器"面板中显示引擎内容

是整体天空环境。在"内容浏览器"面板中设置显示引擎内容后,搜索"sky"(天空)即可找到蓝图"BP_Sky_Sphere"(天空球蓝图),如图3.5所示。

图3.5 在"内容浏览器"面板中搜索"sky"

将"BP_Sky_Sphere"拖曳到关卡中,关卡呈现黄色,这是由于"BP_Sky_Sphere"的"Sun Height"(太阳高度)数值默认为0。在"BP_Sky_Sphere"的"细节"面板中找到"Sun Height"选项并略微增加该数值,如图3.6所示。

图3.6 调整"BP_Sky_Sphere"的细节

下面为关卡添加两个光源资产。在"放置Actor"面板处选择"光源"分类,拖曳"定向光源"和"天空光照"到场景中,它们是关卡设计中常用的光源资产,如图3.7所示。

图3.7 添加两个光源资产

光源添加完毕后,还需要添加一个立方体,它会和两个光源产生交互。

在"放置Actor"面板处拖曳一个"立方体"到场景中,在它的"细节"面板中将"位置"设置为(0,0,0),再进行一定的缩放,这样就拥有了一个受到光照的平台了,如图3.8所示。

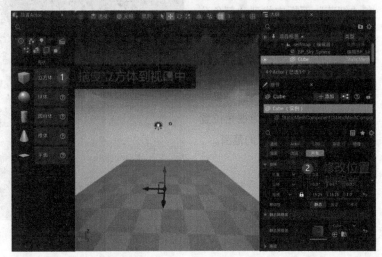

图3.8 添加"立方体"到场景中

在该立方体的"细节"面板中找到"材质"栏，在其中可以更改该立方体的材质。单击"重置为默认值"按钮将材质变换为默认材质，立方体呈现为灰色，如图3.9所示。

后面将为场景的平台赋予新的复合材质，再使用网格体绘制功能进行绘制。

图3.9 将材质变换为默认材质

3.1.2 创建后期处理体积

"PostProcessVolume"（后期处理体积）是一种视觉效果资产，可以在"放置Actor"面板的"视觉效果"分类中找到它，如图3.10所示，将它拖曳到场景中即可进行应用。

后期处理体积可以简单调整关卡环境的色温、曝光、光晕等数值，功能强大且易用，在默认情况下，这些设置仅在后期处理体积的盒体范围内生效，在盒体之外的范围将显示原来的环境。

图3.10 后期处理体积

选择"PostProcessVolume"，在"细节"面板中找到"颜色分级"栏并勾选"Temperature"（温度）中的"色温"选项，将数值调整到冷色对应的数值，如图3.11所示。调整完毕后场景并未产生变化，这是因为视角位置还未进入后期处理体积的范围。

图3.11 设置色温

当控制摄像机进入后期处理体积的范围内，环境的色温就有了明显的变化。通过使用该功能，可以设计出具有不同环境特点的区域。也可以勾选"无限范围（未限定）"选项（图3.12所示的红色框），让后期处理体积拥有无限范围。

图3.12 "无限范围（未限定）"选项

3.1.3 曝光设置

在本节的最后，需要更改关卡的曝光属性，当前的关卡默认设置了自动曝光的数值，会使摄像机和角色在观察某些物体和地面时产生自动曝光。在制作影片时它会产生真实的效果，但是在制作游戏关卡时，它会影响灯光效果，所以需要设置自动曝光的数值。

上述操作将通过调整后期处理体积的细节完成，选择"PostProcessVolume"，在"细节"面板中找到"镜头"栏，勾选"Exposure"（曝光）栏中的"最低亮度"和"最高亮度"，设置数值为1.0，如图3.13所示。

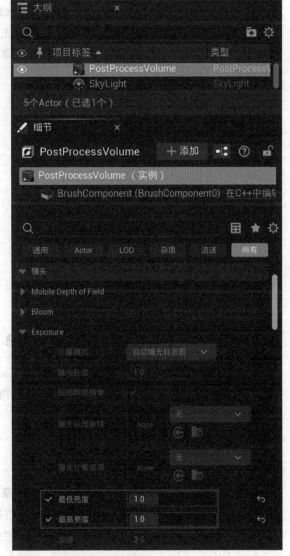

图3.13 设置最低亮度、最高亮度

随后在"后期处理体积设置"栏中勾选"无限范围（未限定）"选项，如图3.14所示。

完成上述操作后，若场景出现色温过冷和亮度过高的情况，读者可自行调整后期处理体积的"色温"数值。

选择之前添加的定向光源"Directional-Light"，在"细节"面板中将光源"强度"设置为3.0lux，关卡中的曝光数值将始终为1.0，如图3.15所示。

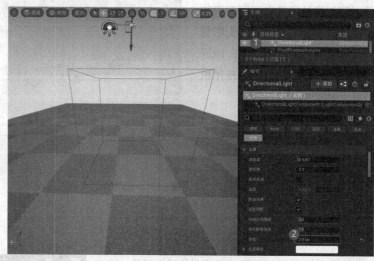

图3.14 勾选"无限范围（未限定）"　　　图3.15 调整定向光源强度

完成本节内容后，将得到一个具有天空球、天光、定向光源、立方体以及完成曝光设置和色温设置的后期处理体积的关卡，如图3.16所示。

图3.16 本节完成效果

3.2 使用Quixel Bridge

在2.5节中，演示"网格体绘制"模式时涉及了Quixel Bridge，本节将更加细致地介绍Quixel Bridge的基础信息和使用方法。它是在虚幻引擎内通向3D内容世界的"桥梁"，包含影视级3A资产库——其中的资产全部基于真实世界的扫描数据。

3.2.1 浏览资产

在虚幻引擎5中，Quixel Bridge被集成到了引擎中，可以简单地通过虚幻引擎访问Quixel Bridge。回到"内容浏览器"面板的个人文件夹，在面板空白处右击并选择"添加Quixel内容"命令，如图3.17所示，即可打开Quixel Bridge界面，也可以通过菜单栏的"窗口"菜单打开该界面。

在该界面的右上角单击"Sign In"（登录）按钮，如图3.18所示，此处需要用户输入Epic Games平台的账号和密码。

图3.17　添加 Quixel 内容

登录完毕后，就可以在该界面中自由浏览、下载各种资源了。

图3.18　登录虚幻账号

Quixel Bridge界面的左侧有一列功能按钮，第一项为"HOME"（首页），单击"HOME"按钮即可在界面内浏览一些比较热门的资产，如最新的纹理、模型、植物等，也可以在展开菜单中选择它的5个分类，如图3.19所示。

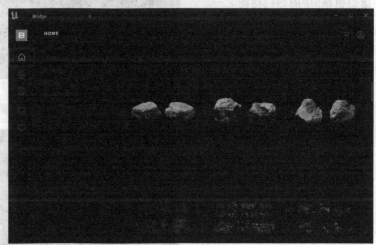

图3.19　"HOME"按钮

5个分类分别为3D Assets（3D资产）、3D Plants（3D植物）、Surfaces（表面纹理）、Decals（贴图）、Imperfections（瑕疵纹理）。每个类别又包含大量的分类子项，可以在这里找到各种各样的基础资产，用以组合成个性鲜明的关卡场景。

左侧的第二项为"COLLECTIONS"（集合），单击它即可在界面内浏览一些现有的场景样式以及场景中使用的各种资产，组合这些资产可建造相同的场景，如图3.20所示。

图3.20　"COLLECTIONS"按钮

"COLLECTIONS"的6个子项分别为Environment（环境）、Essential（基础）、Vegetation（植被）、ArchViz（建筑可视化）、Community（社区）和Tutorial（教程）。

上述内容中的"HOME"和"COLLECTIONS"在激活子项时都会通过搜索框进行一定的筛选，选择集合中的某一个子项，搜索框中会自动输入相应的信息进行搜索，如图3.21所示。

图 3.21　搜索框

除了通过以上两个功能按钮进行筛选外，也可以直接在搜索框中输入对应的关键词进行筛选，目前Quixel Bridge仅支持搜索英文关键词。

左侧的第三项为"METAH-UMANS"（数字人类），这是虚幻引擎5中的热门功能之一，单击它即可在界面内浏览一些数字人类的模板并进行下载，如图3.22所示。在后面会详细介绍数字人类功能的用法。

图 3.22　"METAHUMANS"按钮

左侧的第四项为"FAVORITES"（收藏夹），单击它即可在界面内浏览收藏过的资产，这里收藏的资产被分为两类："3D Plants"（3D植物）和"Surfaces"（表面纹理），如图3.23所示。随着收藏的资产增多，这个子类的项也会增多，在搜索界面单击资产的心形按钮可以收藏资产或取消收藏。

图 3.23　"FAVORITES"按钮

左侧的第五项为"LOCAL"（本地文件），单击它即可在界面内浏览所有已经下载的资产，它将已下载的资产分为"Megascans"（高精度资产）和"MetaHumans"（数字人类）两项，其中"Megascans"还有子项，其子项随着下载资产种类的增加而增加，如图3.24所示。

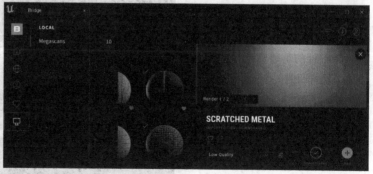

图 3.24　"LOCAL"按钮

3.2.2 质量与性能

下面开始搜索构建场景需要的资产，在Quixel Bridge界面左侧单击"COLLECTIONS"（集合）按钮，选择"Environment"（环境）分类中的"Natural"（自然）项，如图3.25所示。

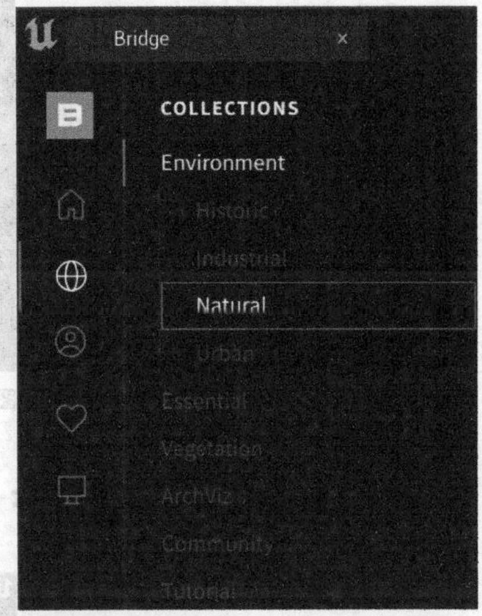

图3.25 Natural

在选择"Natural"后可以看到很多个不同的自然环境，这里选择"TUNDRA"（苔原），并下载里面的部分资源，如图3.26所示。

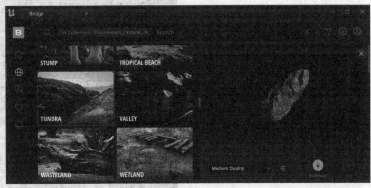

图3.26 TUNDRA

选择"TUNDRA"（苔原）项后，下载图表中的几个3D资产，读者也可根据自己的需求下载相关资产，如图3.27所示。

① 选择资产，在界面底部将资产品质调整为"Medium Quality"（中等品质）。

② 在界面的右下角单击"Download"（下载）按钮，或在资产图标右上角单击"下载"按钮。

"Medium Quality"（中等品质）是制作关卡的最佳选择，其具有不错的表现效果且不会占

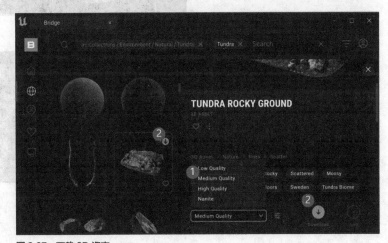

图3.27 下载3D资产

用太多内存，若后期出现表现力不足的情况也可以更换为"High Quality"（高品质）。

我们需要下载3D Plants（3D植物），3D Plants既可以作为3D Assets（3D资产）拖曳到场景中直接使用，也可以在"植物"模式中作为素材在场景中绘制植被。随后滑动到"TUNDRA"（苔原）资产

列表的顶部，找到"TUNDRA GRASS"（苔草）资产，进行下载，以备后面的场景搭建使用，如图3.28所示。

❶ 选择"TUNDRA GRASS"（苔草）资产。

❷ 单击界面右下角的"Download"按钮进行下载。

图 3.28　下载 TUNDRA GRASS

3.2.3　导入 Quixel 资产

上述资产下载完毕后，还需要将它们添加到当前的项目中，按住Ctrl键并依次单击16个需要的资产，在界面右下角单击"Add"按钮即可将这些资产一次性添加到当前项目中，如图3.29所示。

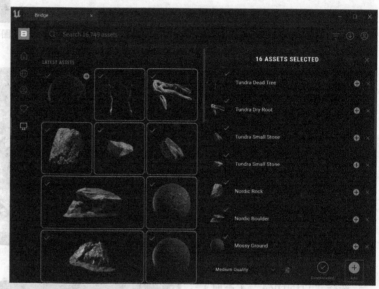

图 3.29　将资产添加到当前项目

在图3.30所示的路径中找到添加到项目中的文件，其中"Megascans"（高精度资产）文件夹中有两个文件夹，"3D_Assets"（3D资产）存放了已添加的岩石、枯树等资产，"Surfaces"（表面纹理）存放了已添加的表面纹理，后面将使用这些资产构建关卡场景。

图 3.30　"Megascans"文件夹

3.3　纹理与材质

本节将简要介绍虚幻引擎5中的纹理和材质之间的关系，然后通过实例讲解如何创建材质和材质实例，并讲解如何制作简单的玻璃和水流材质。

3.3.1 基础纹理属性

下面以3.2节中下载的苔原树枝为例，介绍虚幻引擎中纹理和材质的关系。图中的3种纹理让树枝有了真实、丰富的效果，如图3.31所示。

其中纹理1为漫反射图，也是树枝模型的表面颜色贴图，双击打开纹理1可以看到树枝的表面颜色。纹理2为法线纹理，用以表现模型的凹凸细节。纹理3是结合了纹理1、纹理2的DR纹理图，可以通过图像处理软件来制作，以节省性能开销。一般情况下使用表面纹理和法线纹理就能制作出效果逼真的材质。

图 3.31　模型的纹理

3.3.2 创建基础材质

现在结合不同类型的纹理来制作材质，以苔原树枝"Dead_Tree_vi3nac1mw"（枯枝）为例，使用它的两种纹理来制作效果相同的材质。在图3.32所示的路径中找到枯枝的文件夹，选择前4项资产，拖曳复制到个人文件夹中，也可以在本书的附件"3.3.2 场景搭建入门附件"中找到它们。

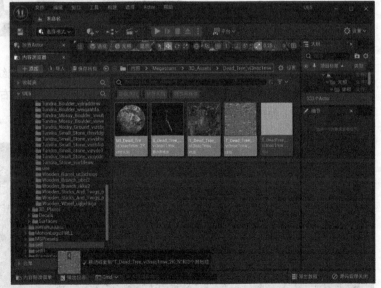

图 3.32　将枯枝的 4 项资产复制到个人文件夹中

将4项资产复制到个人文件夹后，新建一个文件夹"枯枝"用以存放这4项资产。随后在"内容浏览器"面板左上角单击"添加"按钮，选择"材质"，如图3.33所示，命名为"枯枝"，也可以在面板空白处右击选择创建材质的命令。

现在开始使用纹理制作材质，双击刚刚新建的材质"枯枝"，打开材质的编辑面板，可以看到当前"枯枝"面板中没有任何节点，如图3.34所示，这代表该材质还未进行编写。

材质图表有多个节点，其中比较重要的有"基础颜色""粗糙度""Normal"（此处代表法线纹理），编写这3个节点就能制作出效果不错的材质了。

图 3.33　在个人文件夹中新建材质

将文件夹中的表面纹理和法线纹理拖曳到材质图表中进行连接，如图3.35所示。

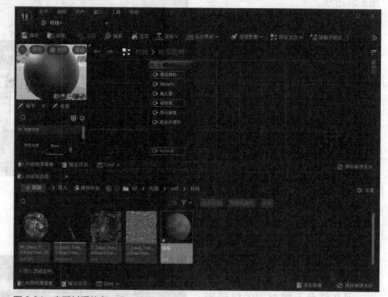

图 3.34　查看材质节点

其中表面纹理的"RGB"连接到材质的"基础颜色"选项，法线纹理的"RGB"连接到"Normal"选项，这样就完成了材质的基础设定，下面为材质添加粗糙度节点。右键单击"粗糙度"节点并选择"提升为参数"命令，如图3.36所示。

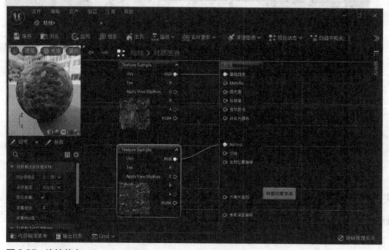

图 3.35　连接节点

图 3.36　提升"粗糙度"为参数

将"粗糙度"提升为参数后将展开相关节点，在"细节"面板中设置该节点的"默认值"为0.3并保存，如图3.37所示。

图3.37 设置"粗糙度"的"默认值"为0.3

完成该材质的编写后，进行保存，下面进入关卡中测试效果。

拖曳两个枯枝的模型到关卡中，其中枯枝1为下载的原版模型，将枯枝2的材质替换为刚刚新建的材质，可以看到呈现效果几乎一样，如图3.38所示。

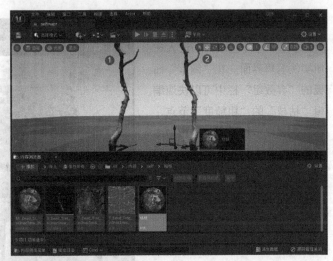

图3.38 枯枝对比

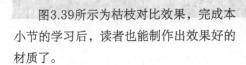

图3.39所示为枯枝对比效果，完成本小节的学习后，读者也能制作出效果好的材质了。

图3.39 枯枝对比效果

3.3.3　创建材质实例

　　接下来在"内容浏览器"面板中为材质"枯枝"创建材质实例。材质实例是基于材质创造的子项，一个材质可以创造多个子项，对子项的设置不会影响到父项，由此可以通过一个材质创造出多个不同的材质实例并应用到场景中。从Quixel Bridge下载的3D资产"枯枝"使用的就是材质实例而非材质。

　　右键单击材质"枯枝"，并选择"创建材质实例"命令，如图3.40所示。

图 3.40　创建材质实例

　　创建完毕后，双击创建好的材质实例"枯枝_Inst"进入材质实例编辑界面。在"细节"面板的"参数组"栏中可以快速编辑"枯枝"的"粗糙度"节点，在左侧视口中材质实例的粗糙度会随着数值变化实时改变，如图3.41所示通过为材质创造材质实例，可以更加方便地管理材质的节点。

图 3.41　快速编辑材质节点

3.3.4　制作简单玻璃材质

　　相较于上文根据纹理创建的材质，玻璃材质是比较特殊的，需要进行一些特殊设置才能创建，这里以一个新建材质为例进行讲解。创建一个新的材质"玻璃"并双击进入它的编辑界面，在界面左下角"细节"面板中的"材质"栏中设置"混合模式"为"半透明"，可以看到材质球的"不透明度"选项可以编辑了，如图3.42所示。若不进行该设置，材质的"不透明度"选项就无法编辑。

　　随后，在左侧"细节"面板中找到"半透明度"栏的"光照模式"属性，选择"表面半透明体积"后保存，如图3.43所示。

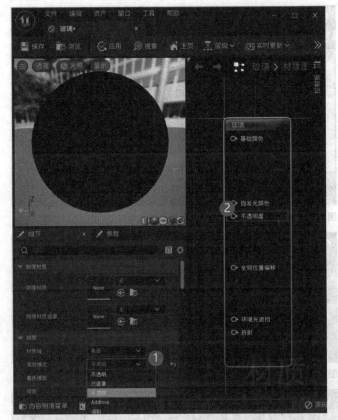

图 3.42 修改玻璃的混合模式

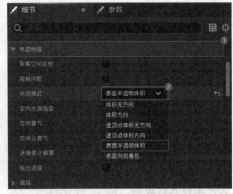

图 3.43 修改"光照模式"为"表面半透明体积"

细节设置完毕后，对玻璃的几项基础属性进行设置。在玻璃的节点处选择"高光度""粗糙度""不透明度"3项，分别右击并选择"提升为参数"，默认值设定为1.0、0.0、0.3，再右键单击"基础颜色"选项将其提升为参数，玻璃的基础设置就完成了，如图3.44所示。

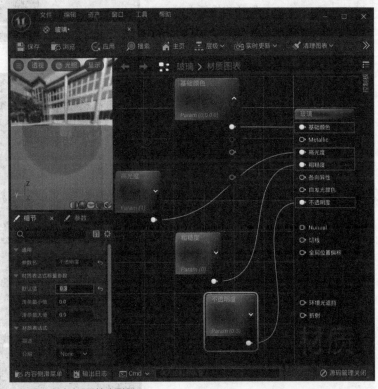

图 3.44 为玻璃设置基础属性

接下来为玻璃材质设置反射，让玻璃材质更加真实。在图表编辑器面板的空白处右击展开搜索框，输入"Fresnel"（反射）并按Enter键创建该节点，如图3.45所示。

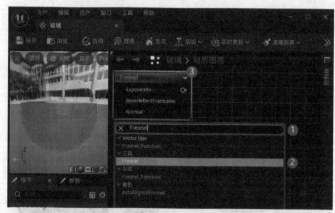

图3.45　创建"Fresnel"节点

随后，在该节点的第一项"ExponentIn"（指数）处右击并选择"提升为参数"，修改默认值为5.0并保存，如图3.46所示。

图3.46　提升"Fresnel"的第一项为参数

现在创建第三个节点。在空白处右击展开搜索框，输入"LERP"（插值）并选择"数学"栏中的"LinearInterpolate"（线性插入）项，如图3.47所示，按Enter键完成创建。

图3.47　创建第三个节点LERP

最后，按图3.48所示连接所有节点完成玻璃材质的编辑。

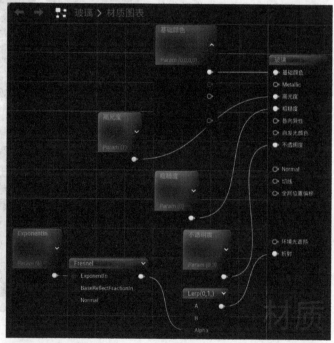

图3.48　连接所有节点

编辑完成后，为玻璃材质建立材质实例，即可在关卡内进行使用。

将玻璃应用到恰当的环境中，玻璃的表现效果尚可，如图3.49所示。若对该玻璃的效果仍不满意，可以尝试在Quixel Bridge中搜索玻璃相关的材质进行下载和应用。

图 3.49　玻璃的表现效果

3.3.5　制作简单水流材质

水流材质比较特殊，需要使用新的节点结合纹理进行编写，这里以一个新建材质为例进行讲解。首先，打开本书的附件文件夹，找到"3.3.5 制作简单水流材质附件"文件夹，如图3.50所示，里面有本小节制作水流材质所需的纹理。

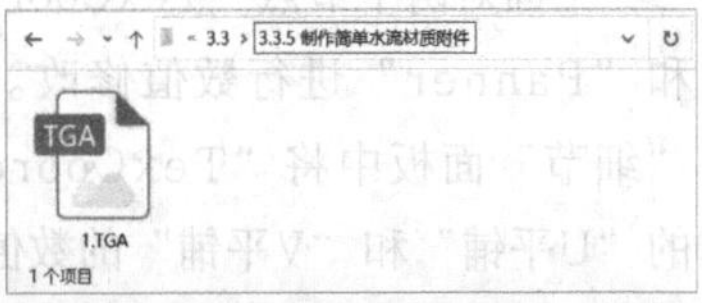

图 3.50　制作水流材质所需的纹理

在"内容浏览器"面板的个人文件夹中新建一个文件夹"water"（水流），拖曳导入上述纹理，随后在文件夹内新建一个材质"water"，如图3.51所示。

图 3.51　新建材质"water"

养成良好的文件命名习惯将有助于管理项目。

新建材质后双击打开"water"材质的图表编辑器面板，进行节点编辑。仿照玻璃材质的节点将材质设置为"半透明"混合模式，因为水面是有一定透明度的；将"光照模式"设置为"表面半透明体积"同时为材质赋予一个蓝色的基础颜色（R:0.0226 G:0.105 B:0.125 A:0），不透明度调整为0.9，如图3.52所示。

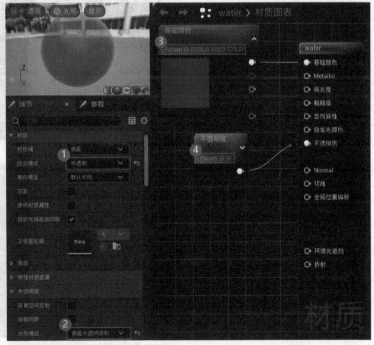

图 3.52　进行材质球的节点编辑

接下来为这个基础水流赋予法线纹理，让它"运动"起来。

拖曳法线纹理1到图表编辑器面板中，在空白处右击展开搜索框，分别输入"TexCoord"（纹理坐标）和"Panner"（平移器）并按Enter键，其中"TexCoord"是用于控制纹理密度的，而"Panner"可以使纹理在x轴、y轴上以一定的速度进行运动。添加完毕后进行连接，如图3.53所示。

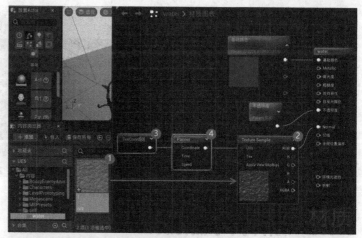

图3.53 拖曳法线纹理1到图表编辑器面板中并进行连接

下面对两个节点"TexCoord"和"Panner"进行数值修改。在"细节"面板中将"TexCoord"的"U平铺"和"V平铺"的数值调整为3.0，将"Panner"的"速度X""速度Y"的数值改为0.01并保存，如图3.54所示。若贴图显示较大，其运动速度也会相应表现得较慢。读者也可以根据场景风格对法线纹理的上述数值进行微调，调整出更加平静的水流效果。

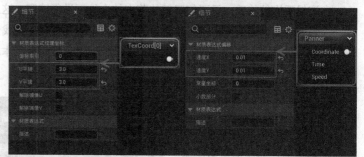

图3.54 对节点数值进行调整

完成以上操作将进一步丰富材质的法线效果。

除了调整法线纹理的参数以外，还需要更多的水流纹理，当前的水流仅有一个水波纹理在进行运动，这不符合现实情况，画面效果有待提升。将法线相关的3个节点复制3份并排列好，如图3.55所示，下面依次对后面3组纹理进行数值设置。

图3.55 复制3份相关节点

选择第二套法线纹理节点的"TexCoord"，将"U平铺"和"V平铺"的数值调整为1.8，产生一个较大的波纹效果，"Panner"选项保持不变，使该纹理以相同的速度和方向进行运动，如图3.56所示。

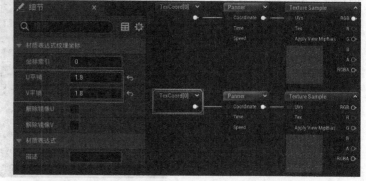

图3.56 调整第二套法线纹理的参数

随后，调整第三套法线纹理的参数。将"TexCoord"的"U平铺"和"V平铺"的数值调整为9.0，将"Panner"的"速度X"的数值设置为−0.04，将"速度Y"的数值设置为0.015，以产生一道非常小的波纹往反方向快速移动，使得水流效果更加真实，如图3.57所示。

同理，调整第四套法线纹理的参数，按图3.58所示进行设置，这套参数会让产生的波纹更小、速度更快。

图3.57 调整第三套法线纹理的参数

图3.58 调整第四套法线纹理的参数

完成参数设置后右键单击空白处，添加3个"Add"（添加）节点，用以混合4种不同的纹理，如图3.59所示。

最后按图3.60所示连接所有节点并保存，可以发现4组纹理的密度和方向都有了区别，下面查看修改之后的水流材质效果。

图3.59 添加"Add"节点

新建平面Actor，将处理好的水流材质赋予平面Actor，效果如图3.61所示。可以发现水面的效果已经比较丰富了，比较接近现实中的小湖泊的感觉，运动速度适中，读者可以根据自己对关卡的需求修改流动速度。

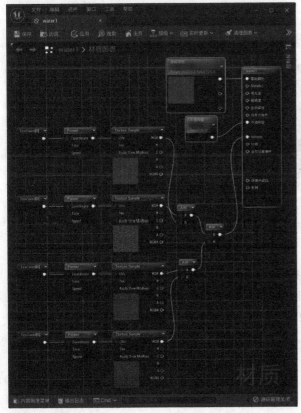

图3.60 连接节点

图3.61 水流材质效果

3.4 关卡设计

本节将从创建地面组件开始，以桂林的象鼻山为示例进行场景创建，通过实例一步步讲解如何搭建一个真实的场景。完成本节的学习后，读者可以根据自己的需要更换相关材质与素材来构建不同的场景。

3.4.1 导入素材

编者已将所需的素材整理好放在附件中，在搭建场景之前，首先将素材导入项目中。复制附件文件夹中的"象鼻山"文件夹，如图3.62所示。

将文件夹"象鼻山"粘贴到项目中的"Content"文件夹中，如图3.63所示。

重启项目文件后，在"内容浏览器"面板中就可以看到导入的"象鼻山"文件夹，如图3.64所示。

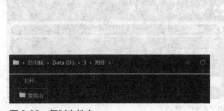

图 3.62　复制文件夹

图 3.63　粘贴文件夹

图 3.64　在"内容浏览器"面板中查看导入文件夹

打开"示例"关卡的步骤如图3.65所示。

❶ 选择"内容"文件夹中的"象鼻山"文件夹。

❷ 在搜索框中输入"示例"。

❸ 选择关卡"示例"。

打开"示例"关卡后，可以看到搭建场景所需要的所有素材，如图3.66所示。

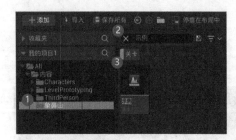

图 3.65　打开"示例"关卡

图 3.66　素材

3.4.2 场景搭建

这一小节搭建象鼻山的景观。首先在网络上搜集象鼻山的图片素材，了解象鼻山的环境风貌。

先设计出以象鼻山为主体的关卡场景，画出草图，后面的场景搭建也根据此执行，如图3.67所示。

在绘制完象鼻山场景的草图后，对场景中的象鼻山进行建模。在建模前利用之前汇总的象鼻山图片信息进行三视图绘制，如图3.68所示，供建模时参考。

参考效果图的草图，使用"SM_Cliff_02"素材为石面外侧增加体积感，使其更自然。如图3.73所示。

调整"SM_Cliff_07"岩石素材，完成山体搭建。可用于整体岩石表面的遮挡，或调整内部高度以增强其立体感。

参照三视图使用场景中的岩石素材进行搭建，先从侧视图入手，搭建象鼻山的"象鼻"部分。

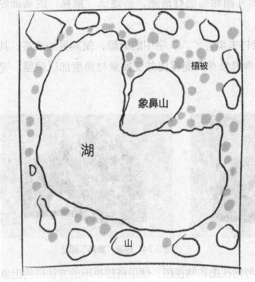

图 3.67 场景草图设计

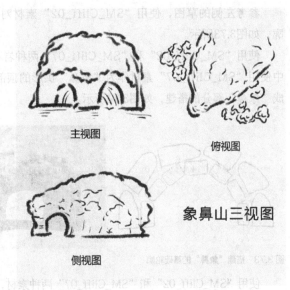

象鼻山三视图

主视图

俯视图

侧视图

图 3.68 象鼻山三视图

参照三视图使用场景中的岩石素材进行搭建，先从侧视图入手，搭建象鼻山的"象鼻"部分。

首先搭建一个拱形的山体。使用"SM_Cliff_01""SM_Cliff_02""SM_Cliff_07"3种岩石素材进行搭建，如图3.69所示。

使用细瘦的"SM_Cliff_01"素材来搭建"象鼻"的拱形的内轮廓，首先通过复制和变换角度，并参考左边的简易草图搭建出半个拱形（该阶段可以先不用处理外侧的参差，在后面进行调整），如图3.70所示。

图 3.69 岩石素材

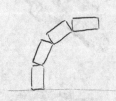
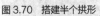

图 3.70 搭建半个拱形

接着镜像复制搭建的半个拱形，拼合出完整的拱形，如图3.71所示。

将拱形进行复制粘贴，参考象鼻山的俯视图，调整摆放角度，使其在俯视视角呈"八"字形，如图3.72所示。

图 3.71 镜像复制

图 3.72 复制拱形

参考左侧的草图，使用"SM_Cliff_02"素材对拱形外侧轮廓进行搭建，搭建出"象鼻"的基础轮廓，如图3.73所示。

使用"SM_Cliff_02"和"SM_Cliff_07"两种岩石素材去填补"八"字中的缝隙，使其更加敦实。其中使用"SM_Cliff_07"素材作为"象鼻"拱形的顶部，参考象鼻山侧视图并变换素材角度加以调整，完成"象鼻"部分的搭建，如图3.74所示。

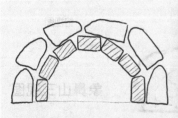

图3.73 搭建"象鼻"的基础轮廓

图3.74 搭建"象鼻"部分

使用"SM_Cliff_02"和"SM_Cliff_07"两种素材，参考俯视图和侧视图，使用搭建拱形的方法搭建出象鼻山主体，如图3.75所示。

将象鼻山模型中穿模部分进行调整，如图3.76所示。

图3.75 搭建象鼻山主体

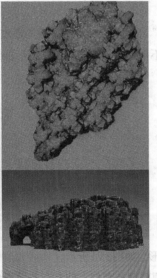

图3.76 调整模型

参考收集的象鼻山的图片可以发现，象鼻山的顶部和侧面的山体覆盖着大量的绿色植被，且头部位置植被稀松，尾部繁茂，如图3.77所示。接下来为模型添加植被。

将模式切换为"植物"模式，如图3.78所示，准备为象鼻山添加植被。

❶ 单击"选择模式"下拉按钮。

❷ 选择"植物"模式。

将植物素材添加到笔刷素材选择区，如图3.79所示。

图3.77 象鼻山素材参考

❶ 单击"过滤器"下拉按钮，在菜单中选择"静态网格体"命令。

❷ 选择给出的所有植被静态网格体。

❸ 拖入笔刷素材选择区中。

图3.78　切换模式　　　　　　图3.79　添加植物素材

调整绘制植被的笔刷参数，如图3.80所示。

❶ 单击"绘制"工具。

❷ 调整"笔刷尺寸"为300.0、"绘制密度"为0.9。

❸ 任意选择两个树木素材。

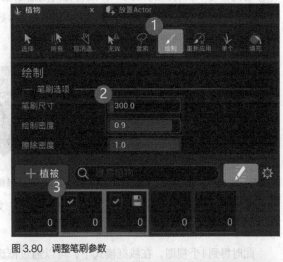

图3.80　调整笔刷参数

在选中树木素材的情况下，继续调整绘制参数，如图3.81所示。

❶ 将"缩放X"的最小值和最大值分别设置为5.0和6.0，让植被有错落感。

❷ 将"Z偏移"的最小值和最大值分别设置为2.0和3.0，让植被分布更自然。

图3.81　调整绘制参数

用笔刷对象鼻山的主体顶端进行植被绘制（将头部位置预留），通过观察象鼻山图片可知，其主体的植被是比较茂密的，如图3.82所示。

图3.82　绘制主体植被

调整绘制植被的笔刷参数，准备对象鼻山的头部进行植被绘制。
调整"笔刷尺寸"为800.0、"绘制密度"为0.4，如图3.83所示。

图 3.83 调整笔刷参数

在选中树木素材的情况下，继续调整绘制参数，如图3.84所示。

❶ 将"密度/1Kuu"的值调整为40.0。

❷ 将"缩放X"的最小值和最大值调整为3.0和4.0。

❸ 将"Z偏移"的最小值和最大值调整为5.0和7.0。

用笔刷对象鼻山的头部进行植被绘制，如图3.85所示。

图 3.84 调整绘制参数

观察象鼻山图片可以发现其山体侧面也有大量植被，在绘制山体岩石模型植被时，只有其顶部能附着植被。所以切换回"选择"模式，选中象鼻山的山体模型（此阶段不用选中植被，植被附着在山体上随山体移动而移动），将其旋转90°，准备在两侧绘制植被，如图3.86所示。

切换回"植物"模式，使用绘制头部的笔刷参数，在象鼻山头部两侧进行绘制；使用绘制主体的参数，在象鼻山主体两侧进行绘制，如图3.87所示。

图 3.85 绘制头部植被

图 3.86 旋转象鼻山模型

图 3.87 绘制植被

单击"视口"面板右上角的"视口切换"按钮，如图3.88所示。

图 3.88 单击按钮

此时得到4个视图，在线框模式下，可以通过框选进行快速选择，如图3.89所示。

切换回"选择"模式，来到右视图，对象鼻山模型进行框选，框选后模型在线框模式下呈黄色，如图3.90所示。

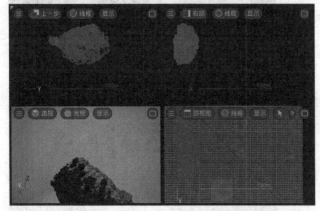

图 3.89 四视图

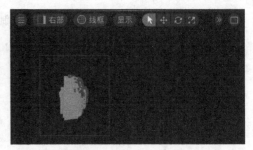

图 3.90 框选模型

来到透视视图，对模型进行调整，如图3.91所示。

❶ 切换到旋转模式，调整角度。

❷ 单击"视口切换"按钮，恢复单个视口。

象鼻山搭建完成，如图3.92所示。

图3.91 调整模型

图3.92 象鼻山搭建完成

接下来搭建大场景。参考上文的场景草图，开始搭建地形。

地形素材使用"SM_Island_01"，这个素材的地形特点比较丰富，可通过调节z轴改变其在平面上的切片大小，从而创造出多样的地形效果，如图3.93所示。可以用此素材拼接搭建出所需要的场景地形。

在搭建地形时，将地形素材放在"象鼻"的后方，把"象鼻"的位置预留出来，如图3.94所示，在后面要进一步细化。

图3.93 通过调节素材z轴形成的地形切片

图3.94 调整地形素材

参考场景草图通过复制、粘贴并调整素材大小和角度进行地形搭建，如图3.95所示。

找到3.3.5小节中制作的水流材质，将其拖曳到只有默认材质的空白地面"Landscape"上，这样场景中就有了湖，如图3.96所示。

图3.95 地形搭建

图3.96 添加材质

切换为"植物"模式，导入岩石素材并准备绘制周边的山体，如图3.97所示。

❶ 选择"象鼻山"文件夹中所有的
巨型岩石静态网格体。

❷ 拖入笔刷素材选择区中。

图 3.97　添加岩石素材

调整绘制岩石的笔刷参数，如图3.98所示。

❶ 单击"绘制"工具。

❷ 调整"笔刷尺寸"为800左右、"绘制密度"为0.01。

❸ 任意选择两个岩石素材。

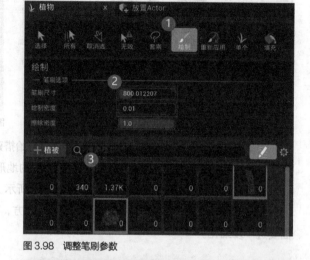

图 3.98　调整笔刷参数

在选中岩石素材的情况下，继续调整"绘制"
工具参数，如图3.99所示。

❶ 将"密度/1Kuu"的值调整为50.0。

❷ 将"缩放X"的最小值和最大值分别调整为1.0和4.0。

❸ 将"Z偏移"的最小值和最大值分别调整为1.0和2.0。

图 3.99　调整绘制参数

在场景中进行绘制，得到一些形态各异的山体
群落，如图3.100所示。

图 3.100　绘制山体群落

围绕着场景中的地形进行绘制，绘制山体群落
时不要太密集，在场景中稍做点缀即可，效果如图
3.101所示。

图 3.101　绘制效果

使用"象鼻山"文件夹中的岩石素材进行变换拼接，设计搭建出几个山体群落，供后续使用，效果如图3.102所示。

图3.102 搭建山体群落

下面开始绘制植被，切换到"植物"模式，调整绘制植被的笔刷参数，如图3.103所示。

❶ 单击"绘制"工具。

❷ 调整"笔刷尺寸"为600.0、"绘制密度"为0.15。

❸ 任意选择两个树木素材。

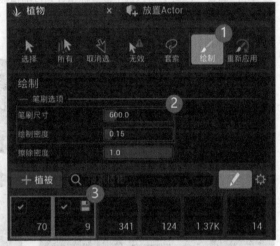
图3.103 调整笔刷参数

在选中树木素材的情况下，继续调整绘制参数，如图3.104所示。

❶ 将"密度/1Kuu"的值调整为40.0。

❷ 将"缩放X"的最小值和最大值分别调整为2.0和3.0。

❸ 将"Z偏移"的最小值和最大值分别调整为2.0和3.0。

在搭建的山体群落上绘制植被，效果如图3.105所示。

将"缩放X"的最小值和最大值分别调整为6.0和8.0，如图3.106所示。

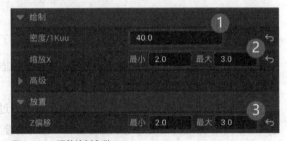
图3.104 调整绘制参数

图3.105 绘制植被

图3.106 调整绘制参数

调整好笔刷后，主要在地形边缘处和象鼻山主体两侧进行植被绘制，如图3.107所示。

图 3.107 绘制植被

接下来，删除场景中穿模的植被。

设置工具，如图3.108所示。

❶ 单击"套索"工具，它可以选中被鼠标指针划过的植被。

❷ 将"笔刷尺寸"调整为200.0。

用鼠标指针划过穿模的植被，此时植被被选中，如图3.109所示，按Delete键将其删除。

图 3.108 设置工具

图 3.109 删除穿模的植被

将之前搭建的山体编组，如图3.110所示。

图 3.110 编组

将编好组后的山体复制，并参考草图在场景中进行搭建，效果如图3.111所示。

观察地形上的贴图可以发现，从土地到草地的过渡比较生硬，如图3.112所示。因此，接下来在"植物"模式中，为过渡生硬的地方绘制植被，让场景看上去更加自然。

图 3.111 搭建场景

图 3.112 贴图细节展示

在"植物"模式下，导入3.2.2小节下载的植物素材，如图3.113所示。

❶ 打开"内容浏览器"面板，选择
"Megascans"文件夹。

❷ 单击"过滤器"下拉按钮，选择
"静态网格体"命令。

❸ 选择下载好的植物素材。

❹ 拖入笔刷素材选择区中。

图 3.113　导入植物素材

调整绘制植被的笔刷参数，如图3.114所示。

❶ 单击"绘制"工具。

❷ 调整"笔刷尺寸"为150.0、"绘制密度"为1.0。

❸ 任意选择两个植物素材。

图 3.114　调整绘制参数

在地形上贴图过渡生硬的地方绘制植被，如图
3.115所示。

通过观察可以发现，绘制的植被颜色与周围的
环境格格不入，因此，接下来要修改贴图的参数，
改变植被的颜色，让场景看起来更加协调。

确定素材在"内容浏览器"面板中的位置，如
图3.116所示。

❶ 在笔刷素材选择区选择要修改的植被素材。

❷ 右击并选择"在内容浏览器中显示"命令。

图 3.115　绘制植被

"内容浏览器"面板打开后，可以看到与该素材相关的所有材质实例、纹理和静态网格体，如图3.117
所示。这里的素材是由两个材质实例所构成的，应修改对应的两个贴图。在此选择其中一个贴图进行
演示。

双击打开所框选的任意一个纹理贴图。

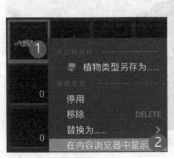

图 3.116　定位素材

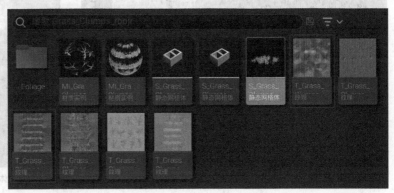

图 3.117　打开贴图

来到"细节"面板，将"亮度"调整为0.15，将"亮度曲线"调整为1.2，如图3.118所示，对另一个纹理贴图进行相同的调整。

图3.118 调整参数

单击主界面左上角的"保存"按钮，返回视口观看效果，发现修改后植被颜色自然了很多，如图3.119所示。

以同样的方法为另一种植被素材调整贴图参数，可以看到植被和地形的结合更自然了，效果如图3.120所示。

图3.119 效果展示

图3.120 效果展示

接下来搭建一个小场景，这里使用素材"SM_CoastRock_2"进行搭建，将其置于"象鼻"下，略高于水面，如图3.121所示。

使用素材"SM_Boulders_a"和"SM_Boulders_b"添加一些碎石，以丰富场景，如图3.122所示。

图3.121 放置素材

图3.122 添加碎石素材

在"象鼻"下的岩石周围绘制一些植被作为点缀，如图3.123所示。

到此场景基本搭建完毕，整体效果如图3.124所示。

图3.123 绘制植被

图3.124 整体效果

3.5 场景光照

本节将针对制作完毕的场景重新设置灯光，对关卡"大纲"面板进行整理后，重新添加天空球、定向光源、天光等视觉效果，让场景更加真实。

3.5.1 初始照明设置

在重新添加场景光照之前，需要先删除已有的3种灯光对象和后期处理体积，避免灯光对象重复，再对关卡的"大纲"面板进行整理，将"大纲"面板内的网格体添加到相应的文件夹内，以便管理。

先删除light文件夹中的4个对象，它们分别是天空球、定向光源、后期处理体积和天光，如图3.125所示，删除后场景将变为全黑。

全选"大纲"面板中的静态网格体（静态网格体的缩略图为"砖块"图标），如图3.126所示，单击"大纲"面板右上角的"新建"按钮，将文件夹命名为"网格体"，所有选中项都添加到该文件夹中。

图3.125 删除现有的灯光对象

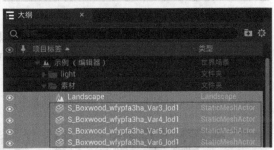

图3.126 新建文件夹

来到"放置Actor"面板，添加一个定向光源，如图3.127所示。

❶ 选择"光源"分类。

❷ 选择"定向光源"，并将其拖入场景中。

来到"细节"面板准备制作平行光效果，如图3.128所示。

❶ 在搜索框输入"大气"。

❷ 勾选"大气太阳光""在云上投射阴影""在大气上投射阴影"选项。勾选后添加天空大气后的天空才会显示太阳和大气效果。

来到"放置Actor"面板，添加天空大气效果，如图3.129所示。

❶ 选择"视觉效果"分类。

❷ 选择"天空大气"，并将其拖入场景中。

图3.127 添加定向光源

图3.128 添加平行光效果

图3.129 添加天空大气效果

添加天空大气效果后，场景中便有了太阳，效果如图3.130所示。

来到"放置Actor"面板，添加天空光照效果，如图3.131所示。

❶ 选择"光源"分类。

❷ 选择"天空光照"，并将其拖入场景中。

图3.130　天空大气效果展示

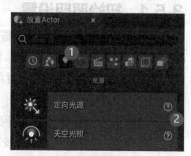

图3.131　添加天空光照效果

添加天空光照效果后，场景中湖水映出天空倒影，模型的光照获得了一定优化，效果如图3.132所示。

来到"放置Actor"面板，添加"PostProcessVolume"（后期处理体积），如图3.133所示。

❶ 选择"视觉效果"分类。

❷ 选择"PostProcessVolume"，并将其拖入场景中。

图3.132　天空光照效果展示

图3.133　添加后期处理体积

来到"细节"面板，修改曝光亮度，如图3.134所示。

❶ 在搜索框中输入"exposure"（曝光）。

❷ 将"最低亮度"调整为2.0、"最高亮度"调整为1.0。

设置后期处理体积的无限范围，如图3.135所示，这样可以使得前面调整的亮度覆盖到整个场景。

❶ 在搜索框中输入"无限范围"。

❷ 勾选"无限范围（未限定）"选项。

图3.134　修改曝光亮度

图3.135　设置无限范围

再次来到"放置Actor"面板，添加指数级高度雾效果，如图3.136所示。

❶ 选择"视觉效果"分类。

❷ 选择"指数级高度雾"，并将其拖入场景中。

来到"细节"面板，单击"雾内散射颜色"旁的色块，如图3.137所示，打开"取色器"面板，准备调节颜色。

调节散射颜色，如图3.138所示。

❶ 将"值"竖条的指针拉高，调整灰度。

❷ 单击"确定"按钮。

图3.136 添加指数级高度雾

图3.137 准备调节颜色

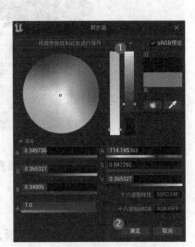

图3.138 调节散射颜色

调整体积雾，如图3.139所示。

❶ 勾选"体积雾"选项。

❷ 单击"反射率"旁的色块，准备调节颜色。

调节反射率，如图3.140所示。

❶ 将"值"竖条的指针拉高，调整灰度。

❷ 单击"确定"按钮。

将"雾高度衰减"的数值调整为1.2，如图3.141所示。

图3.139 调整体积雾

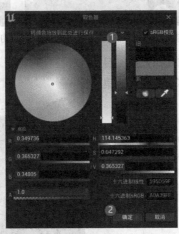

图3.140 调节反射率

图3.141 调整参数

调节后，通过前景、后景的对比发现，后景已经出现雾化的效果，这使得场景看起来更加逼真，如图3.142所示。

在"大纲"面板中选择"DirectionalLight"，在"细节"面板中添加光束效果，如图3.143所示。

❶ 在"光束"栏中勾选"光束遮挡"选项。

❷ 勾选"光束泛光"选项。

❸ 将"泛光范围"的数值修改为0.05。

图3.142 雾化效果展示

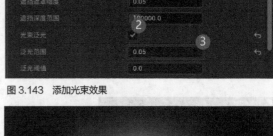

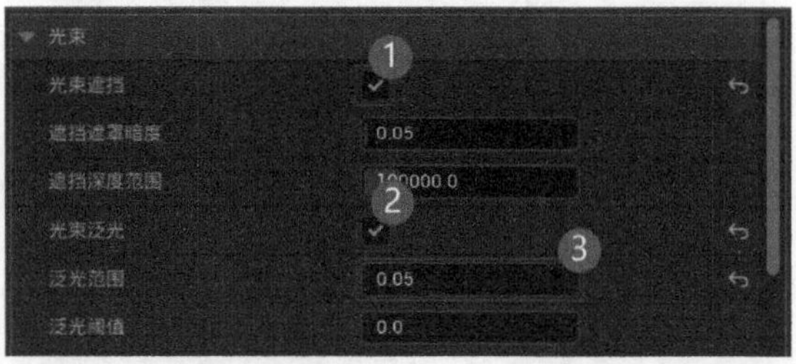

图3.143 添加光束效果

添加光束效果后，场景更加真实，具有层次感，效果如图3.144所示。

再次来到"放置Actor"面板，添加体积云，如图3.145所示。

❶ 选择"视觉效果"分类。

❷ 选择"体积云"，并将其拖入场景中。

图3.144 效果图

来到"细节"面板，在"层"栏中将"图层底部高度"调整为18.0，将"图层高度"调整为7.0，如图3.146所示。

图3.145 添加体积云

图3.146 调整参数

现在已添加完场景中所需的所有光照效果，目前已经拥有了一个较为完整的大气环境，整体效果如图3.147所示。

图3.147 效果图

3.5.2　优化光照

前面对场景进行了初始照明设置，拥有了一个较为完整的场景，场景的质感来源于光照处理。在这一小节，将对光照设置进行优化，让场景更加真实。

调整天空光照，如图3.148所示。

❶ 来到"大纲"面板，选择"SkyLight"。

❷ 来到"细节"面板，将"强度范围"调整为3.0。

通过前后对比发现，"强度范围"修改后，湖面中映射的天空光变得明亮了，湖水看起来更浅，湖水整体看起来更加柔和，如图3.149所示。

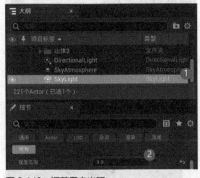

图3.148　调整天空光照

图3.149　前后对比

来到"细节"面板，单击"光源颜色"旁的色块，调节其颜色，如图3.150所示。

调整天空光的光源颜色，如图3.151所示。

❶ 在色环中选取一个偏淡红的颜色。

❷ 单击"确定"按钮。

图3.150　准备调节光源颜色

通过前后对比发现，场景中的大气颜色添加了一丝暖色，湖水看起来也不再冰冷，场景更加协调，如图3.152所示。

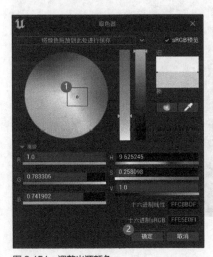

图3.151　调整光源颜色

图3.152　前后对比

调整后期处理体积的饱和度，让画面整体色调更加丰富，如图3.153所示。

❶ 来到"大纲"面板,选择"PostProcessVolume2"(后期处理体积2)。

❷ 来到"细节"面板,找到"Global"栏,勾选"饱和度"选项。

❸ 将该栏的数值调整为1.2。

调整定向光源,根据自己场景的情况找到合适的照明角度,
如图3.154所示。

❶ 在"大纲"面板找到"DirectionalLight2"(平行光2)。

❷ 在"视口"面板中切换到旋转模式进行调整。

在"大纲"面板中选择"SkyAtmosphere2",来到"细节"
面板进行散射参数的调节,如图3.155所示。

❶ 将"瑞利散射范围"的数值调整为0.2。

❷ 将"瑞利指数分布"的数值调整为8.0。

❸ 将"MIE散射范围"的数值调整为0.1。

❹ 将"MIE吸收范围"的数值调整为0.0。

图3.153 调整后期处理体积的饱和度

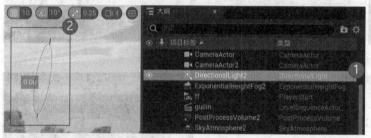

图 3.154 调整光照角度

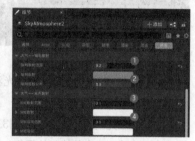

图 3.155 调节散射参数

现在已经完成了光照设置的优
化,象鼻山场景基本完成,效果如
图3.156所示。

图 3.156 效果图

3.6 场景优化

本节将针对游戏的场景特点依次对场景和灯光进行优化,优化网格体的显示效果、控制性能开销和帧
率,并将光照进行统一处理。

3.6.1 优化细节层次

在进行细节层次优化之前，需要知道常规游戏对于模型（网格体）的优化原理。在通常情况下，当玩家距离一个网格体较近时，网格体将展现全部三角形的面数，可能多达几万个面，这会让网格体有较精细的表现效果；而当角色逐渐远离该网格体时，网格体的面数会逐级降低，最后简化到仅有几十个面，变得较为简单，以节省性能开销，而此时玩家距离该网格体较远，肉眼难以察觉面数减少的过程，甚至在视口中已经无法看见该网格体。

在场景中，距离镜头较近的草丛网格体显示正常，且具有摆动效果，远处的草丛网格体被优化后，面数减少且不会摆动，如图3.157所示。在操控镜头、角色进行移动时可以较明显地查看到这种变化的过程，效果较突兀。

图 3.157　引擎优化网格体

这种减少面数的优化方式是非常有效的，可以在程序运行时减少不必要的性能开销。在运行关卡时可以发现，关卡中的数十种静态网格体组件仅有草丛类网格体会在优化时产生较突兀的变化。下面将针对使用的草丛网格体进行设置，将它们的优化过程设置得更为合理。

在个人文件夹的路径中找到"野草"文件夹，这是场景中草丛类网格体在"内容浏览器"面板中的位置，双击一个面数较多的草丛静态网格体，在其"视口"面板的左上角可以观察到，摄像机距离该静态网格体较近时，静态网格体的LOD层为第0层（LOD即Levels of Detail，意为多细节层次），三角形面数为6610，如图3.158所示。

图 3.158　查看近距离草丛静态网格体三角形面数

在该视口中稍微拉远摄像机，可以看到LOD变为第3层，三角形面数变为8，草丛网格体几乎变成了平面，如图3.159所示。

图 3.159　查看远距离草丛静态网格体三角形面数

针对这种情况，有多种解决方式。

1.删除LOD 3层级，使得草丛静态网格体的简化存在限制，最多简化为LOD 2，也就是三角形面数为3000多的中间层级。

2.缩小LOD 0的分段屏幕尺寸（控制LOD层级可视距离的参数，最大值为1），使得在大部分距离下都能查看到细节最丰富的LOD 0。

3.进一步缩小LOD 3的分段屏幕尺寸，使得需要到更远的距离才能看到LOD 3层级。

其中效果最佳、花费时间最久的方式是结合第2种和第3种方式，并针对每一个变化较突兀的静态网格体进行调试，以保证每一个静态网格体都在面数上与优化之前保持一个平衡。

由于关卡场景距离范围有限，所以第1与第3种方式产生的效果相同，因此本小节选择最快捷的第1种方式。

在该静态网格体的"细节"面板中找到"LOD选取器"，将"LOD"项从"LOD Auto"（自动选择LOD）调整为"LOD 3"，如图3.160所示。下面将该LOD 3进行移除。

图3.160　将 LOD 调整为"LOD 3"

选择"LOD 3"后，在下方的"简化设置"下单击"移除LOD"按钮，如图3.161所示。

系统会弹出"消息"对话框询问是否进行LOD 3移除，如图3.162所示，读者可以在进行此操作前将草丛静态网格体文件夹进行备份，再单击"是"按钮。

移除完毕后，"LOD选取器"处仍然会选择"LOD 3"，如图3.163所示，需要在此处切换为"LOD Auto"并保存，才能完成该静态网格体的全部优化操作。

图3.161　移除 LOD 3

图3.162　确认移除 LOD 3

图3.163　切换为"LOD Auto"

随后使用同样的方式，移除剩余十几种草丛静态网格体的LOD 3并保存，其中部分静态网格体的面数较少（例如"野草Var9 lod1"的LOD 0面数仅有36），可以不修改。

回到关卡中运行游戏，在同一角度查看优化效果，如图3.164所示。

图3.164　优化效果

3.6.2　优化视图模式

　　在完成对静态网格体的细节层次优化后，需要启用"优化视图模式"这一特殊模式来检查关卡复杂程度。在优化视图模式下，可以查看关卡的"光照复杂度""光照贴图密度"等参数，迅速了解场景优化程度以及需要优化的地方。

　　在完成本小节的学习后，读者可以定期使用该功能查看关卡的优化程度并进行备份，防止关卡突然损坏。

　　在"视图模式"功能区域中选择"优化视图模式"，可以看到共有6项优化视图模式可供选择。选择第一项"光照复杂度"，此时整个场景中存在多种颜色，同时视口下方出现复杂程度值，复杂程度值中的"PS"标志表示当前视口中场景的复杂程度，从左到右复杂程度逐级提升，蓝色为最佳，紫色为最差，如图3.165所示。

图 3.165　查看光照复杂度

　　由于场景中布置的草丛网格体较多，所以场景的光照复杂度介于蓝色和绿色之间，可以在视口中看到，仅有湖水中的反射部分为红紫色，表示光照复杂度较高。

　　"PS"标志位于蓝色区域表示场景光照复杂度较低，之前的优化有效，可以继续查看下一项。

　　"优化视图模式"中的第二项"光照贴图密度"的内容将在后面介绍，这里直接进入第三项"固定光源重叠"。

　　由于场景中还没有放置任何固定光源，所以"固定光源重叠"选项的优化程度非常高，如图3.166所示。

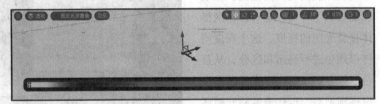

图 3.166　查看固定光源重叠度

　　打开"优化视图模式"的第四项"着色器复杂度"，可以看到整体环境呈现优化度较高的绿色，如图3.167所示。

　　下面打开第五项"着色器复杂度和四边形"，在这个视图模式下可以清楚地看到场景中静态网格体的面数情况。

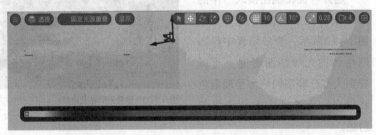

图 3.167　查看着色器复杂度

植物网格体和岩石的网格体面数较高，如图3.168所示。其中植物网格体的面数较多但不是关卡的主要游玩内容，因此之前绘制的植被可以适当删减。

图3.168　查看着色器复杂度和四边形

当前场景的核心位置趋近于红色，若读者创建的环境复杂度达到了红色区域，则需要找到此模式中表现为红色的网格体进行优化。

最后切换到"四边形过度绘制"优化视图模式，如图3.169所示，可以看到视口下方的复杂程度值会随着视角变化而改变，也可以直接在场景中看到，所有网格体的复杂程度都保持在绿色和蓝色范围内，属于正常范围。

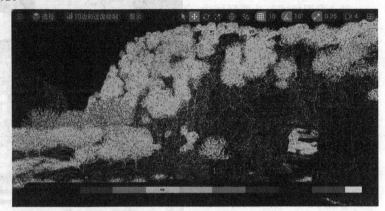

图3.169　查看四边形过度绘制

3.6.3　调整光照贴图密度

现在进行"光照贴图密度"的优化。光照贴图密度是每个静态网格体接受光照的程度，在该视图模式下，可以查看静态网格体接受光照的程度，这个程度同样以颜色进行显示和区分，从蓝色、绿色到红色表示光照贴图密度逐渐增高，也代表性能开销逐渐增大。

选择"优化视图模式"中的第二项"光照贴图密度"，如图3.170所示，查看场景中静态网格体的光照贴图密度，可以看到大部分静态网格体呈现蓝色和绿色，而被选中的部分呈现粉色。

图3.170　查看光照贴图密度

下面将对呈现绿色的静态网格体进行调整，提升绿色静态网格体的光照贴图密度，让整个场景的静态网格体呈现为接近蓝色的效果。

以场景中大量绘制的植被为例，因为绘制数量多，在运行中会有些卡顿，所以选择对它们进行优化。

在"植物"模式下，找到该植被在"内容浏览器"面板中的存放位置，如图3.171所示。

图3.171 在内容浏览器中
显示

❶ 选择要优化的素材。

❷ 右击并选择"在内容浏览器中显示"命令。

　　开始修改分辨率，如图3.172所示。

❶ 双击该静态网格体，并在它的细节"面板"中搜索"光照贴图"。

❷ 将"最小光照贴图分辨率"调整为16。

❸ 将"光照贴图分辨率"调整为16。

　　保存完毕后，必须关闭该编辑面板才能将分辨率改动应用到场景中，此时系统会弹出一个"消息"对话框，如图3.173所示，单击"是"按钮即可。

图3.172 修改分辨率

图3.173 "消息"对话框

　　对其他的植被也进行相同的操作，通过对比可以看到场景中的植被在"光照贴图密度"视图模式下由绿色变为蓝色，模型的光照贴图密度也得到了优化，如图3.174所示。

　　接下来需要继续提高场景的光照贴图密度。不同于"植物"模式下绘制的植被，静态网格体的修改在"视口"面板和"细节"面板中完成，如图3.175所示。

图3.174 前后对比

❶ 在"视口"面板中选择地形使其呈现粉色。

❷ 在地形的"细节"面板中搜索"光照"。

❸ 修改"光照"栏中的"覆盖的光照贴图"数值为32并保存。

　　依次修改视图中绿色的静态网格体，修改完毕后，在视口中单击任意其他静态网格休查看地形的修改效果，如图3.176所示。通过对比可以看到静态网格体变为浅蓝色，光照贴图密度较之前的深蓝色提高了许多。

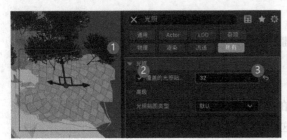

图3.175 地形细节处修改静态照明清晰度

图3.176 查看修改效果

将光照贴图密度进行优化之后，光照表现效果有了较大的提升，且不会给计算机带来较大负担，效果如图3.177所示，可以看到整个场景的效果都有所提升。

图 3.177　地形修改效果

3.6.4　调整灯光的移动性、构建光源

灯光对象的移动性需要根据其与角色的交互程度分别设置，对于天光、定向光源这两个影响范围较大且自身可以移动的光源，通常会将"移动性"设置为"可移动"，这会让光源在游戏过程中进行动态的移动。如天气系统中的太阳可以随着时间变化进行移动，属于"可移动"的光源对象。

对于会与角色进行交互的固定光源，比如近处的路灯，角色从路灯附近走过从而产生交互，可以将其"移动性"设置为"固定"，这样的光源本身无法移动，但是可以和附近的对象产生交互。

而对于不会与角色进行交互的光源，比如较远处的光源，可以将其"移动性"设置为"静态"，静态光源不能在游戏过程中移动和修改，无法与对象产生交互，产生的性能开销最小。

基于上述内容，将场景中的两个光源"天空光照"和"定向光源"设置为"可移动"。在"细节"面板中将其"移动性"改为"可移动"，如图3.178所示。

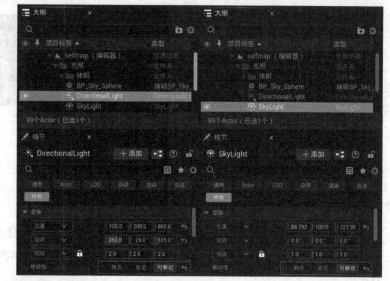

图 3.178　设置移动性

设置完毕后，需要对项目进行一次构建，以保证整个场景的光影都是正确的。在界面的上方选择"构建"菜单中的"构建所有关卡"命令，如图3.179所示，系统会自动进行构建，并在界面的右下角显示构建的进度，构建速度根据场景和灯光的复杂程度而定。

需要注意的是，若关卡中设置为"静态"的光源在构建后进行了位置移动，场景产生的阴影会留在原地，若要使其阴影一起移动，则必须重新进行构建，这也是"静态"光源的主要缺陷。

图 3.179　构建所有关卡

场景优化的完成效果如图3.180 所示，可以看到场景效果已经较为真实了。

图 3.180　场景优化的完成效果

3.7　场景音频

本节将添加音频文件到场景中，并根据场景对音频进行设置，这里音频文件共有鸟类叫声、风声和背景音乐3种类型，组合这3种音频让场景活跃起来。

3.7.1　创建Cue

Cue（声音技巧）是虚幻引擎中用以编辑音频文件的一种形式，可以将它理解成"材质实例"。为音频文件创建Cue后，可以直接播放Cue，也可以在Cue中创建一些节点命令，例如控制音量、随机播放、循环播放等。

在"内容浏览器"面板中的个人文件夹内新建一个文件夹并命名为"音频"，随后打开本书的附件，将3.7小节的附件项复制到项目中的"音频"文件夹内，如图3.181所示。

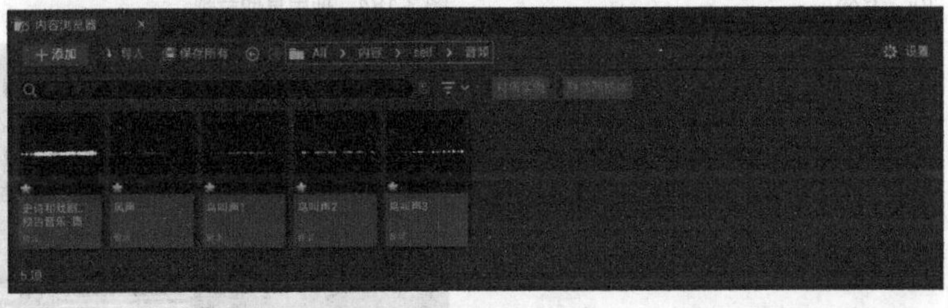

也可以直接从附件中拖曳5

图 3.181　添加音频文件

个WAV格式的音频文件到该文件夹内，但拖曳的添加方式实际上是一种对磁盘内文件的引用，一旦原文件的路径发生改变，虚幻引擎中的引用将失败，所以在添加音频和视频文件时，优先使用复制的方法。

选择添加完毕的音频文件，右击并选择"创建Cue"命令即可创建，如图3.182所示。先为鸟类叫声3创建一个Cue并取名为"鸟类叫声Cue"，下面开始编辑这项Cue，将其他的两个鸟类叫声文件组合到该Cue中。

图 3.182　创建 Cue

双击打开"鸟类叫声Cue"查看它的编辑界面，可以看到该界面和蓝图编辑界面很像，如图3.183所示，操作方式也相似。此时单击"输出"可以在界面的左侧面板中设置"音量乘数"以控制音量大小，"音量乘数"的默认值是0.75，即原音频音量的0.75倍。

图 3.183　查看 Cue 的编辑界面

下面让该Cue可以播放3个音频文件，将"鸟类叫声1"和"鸟类叫声2"拖曳到Cue的图表编辑器面板中，如图3.184所示，随后为该Cue添加一个"随机"节点，使得该Cue在播放时随机选择其中的一种鸟类叫声，降低音频的重复性。

"随机"节点的添加步骤如图3.185所示。

❶ 按住Shift键的同时依次单击3个"鸟类叫声"节点，使其呈现黄色的激活状态。

❷ 在界面的右侧面板中找到"随机"节点。

❸ 在"鸟类叫声"节点激活的情况下拖曳"随机"节点到空白位置。

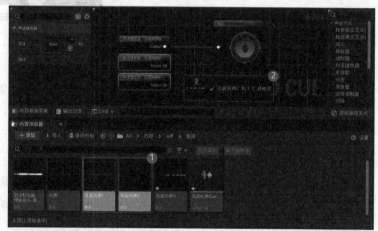

图 3.184　拖曳其他音频

经过以上操作后，3个"鸟类叫声"节点将自动连接新创建的"随机"节点。

随后将"随机"节点的"Output"（输出）的引脚与"输出"节点的引脚连接，如图3.186所示，该Cue就可以正常播放了。读者可以在该界面中单击"播放Cue"按钮来查看节点是否连接正确。

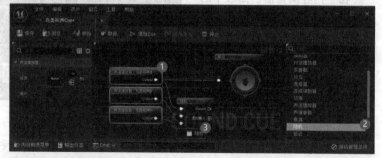

图 3.185　添加"随机"节点

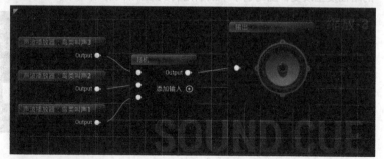

图 3.186　连接节点

一共需要创建3项Cue，鸟类叫声、风声和背景音乐的Cue各一个，现在使用同样的方式创建剩余的两项Cue。创建背景音乐的Cue，而背景音乐在播放时普遍存在音量较大的情况，所以先将"音量乘数"修改为0.5，如图3.187所示。

图3.187 调整背景音乐的"音量乘数"

需要注意的是，本节中使用的背景音乐文件"史诗和戏剧性的预告音乐-奥林巴斯_版权和版税免费_"是一个版税、版权免费的音乐，它的风格偏向魔幻和宏大，读者可以根据情况选择其他版权和版税免费的音乐来作为场景的背景音乐。

3.7.2 添加Cue到场景中

现在尝试将Cue添加到场景中。按住Shift键依次拖曳3个Cue到场景中，随后可以在"大纲"面板中查看到该3项Cue，如图3.188所示，这就表示Cue已经添加完毕，运行关卡就能听到相关音频了。

添加完毕后，运行关卡检查音频播放情况，此时读者需要判断音频的音量是否合适并进行相关修改。可以发现，添加的3个Cue都只在关卡中播放一次，特别是"鸟类叫声"这类短促的音频，需要循环和随机播放，所以以下面对这些Cue进行循环播放的节点编辑。

双击打开"鸟类叫声Cue"，添加循环节点的步骤如图3.189所示。

图3.188 添加Cue到场景中

图3.189 添加循环节点

❶ 在节点附近的空白处右击，在蓝图节点搜索框中输入"正在循环"并选择对应的节点。

❷ 将"正在循环"节点与"随机"和"输出"节点进行连接。

循环节点添加完毕后，在"鸟类叫声Cue"的编辑界面单击"播放Cue"按钮查看节点的运行情况。在进行蓝图编辑时，也能通过这种方法来查看蓝图的运行情况并进行错误排除。

单击"播放Cue"按钮后可以看到循环节点已经生效了，如图3.190所示，该Cue会随机选择一种音频进行循环播放，但其中没有任何间隔，音频的播放效果较嘈杂。单击"停止"按钮，继续进行节点编辑。下面为Cue添加一个"延迟"节点。

添加"延迟"节点的步骤如图3.191所示。

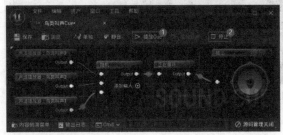

图3.190 播放Cue

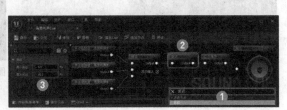

图3.191 添加"延迟"节点

❶ 在节点附近的空白处右击，在搜索框中输入"延迟"并添加"延迟"节点。

❷ 将"延迟"节点与"随机"和"正在循环"节点进行连接。

❸ 单击"延迟"节点，在左侧面板中设置"最小延迟"为5.0、"最大延迟"为20.0并保存。

　　保存完毕后，单击"播放Cue"按钮可以发现，音频会在数秒钟的延迟后播放，且延迟时间会在5s到20s之间随机，这表示节点可以正常运行。

　　关于背景音乐和风声的Cue，读者可以自行决定是否添加"延迟"和"正在循环"节点，也可以在背景音乐中添加其他的音频来进行"随机"和"延迟"节点的应用。

3.8　创建摄像机

　　本节将添加一个摄像机到场景中，并根据场景对摄像机进行设置。完成全部设置后，可以在运行关卡时使用该摄像机，并将它作为后续设置用户界面时的节点之一。

3.8.1　添加电影摄像机

　　通过"视口选项"在当前位置进行摄像机对象的创建，单击"视口"面板中的"视口选项"按钮并选择"在此处创建相机"下的命令，如图3.192所示，可以创建一个拍摄当前位置的摄像机。

　　"CameraActor"即"摄像机Actor"，它是一种普通的摄像机，也是游戏中常用的一种资产，默认角色就是通过在角色网格体的身后放置这样一个摄像机来实现第三人称游玩视角，在游戏的设计环节可以使用。

　　"CineCameraActor"即"电影摄像机Actor"，它是一种较为专业的摄像机，可以进行关卡序列（镜头动画）的拍摄，所以在制作用户界面时使用电影摄像机可以进行更专业的设置，让界面的显示效果更好。

　　也可以通过"放置Actor"面板来快速添加这两种摄像机，并且通过它来添加摄像机时，可以捕捉到更富有镜头感的画面。

　　打开"放置Actor"面板，在"过场动画"分类中拖曳一个"电影摄像机Actor"到场景中，如图3.193所示。随后选择该摄像机，根据视口中摄像机提供的画面来移动、旋转摄像机，可以发现该摄像机比从"视口选项"中添加的摄像机捕获的画面要好。

　　在"放置Actor"面板中，可以在"所有类"分类的中间部分找到"摄像机Actor"。

图3.192　在此处创建相机

图3.193　通过"放置Actor"添加电影摄像机

3.8.2 调整摄像机设置

现在对电影摄像机进行设置。在"大纲"面板中选择刚刚添加好的电影摄像机，右击并选择"视图选项"功能区域中的"控制'CineCameraActor'"命令，如图3.194所示，可切换到该摄像机的操控视图。切换到这个模式可以更加方便地移动摄像机，这也是进行关卡序列编辑时的常用技巧之一。

切换到该视图后，视口呈现摄像机捕获到的画面，且画面的上下存在黑边，视口的左上角也有相关提示"【驾驶激活-CineCameraActor】"，如图3.195所示。这些内容都在提醒：当前视口正在操纵电影摄像机。此时移动视口（按W/A/S/D键等操作）会作用到该电影摄像机上，可以通过这种方式迅速捕获到合适的画面和位置。

在后面进行关卡序列编辑时，也需要频繁使用这个视图来管理摄像机的移动路径，此处先不讲解。在完成摄像机的移动后，单击"视口"面板左上角的"停止使用当前视口"按钮来切换回正常的视口编辑模式。

图 3.194　控制'CineCameraActor'

图 3.195　驾驶激活

当完成画面捕捉后，对电影摄像机的误操作可能会影响摄像机的位置，此时对电影摄像机进行锁定，这个锁定也可以对其他静态网格体对象使用。

在视口中选择电影摄像机，右击并选择"变换>锁定Actor运动"命令，如图3.196所示。

锁定Actor运动后，选择视口中的摄像机时已无法激活其坐标系，其"细节"面板中的"变换"栏也呈现灰色，无法对数值进行编辑，如图3.197所示。

图3.196　将电影摄像机变换为锁定状态

图3.197　锁定后将无法对摄像机进行变换操作

此时切换到摄像机的"驾驶激活"视口也会显示"锁定",如图3.198所示。

了解锁定设置后,需要对电影摄像机的细节进行一些参数设置。来到电影摄像机的"细节"面板,找到"当前摄像机设置"栏中的"胶片背板"属性,将默认设置修改为"16:9 DSLR",如图3.199所示,此项设置可以使得摄像机的拍摄效果更加接近现实中的数码相机。

图3.198 锁定后的"驾驶激活"视口

图3.199 修改"胶片背板"属性

将"胶片背板"修改为"16:9 DSLR"后,摄像机画面的宽度增加了一些,随后修改"镜头设置"属性,将默认选项修改为"85mm Prime f/1.8"(定焦人像镜头),如图3.200所示,这个镜头可以创造很好的景深。

图3.200 修改"镜头设置"属性

将"镜头设置"属性修改为"85mm Prime f/1.8"后,摄像机的焦距数值也随之变为85.0,摄像机的画面拉近且变得非常模糊,同时解除摄像机的变换锁定,如图3.201所示。下面将根据焦距数值调整摄像机画面并进行聚焦设置。

图3.201 摄像机焦距提高

在设置摄像机细节参数的过程中,摄像机的画面效果会受到一定影响,需要根据画面情况小幅度调整摄像机的位置,甚至在场景中补充一些静态网格体或其他素材以丰富画面。

将摄像机的位置进行了微调,随后展开"聚焦设置"栏,先勾选"绘制调试聚焦平面"选项,再调整"手动聚焦距离"属性,如图3.202所示。

将"手动聚焦距离"属性的值降到1000.0cm以下时,电影摄像机的"驾驶激活"视口会逐

图3.202 调整"手动聚焦距离"属性

渐被紫色覆盖,需要避免紫色覆盖视口画面的核心位置,紫色以外的区域是摄像机的聚焦区域,读者可以根据自己的画面情况自行调整该数值。

完成手动聚焦距离设置后,需要取消勾选"绘制调试聚焦平面"选项,否则视口内的粉色区域不会消失。

将"当前光圈"属性的数值设置为2.5（最低值为1.8），如图3.203所示，可得到一个不错的模糊效果。但此时画面稍显空旷，下面尝试添加一些静态网格体或脚印贴花来丰富画面。

图3.203　调整"当前光圈"

完成摄像机设置后即可开始获取高分辨率截图，如图3.204所示。

❶ 打开"视口选项"菜单。

❷ 选择"高分辨率截图"命令。

❸ 在"高分辨率截图"对话框中单击"捕获"按钮，虚幻引擎界面右下角会弹出保存路径，单击保存路径即可浏览截图。

图3.204　获取高分辨率截图

3.8.3　添加摄像机到关卡中

本节的最后，将电影摄像机拍摄到的画面作为游戏的用户界面背景，通过编写关卡蓝图来实现这一操作。

在视口中找到"PlayerStart"（玩家出生点），如图3.205所示，按Delete键删除。在虚幻引擎5的第三人称模式默认关卡中，玩家操纵的默认角色就是从"玩家出生点"刷新的。

删除玩家出生点后，单击"运行"按钮，此时将以漫游的形式参与游戏。

在关卡编辑器中单击"蓝图"按钮，选择"打开关卡蓝图"命令，如图3.206所示，对其进行节点编辑。

图3.205　删除玩家出生点

图3.206　打开关卡蓝图

在图表编辑器面板的空白处右击，在蓝图节点搜索框输入"使用混合设置视图目标"并取消勾选"情境关联"选项，如图3.207所示，即可找到该节点。

随后单击激活该节点，并与"事件开始运行"进行连接。

连接完毕后，回到场景中，单击电影摄像机再回到图表编辑器面板，此时在空白处右击，勾选"情境关联"选项，选择"创建一个对CineCameraActor的引用"，如图3.208所示，创建"CineCameraActor"节点。

图 3.207 添加"使用混合设置视图目标"节点并连接

图 3.208 选择"创建一个对 CineCameraActor 的引用"

将"CineCameraActor"节点和"使用混合设置视图目标"节点的"New View Target"(新视图的目标)进行连接,如图3.209所示,让该节点运行,视图目标会跟随被引用的电影摄像机。

拖曳"使用混合设置视图目标"节点的"目标self",在搜索框输入"获取玩家控制器"并按Enter键获取最后一个节点,如图3.210所示。

图 3.209 连接节点

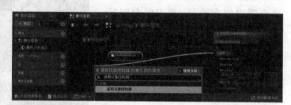

图 3.210 获取玩家控制器

节点的连接效果如图3.211所示,连接完毕后单击蓝图界面左上角的"编译"和"保存"按钮,编译成功即代表节点连接成功。

此时运行关卡,可以发现游戏从该电影摄像机处开始运行,运行效果如图3.212所示,后续可以以这个画面作为游戏用户界面的背景。

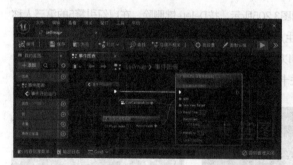

图 3.211 节点的连接效果

图 3.212 运行效果

04.章
数字人类

在完成第3章的学习后，相信读者已经掌握了关卡设计的技巧，现在可以制作个性化的角色了。

本章将引导读者构建属于自己的数字人类，再将数字人类导入虚幻引擎中进行动画编辑、面部捕捉等操作。本章实例将帮助读者快速理解并掌握数字人类相关功能。

图4.1所示为虚幻引擎官方网站中数字人类的面部效果。

图 4.1　数字人类的面部效果

4.1 创建数字人类

本节将会使用Quixel Bridge和"网页浏览器"面板进行数字人类的自定义编辑。读者可以根据自身喜好对数字人类的发型、衣物、五官等进行可视化编辑，然后将其下载到虚幻引擎中进行设置和使用。

4.1.1 注册与使用

直接在关卡编辑器中的"快速添加到项目"菜单中选择"Quixel Bridge"命令，打开Quixel Bridge界面，如图4.2所示。

图4.2 打开 Quixel Bridge 界面

在Quixel Bridge界面单击"METAHUMANS"按钮时会直接跳转到数字人类预设界面，如图4.3所示，在该界面中可以直接下载最新的数字人类资产。

进行数字人类自定义编辑的操作步骤如下。

❶ 单击Quixel Bridge界面的左侧第三项"METAHUMANS"按钮。

❷ 选择想要创建的任意资产，单击界面右侧的"START MHC"（启动逼真人类创建器）按钮。

单击"START MHC"按钮后会在默认浏览器中打开相关网页，需要登录Epic Games账号，如图4.4所示。

图4.3 打开数字人类预设界面

图4.4 登录 EpicGames 账号

登录成功后会跳转到数字人类创建的界面，此时单击"启动最新版MetaHuman Creator"（启动最新版逼真人类创建器）按钮即可，如图4.5所示。

启动后即可为自定义角色选择一个初始面孔，这里选择亚洲女性的面孔作为角色模板，选择完毕后单击界面左下角的"创建所选"按钮进入下一步，如图4.6所示。

图4.5 启动最新版逼真人类创建器

图4.6 创建所选

需要注意的是，MetaHuman Creator采用的是在线编辑模式，画面的加载效果取决于网络情况。数字人类的自定义编辑过程具有一定趣味性，其面部特征是通过混合所选的另外3种角色形象来调整的，如图4.7所示。

❶ 在界面下方关闭角色的动画播放。

❷ 选择界面左上角的"混合"命令。

❸ 拖曳下方"预设"栏中符合需求的3项到混合插槽中。

将"混合"栏中的元素设置完毕后即可开始数字人类的五官调整。单击数字人类主面板左侧的"五官"按钮即可激活节点选择，如图4.8所示，其中有眉、眼、耳、鼻、口、颧骨等10组节点。

图4.7 混合

图4.8 激活五官节点

节点的调整方式非常简单，单击面部的任意一个节点即会出现图4.9所示的区域，此时将中间节点向周围任意一个节点拖曳，数字人类的五官特征就会与左侧混合插槽中对应位置的角色进行混合。

单击主视口左上方的第一个按钮即可修改面板中的灯光类型，如图4.10所示，可以使数字人类与相应的环境更加融合，此处提供了室内、室外、屋顶等多种环境光照。

图4.9 开始调整

图4.10 灯光选择

单击主视口左上方的第二个按钮即可切换面板的镜头,如图4.11所示,可以选择"面部""身体""躯干"等多个不同的镜头,方便查看角色的各个部位。

单击主视口左上方的第三个按钮可以调整数字人类的渲染质量,如图4.12所示,其中"高(光线追踪)"和"超高(光线追踪)"会对计算机的运行造成较大负担,建议读者不做改动。

图4.11 切换镜头

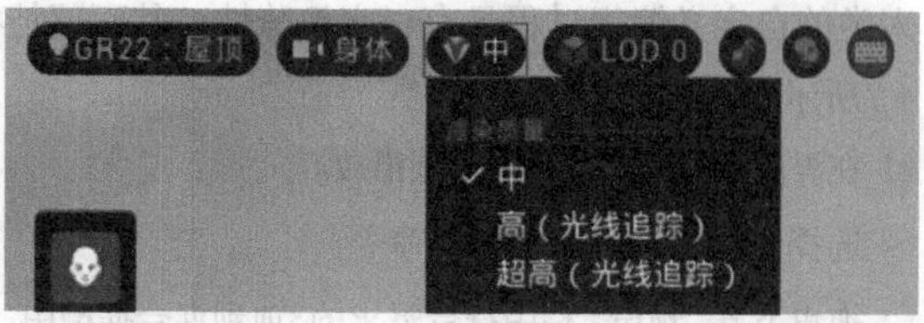

图4.12 渲染质量

单击主视口左上方的第四个按钮可以修改面板中角色模型的细分级别,如图4.13所示,其中"LOD 0"级别的模型质量最高、"LOD 7"级别的模型质量最低,建议读者选择"LOD 1"级别。

图4.13 细分级别

主视口左上方的后面3个按钮分别是"开启/关闭黏土材质""隐藏毛发""开启/关闭热键参考",可以自行尝试,此处不展开讲解。

单击主视口左侧列表中的"雕刻"按钮可以进入角色面部编辑的"雕刻"模式,如图4.14所示。"雕刻"模式可以配合前面提到的"开启/关闭黏土材质"进行使用,在"雕刻"模式下角色的面部有大量的节点可选择。

单击"雕刻"模式下的眼睛节点,即可向上下两个方向进行拖曳,如图4.15所示,放大或缩小数字人类的眼睛,操作方式较简单。

图4.14 "雕刻"模式

图4.15 拖曳节点进行雕刻

单击左侧列表中的"移动"按钮可以进入角色面部编辑的"移动"模式,如图4.16所示。"移动"模式可以大幅度调整角色的五官位置。

上述的"混合""雕刻""移动"就是数字人类面部的主要编辑模式，读者可以结合参考资料快速地塑造出属于自己的数字人类样貌。

在界面左侧的编辑面板中单击"面部"栏的第二项"皮肤"，即可对数字人类的皮肤进行设置，如图4.17所示，其中默认选项卡"皮肤"可用于快速调整角色的肤色、纹理、对比度和粗糙度。"皮肤"面板中的"雀斑"选项卡可用于调节角色面部雀斑密度、强度、饱和度、色调偏移的参数，增加面部细节。

图4.16 "移动"模式

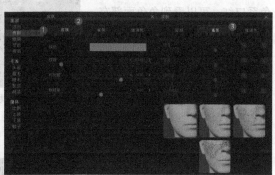

图4.17 皮肤和雀斑调整

单击"面部"栏的第三项"眼睛"即可对数字人类的眼睛进行修改，如图4.18所示。默认选项卡"预设"中有丰富的模板可以使用，此处的眼睛预设偏向写实风格，这里可以选择"预设004"使数字人类具有一些混血感，读者也可以使用"虹膜"和"巩膜"选项卡对数字人类的眼睛进行更加细致的调整。

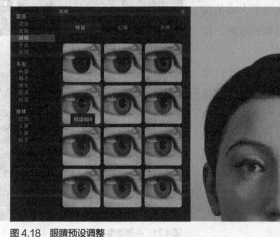

图4.18 眼睛预设调整

"面部"栏中的"牙齿"选项默认设置为"标准对称的牙齿"，在"牙齿"面板中可以调整数字人类牙齿、牙龈的颜色和下颌张开角度等，可以自行尝试，此处不展开讲解。

选择"面部"栏的第五项"妆容"，如图4.19所示，其中"粉底"选项卡可以改变角色面部的粉底颜色、强度、粗糙度和遮瑕程度。

在"眼睛"选项卡中选择"柔和烟熏"，为数字人类附着轻微的浅蓝色眼影。数字人类角色的塑造并没有严格的标准，可

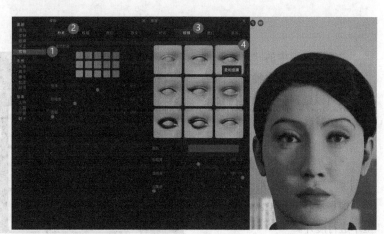

图4.19 粉底和眼妆调整

以根据自己的喜好进行调整。

调整"妆容"面板中的"腮红"和"唇妆"选项卡，如图4.20所示。在"腮红"选项卡中选择"低扫"模式，降低颜色强度；在"唇妆"选项卡中选择暗色系口红，可以看到角色面部有淡妆的效果。

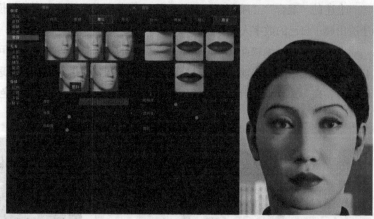

图 4.20　腮红和唇妆调整

选择"毛发"栏中的"头部"选项进行编辑，如图4.21所示。此处可以更改数字人类的发型，但出于整体形象的考虑，没有更换发型。

在"造型"选项卡中可以单击色块来更改角色的发色。如果不勾选"启用染色"选项，数字人类的发色只能在自然人颜色中进行选取，这里勾选该选项，并将角色的发色调整为酒红色。

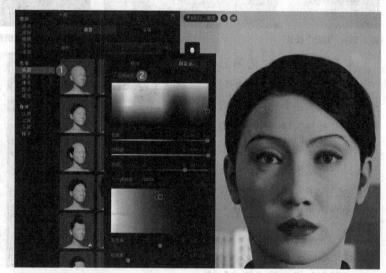

图 4.21　头部造型与颜色

"毛发"栏中的"眉毛"和"睫毛"选项里有多种预设的毛发样式可以选择，并且支持自定义颜色的编辑，如图4.22所示。

"毛发"栏的"髭须"和"胡须"选项不适用于女性角色，编辑面板和图4.22类似，这里不进行展开。

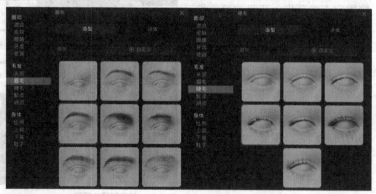

图 4.22　眉毛与睫毛

在"身体"栏的"比例"选项中可以在一定范围内控制数字人类的身体比例和头部大小，此处选择"中等"体型中的"纤细"比例，如图4.23所示。

如果在顶部选择"矮小"或"高大"选项卡，数字人类会继续保持"纤细"这一设定，变为"矮小且纤细"或"高大且纤细"的设定。

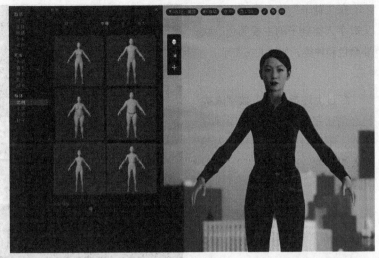

图 4.23　身体比例选择

下面进行着装设定，"上装选择"面板如图4.24所示，上装的自定义操作步骤如下。

❶ 选择"身体"栏的"上装"选项。

❷ 选择"上装"面板中的"风格"选项卡。

❸ 将"主面料"设置为"格子"类型。

❹ 选择"细节"选项卡。

❺ 调整花纹的"比例"。

"风格"选项卡中"主面料"提供的图案密度较高，可以根据自己的喜好选择主面料的纹样和上衣的样式，在"细节"选项卡中可以调整主面料的颜色或进行水平移动、垂直移动等操作，可以用几种简单的花纹编织出多种不同风格的上衣。

"图画"选项卡可以添加一些特定的图案，此处不展开讲解。

"下装"面板如图4.25所示，和"上装"面板相比更为简单，此处仅提供样式选择，暂不支持面料的选择，但可以调整颜色。

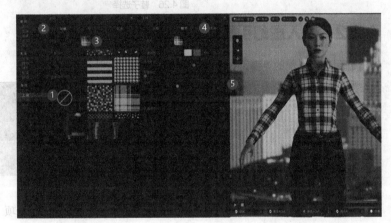

图 4.24　上装选择

图 4.25　下装选择

在"鞋子"选项中可以自定义数字人类鞋子的主要颜色、次要颜色和种类，如图4.26所示。

经过上述操作后，数字人类已经创建完毕，网页会实时保存操作，下面将制作好的数字人类导入项目中。

图4.26　鞋子选择

4.1.2　导入虚幻引擎

回到虚幻引擎的界面，打开Quixel Bridge界面，如图4.27所示。

图4.27　打开Quixel Bridge界面

在Quixel Bridge界面中选择"METAHUMANS"菜单中的第二项"My MetaHumans"，如图4.28所示，即可找到创建好的数字人类。

自定义数字人类的下载和添加步骤如图4.29所示。

❶ 将数字人类资产的品质设置为中等品质。

❷ 单击"Download"按钮完成数字人类资产的下载。

❸ 单击"Add"按钮将数字人类添加到项目中。

图4.28　我的数字人类

图4.29　下载和添加我的数字人类

如果选择"My MetaHumans"选项没有出现自定义数字人类资产，则需要保存并重新启动虚幻引擎5，刷新Quixel Bridge的网络状态。

需要打开Epic Games平台进行更新，打开虚幻引擎启动界面，操作步骤如图4.30所示。

❶ 选择"虚幻引擎"栏。

❷ 选择"库"查看引擎版本。

❸ 在版本处选择"5.4"。

❹ 单击"安装"按钮。

图 4.30　更新 Quixel Bridge

更新后，重启虚幻引擎就可以在Quixel Bridge中找到自定义数字人类资产了。

添加数字人类资产时，虚幻引擎界面的右下角会弹出3个提示框，提示当前缺失了两项"项目设置"和一项"插件"，如图4.31所示，单击"启用缺失"按钮并重启虚幻引擎即可。

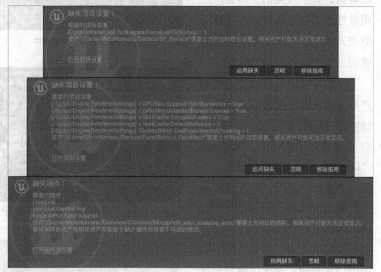

图 4.31　启用缺失的内容

重启虚幻引擎后，在图4.32所示的路径可以找到自定义的数字人类，它以蓝图类资产的形式存在。

该资产存放在"内容浏览器"面板的"MetaHumans\Bernice"（柏妮丝）文件夹中，柏妮丝是该数字人类模板的角色名称。

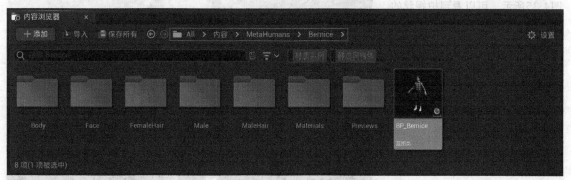

图 4.32　找到柏妮丝的蓝图类资产

该资产以"BP_"蓝图类的形式命名（和默认角色使用同样的命名形式），下面完成数字人类蓝图的基础设置。

为数字人类添加一个摄像机，如图4.33所示。

❶ 拖曳柏妮丝的蓝图类资产到场景中。

❷ 单击界面左上角"视口选项"按钮打开菜单。

❸ 选择"在此处创建相机 > CameraActor"（摄像机Actor）。

❹ 在视口中查看摄像机捕捉到的画面。

从摄像机捕捉到的画面中可以看到，数字人类的头部会产生间歇性的不规则阴影，这是蓝图类资产的LOD还未进行设置造成的。

图4.33　将蓝图类资产添加到场景中

现在双击柏妮丝的蓝图类资产打开设置面板进行LOD设置，如图4.34所示。

❶ 选择界面左侧"组件"面板中的"LODSync"（LOD同步）项。

❷ 在"细节"面板中，将"LOD"栏中的"强制的LOD"和"最小LOD"选项设置为1并保存。

图4.34　设置"强制LOD"和"最小LOD"

如此设置后，降低了数字人类的LOD层级，减少了虚幻引擎的性能开销，关卡中数字人类角色的头部也不再有错误的阴影显示了。

数字人类的LOD优化效果如图4.35所示，可以看到柏妮丝的面部显示正常，其LOD层级降低之后并未使画面效果有明显的降低，但数字人类的风格与象鼻山场景不太相符（数字人类仅提供现代写实风格的元素），后面对数字人类的服饰进行修改。

图4.35　优化效果

4.2　编辑数字人类蓝图

本节会继续编辑数字人类蓝图，将它转变为可编辑角色，并在关卡中设置为默认操纵角色。在开始蓝图编辑之前，需要参考相关资料修改数字人类的外形。

在"我的MetaHuman"选项卡中，可以选择之前制作好的角色柏妮丝进行复制，如图4.36所示，在它的基础上再进行修改设置。具体操作步骤如下。

❶ 打开数字人类创建界面，选择"我的MetaHuman"选项卡。

❷ 选择创建好的角色柏妮丝。

❸ 单击面板左下角的"复制"按钮。

❹ 选择复制出的数字人类角色。

❺ 单击面板底部的"编辑已选项"按钮。

图4.36　复制数字人类

经过以上步骤后，可以在其复制体上进行修改，不会影响到已经编辑好的角色。

在数字人类的编辑界面的左上方可以看到当前数字人类的存放路径，路径处可以单击"编辑"按钮修改数字人类的名称，如图4.37所示。建议进行修改，避免后续出现命名重复而导致覆盖相关设置的情况。

根据搜集到的资料调整数字人类的服装，将上装类型设置为羊毛衫，颜色修改为藏青色，如图4.38所示，下装的颜色设置为深棕色，还可以在角色面部设置更加粗糙的皮肤和妆容，尽量让数字人类角色符合场景风格。

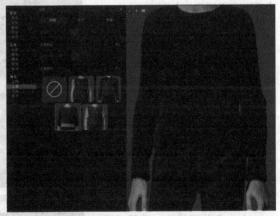
图4.38　调整角色服装

图4.37　修改数字人类名称

4.2.1　数字人类骨骼修改

完成修改后，重复前面导入项目和修改LOD的操作步骤。下面对数字人类的蓝图进行调整。

可以在"MetaHumans"文件夹中找到另一个数字人类文件夹，如图4.39所示，文件夹的命名与在

"MetaHuman Creator"中的修
改同步。

图4.39 找到自定义数字人类文件夹

进入该文件夹，双击"BP_
kalinco"资产打开数字人类蓝
图，如图4.40所示。

图4.40 打开数字人类蓝图

在蓝图界面中查看"Body"
（身体）的骨骼网格体位置，
如图4.41所示。

❶ 选择"组件"面板中的"Body"
选项。

❷ 在"细节"面板中单击"骨骼网
格体"属性的"浏览到内容浏览器
中的资产"按钮。

❸ 在"内容浏览器"面板中成功查
找到该骨骼网格体文件。

图4.41 查找骨骼网格体位置

右击骨骼网格体，选择"骨
骼">"指定骨骼"命令，如
图4.42所示。

图4.42 为骨骼网格体指定骨骼

系统弹出图4.43所示的"选择骨骼"面板，选择"SK_Mannequin"（曼尼·琴的骨骼）选项，这是虚幻引擎5中第三人称默认角色使用的骨骼。

可以看到若选择该骨骼，系统显示"丢失"，为避免影响到第三人称默认角色的使用，需要先对所选的该骨骼资产进行备份保存。

先暂停指定骨骼的操作，来到"内容浏览器"面板中的"Meshes"（网格）文件夹进行骨骼资产备份。

图4.43　"选择骨骼"面板

按照图4.44所示的路径选择"SK_Mannequin"选项，按Ctrl+C和Ctrl+V组合键进行复制粘贴。

图4.44　选择曼尼·琴的骨骼资产

回到"选择骨骼"面板，选择"SK_Mannequin"的骨骼并单击"接受"按钮，即可看到图4.45所示的面板，单击"确定"按钮。

回到蓝图界面，选择"Feet"（脚）选项，如图4.46所示，重复前面对"Body"选项的操作。

图4.45　确定合并骨骼

图4.46　选择"Feet"选项

找到"Feet"选项的骨骼网格体并右击，选择"骨骼">"指定骨骼"命令，如图4.47所示。

图4.47　为"Feet"选项指定骨骼

在"选择骨骼"面板，可以看到之前备份的骨骼资产"SK_Mannequin_2"，此处依然选择"SK_Mannequin"并单击"接受"按钮，如图4.48所示。

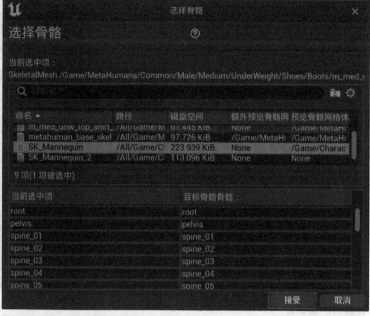

图4.48　选择"SK_Mannequin"

对蓝图组件的"Legs"（腿）骨骼网格体做同样的操作，选择"组件"面板中的"Legs"选项，在"细节"面板中单击"骨骼网格体"属性的"浏览到内容浏览器中的资产"按钮，并为该腿部骨骼网格体指定骨骼，如图4.49所示。

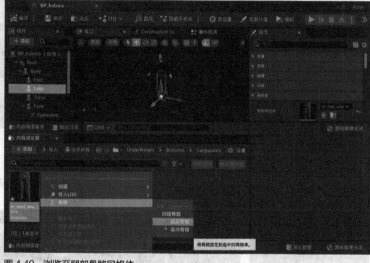

图4.49　浏览至腿部骨骼网格体

在"选择骨骼"面板中，重复之前的选项并单击"接受"按钮，如图4.50所示，即可完成腿部骨骼网格体的修改。

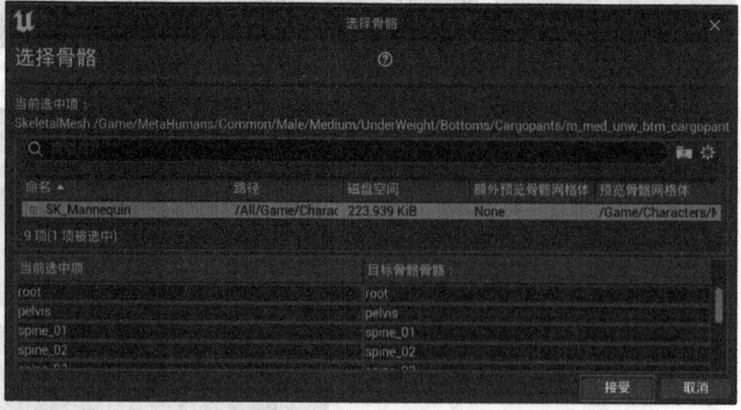

图4.50　选择并接受腿部骨骼指定

继续进行"Torso"（躯干）项的骨骼网格体修改，在"组件"面板中选择"Torso"选项，如图4.51所示，后续操作步骤与前面相同。

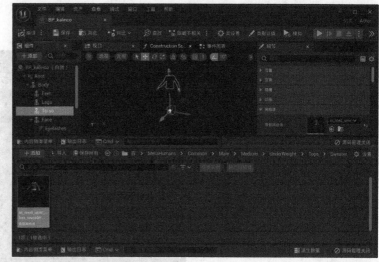

图4.51 指定躯干骨骼网格体

以上操作结束后，单击"保存所有"按钮，此时已经完成了对数字人类蓝图的骨骼修改步骤。下面将对第三人称默认角色的蓝图资产进行修改，将默认角色逐步替换为数字人类角色。

4.2.2　默认角色蓝图编辑

在开始修改之前，需要对第三人称默认角色的蓝图资产进行备份，可以在图4.52所示的路径找到默认角色的蓝图资产。选择该蓝图，按Ctrl+C和Ctrl+V组合键进行复制粘贴。

双击默认角色的蓝图资产，打开蓝图界面进行编辑。

图4.52 备份默认角色的蓝图资产

打开第三人称角色蓝图"BP_ThirdPersonCharacter"后，先切换到数字人类蓝图的编辑界面进行骨骼网格体复制，如图4.53所示。

❶ 单击"BP_kalinco"蓝图切换到数字人类蓝图的编辑界面。

❷ 选择"组件"面板中的"Body"选项。

❸ 在"细节"面板找到"骨骼网格体"属性，右击并选择"拷贝"命令。

图4.53 复制身体骨骼网格体

随后切换到第三人称角色的蓝图界面，操作如图4.54所示。

❶ 切换到第三人称角色蓝图的编辑界面。

❷ 切换为"视口"面板，主视口可以展现角色的实时变化。

图4.54 粘贴身体骨骼网格体

❸ 选择"组件"面板中的"网格体"选项。

❹ 在"细节"面板右击"骨骼网格体"属性。

❺ 选择"粘贴"命令。

以上操作会将第三人称角色的身体骨骼网格体替换为数字人类的身体骨骼网格体。

替换完成的效果如图4.55所示,可以看到视口中原本的"曼尼·琴"角色替换为数字人类角色的身体(表现为手和脚腕),下面继续添加其他的身体部位。

回到数字人类的蓝图界面,在"组件"面板中复制脚部、腿部和躯干项,如图4.56所示。

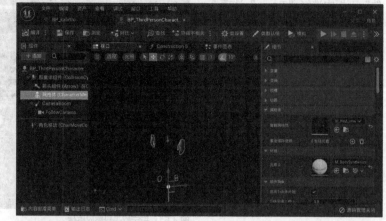

图 4.55 替换完成的效果

❶ 单击"BP_kalinco"蓝图切换到数字人类蓝图的编辑界面。

❷ 在"组件"面板中按住Shift键的同时,框选"Feet""Legs""Torso"选项。

❸ 右击并选择"拷贝"命令。

接下来,返回第三人称角色蓝图的编辑界面,校准脚部、腿部和躯干项的变换位置。回到第三人称角色蓝图的编辑界面,进行脚部、腿部和躯干项的粘贴,如图4.57所示。

图 4.56 复制脚部、腿部和躯干项

❶ 切换到第三人称角色蓝图的编辑界面。

❷ 在"组件"面板中右击"网格体"选项。

❸ 选择"粘贴"命令。

❹ 脚部、腿部和躯干项被自动放置在"胶囊体组件"列表中,与"网格体"选项处于同一层级。

粘贴完毕后,在视口中可以看到,网格体项和其他身体项并未完全匹配,这是因为第三人称角色的网格体"变换"栏中"设

图 4.57 粘贴脚部、腿部和躯干项

置""旋转"的数值未归零,所以后续添加的项与网格体产生了一定的错位。

在"组件"面板中选择"网格体"选项，在"细节"面板中将"变换"栏的"位置"和"旋转"属性重设为默认值（单击"重置为默认值"按钮即可），重设后它们的值将归零，如图4.58所示。

若读者的网格体"位置"和"旋转"的数值为（0，0，0），则可以忽略该步骤。

网格体"位置"和"旋转"的数值归零后成功与脚部、腿部和躯干项匹配了，在"组件"面板中按住Shift键的同时框选脚部、腿部和躯干项，将其拖曳到"网格体"选项中，如图4.59所示，这会让该3项成为网格体的子项。

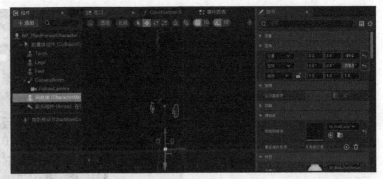

图4.58 将变换值重设为默认值

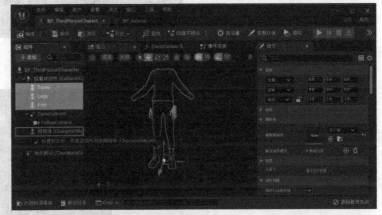

图4.59 将脚部、腿部和躯干项附加到网格体

附加成功后，切换至数字人类的蓝图界面，在"组件"面板中按住Shift键的同时框选数字人类的"Face"（脸）项和它的所有子项，如图4.60所示，按Ctrl+C组合键进行复制。

图4.60 复制脸部项

将"Face"选项和它的子项粘贴到第三人称角色蓝图的组件中。切换至第三人称角色的蓝图界面，在"组件"面板中选择"网格体"选项，并按Ctrl+V组合键进行粘贴，如图4.61所示。

可以看到粘贴完毕后，"Face"选项与网格体项处于同一层级，需要对"Face"选项进行附加，使得第三人称角色的蓝图组件层

图4.61 粘贴脸部项

级与数字人类蓝图的层级关系一致。

按住Shift键的同时框选"组件"面板中的"Face"选项和它的所有子项，将其拖曳到"网格体"选项中进行附加，如图4.62所示。

图4.62　将脸部项附加到网格体

完成附加后，脸部项和它的子项们现在属于同一层级了，这导致视口中"Face"选项的模型和其他的子项不再匹配，如图4.63所示，下面将解决这个问题。

图4.63　脸部项的层级关系失效

在数字人类蓝图界面，选择"组件"面板底部的"LODSync"（LOD同步）项，如图4.64所示，按Ctrl+C组合键进行复制。

图4.64　复制LOD同步项

返回第三人称角色的蓝图，选择"组件"面板顶部的"BP_ThirdPersonCharacter"选项，按Ctrl+V组合键进行粘贴，可以看到"LODSync"选项成功出现在了组件下方，如图4.65所示。

图4.65　粘贴LOD同步项

继续编辑LOD同步项，如图4.66所示。

❶ 在"组件"面板中选择"LODSync"选项。

❷ 展开"细节"面板的"LOD"栏，找到"要同步的组件"栏。

❸ 修改"索引[0]"的名称为"网格体"。

❹ 修改"自定义LOD映射"第一项的名称为"网格体"。

此处的"索引[0]"和"自定义LOD映射"的默认名称为"Body"（身体），而在第三人称角色的蓝图中，"Body"选项已经变为网格体项，所以需要修改"LODSync"选项中的名称，避免报错。

完成"LODSync"选项的修改后，可以将"Face"选项和子项之间的关系修复了，拖曳6个子项到"Face"选项中即可完成附加，如图4.67所示。

视口中的脸部已经恢复了正常，但数字人类的躯干项和身体项还未匹配，如图4.68所示，需要通过编写"Construction Script"（构造脚本）让它们重新匹配。

构造脚本的编写方式和事件图表、关卡蓝图一样，它们之间的区别在于后两者的节点需要在单击"运行"按钮后才能真正运行，而前者在编写时就能产生运行结果。

构造脚本的编写步骤如图4.69所示。

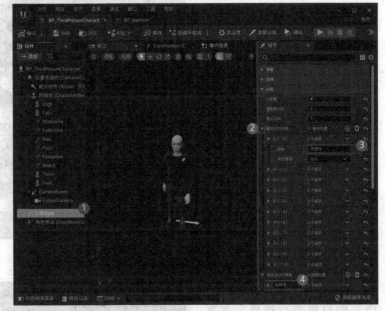

图4.66 修改LOD同步项

图4.67 将6个子项附加到脸部项

图4.68 附加完成

❶ 单击"Construction Script"（构造脚本）进入编辑面板。

❷ 在构造脚本的节点处进行拖曳。

❸ 在搜索框中输入"设置总姿势组件"。

❹ 选择"设置总姿势组件（Torso）"节点。

由于默认勾选了"情境关联"选项，此处输入的"设置总姿势组件"都与"组件"面板中的选项有

关，会让网格体项与它的4个子
项建立更为紧密的连接。

图4.69　设置总姿势组件

　　在第一项"设置总姿势组
件"的引脚进行拖曳，放置
两个相同的"设置总姿势组
件"并进行连接，目标分别为
"Feet"选项和"Legs"选项，
如图4.70所示。

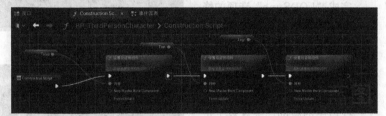

图4.70　共放置3个"设置总姿势组件"

　　可以参考图4.70的放置方
式，也可以直接复制第一项"设
置总姿势组件"的节点，然后从
"组件"面板中拖曳"Feet"和
"Legs"选项进行引用。

　　对"网格体"选项进行引
用，并分别连接到所有的"设置
总姿势组件"，如图4.71所示。

❶ 在"组件"面板中选择"网格体"
选项。

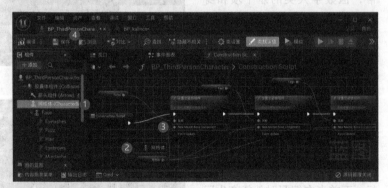

图4.71　引用网格体项并进行连接

❷ 将"网格体"选项拖曳到"Construction Script"面板的空白处。

❸ 将"网格体"选项分别连接到所有的"设置总姿势组件"的"New Master Bone Component"（新的主要骨骼成
分）引脚，这会让该3项以"网格体"选项为主体进行组合。

❹ 单击"编译"和"保存"按钮。

　　视口中的网格体和各个子项
之间已经成功匹配，但数字人类
和"胶囊体组件"并未匹配，如
图4.72所示，这会导致数字人类
放置时漂浮在空中。

图4.72　查看视口

"胶囊体组件"无法进行属性编辑，只能修改"网格体"选项的变换数值。选择"网格体"选项，在"细节"面板中将"位置"属性的z轴数值修改为−89.0，"旋转"属性的z轴数值修改为270.0，如图4.73所示，修改完成后可以看到，"网格体"包含的所有子项也进行了同

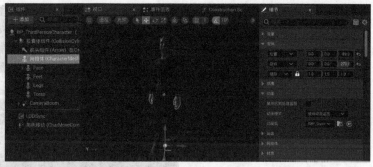

图4.73　修改网格体项的变换数值

样幅度的变换，这是因为保持了原有层级关系。下面尝试让网格体运行一个动画资产并查看效果。

在"网格体"选项的"细节"面板中找到"动画"栏，将"动画模式"改为"使用动画资产"，如图4.74所示。

单击"要播放的动画"属性的下拉按钮，在搜索框中输入"run"（奔跑），选择奔跑的动画序列，如图4.75所示，可以看到数字人类能够流畅地执行该动画。

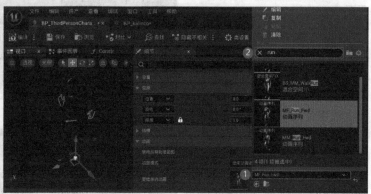

图4.74　将"动画模式"设置为"使用动画资产"

图4.75　选择奔跑动画序列

以上操作完成后，可以将"动画模式"重置为默认值。单击"动画模式"属性右侧的"重置为默认值"按钮即可让数字人类重新启用动画蓝图，如图4.76所示，而非重复播放奔跑动画。下面回到"Construction Script"面板中编写数字人类角色的面部节点。

切换到数字人类蓝图的"Construction Script"面板，如图4.77所示，可以看到该面板中也存在"Enable Master Pose"的相关节点，可以复制该面板中和"Face"选项相关的节点。

图4.76　重置"动画模式"选项

图4.77　查看数字人类蓝图的"Construction Script"面板

按住Ctrl键，在"Construction Script"面板的右侧连续单击与"Face"选项相关的7个节点，选择完毕后按Ctrl+C组合键进行复制，如图4.78所示。

需要注意的是，最右侧的"Retarget Setup"（重定向设置）无须选择，因为该节点在第三人称角色的蓝图中无法进行指定，会导致蓝图编译失败。

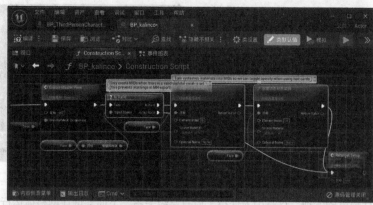

图4.78　选择与脸部项相关的7个节点进行复制

复制后，回到第三人称角色蓝图的"Construction Script"面板，在已有节点的右侧进行粘贴，如图4.79所示。

❶ 切换到第三人称角色蓝图的编辑界面。

❷ 选择"Construction Script"面板。

❸ 在该面板右侧的空白位置按Ctrl+V组合键进行粘贴。

将节点"Is Valid"（是否生效）与"设置总姿势组件"节点进行连接，并单击"编译"按钮，如图4.80所示，可以看到连接后的"Face"节点能够顺利地运行（节点间的通道呈现流动状表示可以运行）。

在进行事件图表或构造脚本的节点编辑时，需要经常使用"编译"功能来查看节点运行情况。"编译"可以判断节点是否正确连接，能够及时排除错误的节点，在尝试运行相关蓝图前必须先进行一次"编译"。

此处使用的节点"Is Valid"是蓝图编辑中常用的判断类节点，该节点可以决定引脚连接的节点是否生效。

切换到数字人类蓝图的"事件图表"面板，如图4.81所示。

图4.79　粘贴脸部项相关节点

图4.80　连接节点并编译

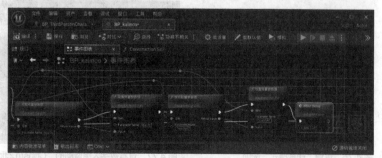

图4.81　查看数字人类蓝图的"事件图表"面板

可以看到该面板中大量引用了"Face"项的节点，这些节点用于控制数字人类角色的面部材质和变化，需要框选其中大部分的节点进行复制，随后粘贴到第三人称角色蓝图中。

　　需要注意的是，最右侧的节点"ARKit Setup"（增强现实开发框选设置）与之前的"Retarget Setup"（重定向设置）节点一样，指向目标为数字人类蓝图，所以无法在第三人称角色蓝图中进行应用，暂时不复制该节点。

　　缩小该面板，对"ARKit Setup"（增强现实开发框选设置）以外的所有节点进行框选，并按Ctrl+C组合键进行复制，如图4.82所示。

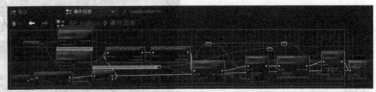

图4.82　复制节点

　　切换到第三人称角色蓝图的"事件图表"面板，此面板中存在一些节点，用于控制角色进行跳跃、移动，在空白处按Ctrl+V组合键将复制的节点粘贴到此处，如图4.83所示。

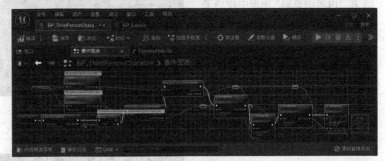

图4.83　粘贴节点

　　为避免与原来的节点产生混淆，为粘贴到此处的新节点创建一个注释，框选所有粘贴到此处的节点，在任意节点上右击，选择其中的"从选中项创建注释"命令，如图4.84所示，并输入名称"数字人类蓝图内容"。

图4.84　从选中项创建注释

　　创建的注释会涵盖之前被选中的节点，可以通过拖曳注释来移动所有的节点。完成注释的编辑后，单击界面左上角的"编译"和"保存"按钮，确定以上节点可以正常使用，如图4.85所示。

　　通过添加注释来管理节点的方式在事件图表、构造脚本和关卡蓝图的编辑面板中都可以使用，注释不仅可以帮助管理节点，也可以帮助其他开发者理解。

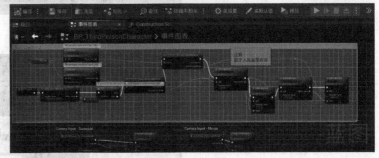

图4.85　编译、保存

4.2.3　可能出现的问题

　　完成以上设置后，回到关卡中运行关卡，数字人类在运行中出现了问题，在移动时腿部无法正常地播放动画，如图4.86所示，仅有上半身在运动。下面将修改第三人称角色的动画，修复这个问题。

图4.86　运行关卡

找到第三人称角色蓝图使用的动画类资产，如图4.87所示。

❶ 切换至第三人称角色蓝图的编辑界面。

❷ 在"组件"面板中选择"网格体"选项。

❸ 在"细节"面板中单击"动画"栏的"浏览到内容浏览器中的资产"按钮。

❹ 在"内容浏览器"面板中找到了两项动画类资产，双击"ABP_Manny"（动画蓝图_曼尼）。

图4.87 找到动画类资产

当进行到第❹步时，该功能实际指向了"ABP_Quinn"（动画蓝图_奎因），由于奎因的动画蓝图是曼尼动画蓝图的子项，所以需要对"ABP_Manny"进行编辑。

编辑"ABP_Manny"的动画图表，打开动画蓝图会直接进入"Anim_ Graph"（动画图表）面板，双击打开"绑定控制"节点，如图4.88所示。

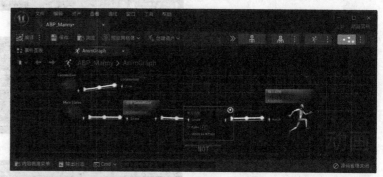

图4.88 打开"绑定控制"节点

打开"绑定控制"节点后会进入"Rig Graph"（控制图表）面板，该面板节点较多，放大面板底部的注释区域，如图4.89所示。

图4.89 查看控制图表节点

聚焦到图表下方的注释区域 "Step 5: Use a Fulll Body IK node to solve the IK, and use the IK foot bones as the effector targets for each foot." (第五步：使用全身IK节点来解决IK，并将IK脚部骨骼用作每只脚的效应器目标。) 进行修改，如图4.90所示。

❶ 单击展开"全形体IK"节点的"根"下拉列表。

❷ 选择"animation_root"（动画_根）项。

❸ 单击界面左上角的"编译"和"保存"按钮。

保存后，运行关卡查看修复效果，可以看到数字人类角色可以正常地奔跑了，效果如图4.91所示。

至此，已经完成了数字人类的蓝图设置，将数字人类蓝图资产转化为可以操纵的第三人称角色。

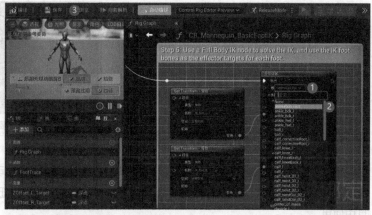

图 4.90　修改"全形体 IK"的"根"项

图 4.91　运行关卡查看角色动画效果

4.3　数字人类IK重定向

本节将继续编辑数字人类蓝图，添加IK绑定和IK重定向器。通过这些功能，可以将数字人类与动画序列资产匹配，最终获得一套重定向的动画序列。这将使得数字人类可以在关卡序列中流畅地播放这些动画序列。

首先需要备份数字人类蓝图。可以对数字人类蓝图进行复制并命名为"数字人类-备份",如图4.92所示,以避免在后面的编辑中与原文件产生混淆。

图4.92　备份数字人类蓝图

4.3.1　IK绑定与IK重定向器

找到"ActorCore_Sample_Motions"(演员核心_样本_运动)动画序列文件夹并复制到当前项目的个人文件夹内,验证文件夹中的资产。此附件是从4.27版本的项目中迁移而来,可以直接在虚幻引擎5的项目中使用。

由于虚幻商城中大多数的资产与虚幻引擎5版本不兼容,因此无法直接将下载的旧版本资产添加到当前项目中。但是,可以创建一个4.27版本的项目,并将资产添加到该项目中,接着,将添加的资产迁移到虚幻引擎5版本的项目中,以避免文件损坏。

该路径中的"Dummy_Female"(人体模型_女性)是女性骨骼,如图4.93所示,更加契合创建好的数字人类。在进行IK重定向时,两者的骨骼网格体越接近,重定向所产生的动画就越自然。下面会创建两套IK绑定,以帮助附件中的骨骼网格体和数字人类的骨骼网格体建立联系。

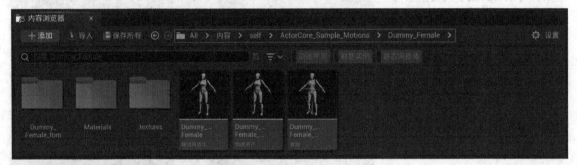

图4.93　女性人体模型骨骼资产路径

在"内容浏览器"面板的空白处右击,选择"动画"子菜单的"IK绑定"命令,如图4.94所示。IK是骨骼绑定中常用的一项技术,它可以将骨骼分类为多个线段进行绑定控制,通过IK绑定制作的重定向动画效果比较自然。

创建IK绑定后,弹出"选取骨骼网格体"面板,如图4.95所示。选择"Dummy_Female",将创建的IK绑定命名为"附件重定向",以便后面选择。

图4.94　"IK绑定"命令

图4.95　"选择骨骼网格体"面板

下面打开"数字人类-备份"的蓝图，单击界面右下角的"浏览到内容浏览器中的资产"按钮浏览至数字人类的骨骼网格体位置。在"数字人类-备份"的蓝图界面中选择"组件"面板中的"Body"选项，在"细节"面板中单击"骨骼网格休"选项的"浏览到内容浏览器中的资产"按钮，如图4.96所示。

图4.90　浏览至数字人类的骨骼网格体位置

图4.97　复制名称

可以在图4.97所示的路径找到"m_med_unw_body"资产。右击该资产，选择"重命名"命令并复制它的名称，在后面创建IK绑定时需要用到。

在面板的空白处右击，选择"动画"子菜单的"IK绑定"命令，再次创建IK绑定，如图4.98所示。

图4.98　再次创建 IK 绑定

在弹出的"选取骨骼网格体"面板中粘贴之前复制好的骨骼名称，如图4.99所示，选择搜索出的第一项后，将新建的IK绑定命名为"数字人类重定向"。

现在，需要创建一个IK重定向器，用以管理创建的两项IK绑定。在"内容浏览器"面板的空白处右击，选择"动画"子菜单的"IK重定向器"命令，如图4.100所示。

图4.99　选择数字人类骨骼网格体

图4.100　创建 IK 重定向器

弹出"选择要复制动画的IK绑定"面板，选择"附件重定向"选项，如图4.101所示，将附件中网格体的IK绑定作为制作数字人类的动画，将它命名为"附件源IK重定向器"。

图4.101　选择"附件重定向"

4.3.2　重定向链设置

下面开始编辑IK重定向器和两项重定向资产。双击打开"附件源IK重定向器"，如图4.102所示。

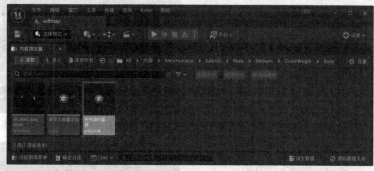

图4.102　双击打开IK重定向器

在"附件源IK重定向器"的"细节"面板中打开"目标IKRig资产"（目标IK装配资产）下拉列表，选择"数字人类重定向"选项，如图4.103所示。可以看到下拉列表中还有几项虚幻引擎提供的默认IK绑定资产。之前做好针对性命名可以在此处避免选择到错误的对象。

图4.103　选择"数字人类重定向"

继续编辑IK重定向器的"细节"面板，如图4.104所示。

❶ 展开"目标预览网格体"下拉列表。

❷ 在下拉列表的搜索框中粘贴"m_med_unw_body"（身体-骨骼网格体）。

❸ 选择第三项"m_med_unw_body_preview"（身体预览-骨骼网格体）。

完成以上步骤后可以看到，左侧视口中同时出现了附件中的骨骼网格体与数字人类的骨骼网格体（预览版），之后会在这个视口中运行动画资产，对比两者

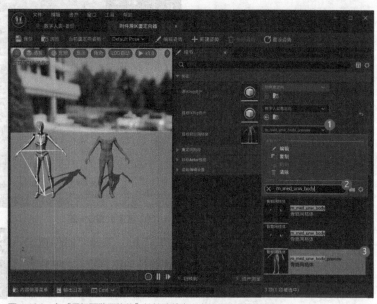

图4.104　在"目标预览网格体"处粘贴数字人类的骨骼网格体名称

的动画运行情况。

在"绑定"栏中依次双击"附件重定向"与"数字人类重定向"资产，打开对应的编辑界面，如图4.105所示。

图4.105 打开"附件重定向"与"数字人类重定向"资产的编辑界面

对"数字人类重定向"资产进行编辑，如图4.106所示。

❶ 单击"数字人类重定向"，进入编辑界面。

❷ 在"层级"面板中选择"pelvis"（骨盆）选项。

❸ 右击并选择"设置重定向根"命令。

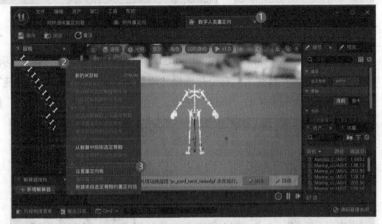

图4.106 将"数字人类重定向"的骨盆设置为重定向根

对"附件重定向"资产进行同样的编辑，如图4.107所示。

❶ 单击"附件重定向"，进入编辑界面。

❷ 在"层级"面板中选择"pelvis"选项。

❸ 右击并选择"设置重定向根"命令。

在这项设置中，两个重定向资产的骨盆被视为重定向的根骨骼，后面的设置也将围绕它们进行。

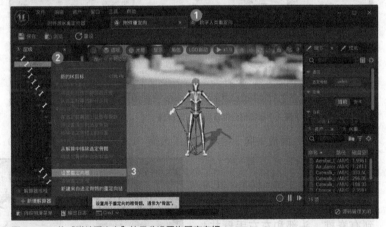

图4.107 将"附件重定向"的骨盆设置为重定向根

对"附件重定向"资产中的脊椎部分骨骼进行重定向链编辑。在"层级"面板中选择3项"spine"（脊柱）和1项"neck"（脖子）。对以上4项进行框选后，右击，选择"新建来自选定骨骼的重定向链"命令，如图4.108所示。

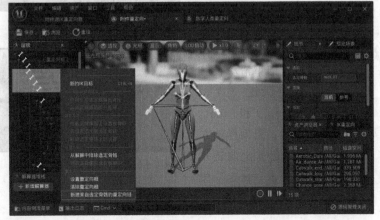

图4.108 新建来自选定骨骼的重定向链

弹出"新增重定向链"面板，此时单击"确定"按钮即可完成新建操作，如图4.109所示。

在"层级"面板中选择"head"（头部），并对它进行同样的新建重定向链操作，如图4.110所示。完成后，在界面右侧的"IK重定向"面板中可以看到目前已经拥有了两条重定向链，分别为脊椎部分骨骼和头部骨骼。

图4.109　新增重定向链　　　　　图4.110　将头部骨骼设置为重定向链

在"层级"面板中依次选择"clavicle_l"（锁骨-左）、"upperarm_l"（上臂-左）、"lowerarm_l"（下臂-左）和"hand_l"（手部-左），选择以上4项后在视口中可以看到，左手到锁骨部分的骨骼链已经被激活，右击并选择"新建来自选定骨骼的重定向链"命令，如图4.111所示。

在弹出的面板中单击"确定"按钮，完成左手臂重定向链的设置，如图4.112所示。

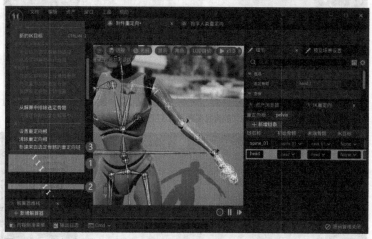

图4.111　为左手手臂、手掌和部分锁骨新建重定向链

图4.112　确定设置左手臂重定向链

在"层级"面板中向下滑动，连续选择"clavicle_r"（锁骨-右）、"upper arm_r"（上臂-右）、"lower arm_r"（下臂-右）和"hand_r"（手部-右），并为以上4项新建重定向链，可以看到有脊椎、头部和左右手臂共4条重定向链，如图4.113所示。

图4.113　设置右手臂重定向链

完成上半身的设置后，继续选择两处腿部的骨骼，在"层级"面板中向下滑动，框选"thigh_l"（大腿-左）、"calf_l"（小腿-左）和"foot_l"（足部-左），用同样的方式为以上3项新建重定向链并在弹出面板中单击"确定"按钮，如图4.114所示。

图4.114　设置左腿重定向链

对右腿的骨骼进行同样的操作，依次选择"thigh_r"（大腿-右）、"calf_r"（小腿-右）和"foot_r"（足部-右），为以上3项新建重定向链并在弹出的面板中单击"确定"按钮，如图4.115所示。

图4.115　设置右腿重定向链

以上就是"附件重定向"资产的重定向链的设置过程，接下来需要对"数字人类重定向"资产进行同样的操作。

设置"数字人类重定向"的脊柱重定向链，如图4.116所示。

❶ 单击"数字人类重定向"切换到相应编辑界面。

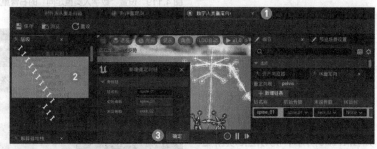

图4.116　设置"数字人类重定向"的脊柱重定向链

❷ 在"层级"面板中框选"重定向根"选项下方的7项骨骼（5项脊柱和2项脖子）。

❸ 框选7项骨骼并右击，选择"新建来自选定骨骼的重定向链"命令，并在弹出的面板中单击"确定"按钮。

因为数字人类资产的精度较高，数字人类骨骼的数量要比附件骨骼的数量多一些，只需要保持两副骨骼的重定向链大致相同即可。

依次为"数字人类重定向"制作头部和四肢的重定向链，在"层级"面板中选择"head"选项，如图4.117所示，右击，选择"新建来自选定骨骼的重定向链"命令。

图4.117　设置"数字人类重定向"的头部重定向链

在"层级"面板中选择"clavicle_l"（锁骨-左）、"upperarm_l"（上臂-左）、"lowerarm_l"（下臂-左）和"hand_l"（手部-左），如图4.118所示，新建重定向链。数字人类的骨骼层级比附件骨骼更加复杂，在下臂到手部之间还有很多骨骼项。

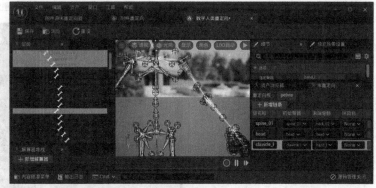

图4.118　设置"数字人类重定向"的左臂重定向链

同样地，在"层级"面板中为数字人类的"右臂"骨骼新建重定向链，如图4.119所示。

图 4.119　设置"数字人类重定向"的右臂重定向链

接着设置左腿骨骼的重定向链，在"层级"面板的底部位置找到并框选"thigh_l"（大腿-左）、"calf_l"（小腿-左）和"foot_l"（足部-左）的骨骼，如图4.120所示，为以上3项新建重定向链。

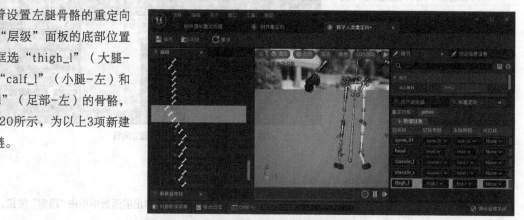

图 4.120　设置"数字人类重定向"的左腿重定向链

在"层级"面板中向上滑动找到数字人类右腿骨骼的3个骨骼项，如图4.121所示，同样为它们新建重定向链。此时可以看到界面右下角的"IK重定向"面板中，重定向链已经全部设置完毕，顺序与设置顺序一致。

图 4.121　设置"数字人类重定向"的右腿重定向链

保存两个重定向资产后进行"链映射"的设置。

设置"链映射"的步骤如如图4.122所示。

❶ 切换到"附件源IK重定向器"的编辑界面。

❷ 单击"细节"面板下方的"链映射"，打开"链映射"编辑面板。

❸ 单击"自动映射链"按钮。

图 4.122　单击"自动映射链"

此时，数字人类的骨骼重定向链和附件骨骼重定向链相互映射。

可以检查重定向器的动画播放效果。打开"资产浏览器"面板，然后任意选择一个动画资产，双击进行播放，如图4.123所示。可以看到，数字人类现在可以更自然地执行附件骨骼中的动画。

图 4.123　尝试播放动画资产

"自动映射链"制作的重定向效果相对自然，但仍有一些局限性：由于两个骨骼的腰部宽度不同，在播放部分动画资产时，数字人类骨骼的腰部会与手臂接触，双腿之间的距离也更小，如图4.124 所示。下面将调整这些细节。

图 4.124　"自动映射链"的局限性

在"细节"面板中找到"目标Actor预览"栏，将"目标Actor偏移"的数值修改为0.0，可以看到此时视口中的两副骨骼已经重叠在了一起，如图4.125 所示。

图 4.125　修改"目标 Actor 偏移"

下面切换到"编辑姿势"的编辑界面，调整数字人类骨骼的四肢角度。

单击界面顶部的"编辑姿势"按钮，随后在"细节"面板的"姿势编辑设置"栏中将"骨骼绘制大小"修改为2.0，如图4.126所示。

图 4.126　修改"骨骼绘制大小"

下面开始调整四肢骨骼的角度，如图4.127所示。

❶ 单击"视口"面板左上角的"透视"按钮。

❷ 切换为"正交"视图中的"右视图"。

❸ 单击选择数字人类的右上臂骨骼，将右臂向附件右臂骨骼的方向旋转10°，使两副骨骼的右臂骨骼尽量重合。

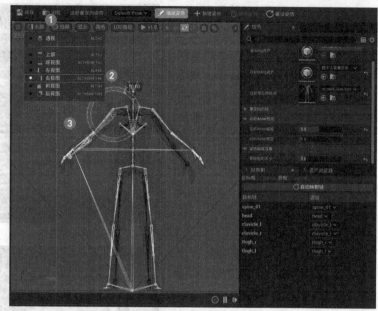

图4.127　在"右视图"模式下编辑姿势

同样，逐一调整左臂和双腿骨骼。在调整双腿骨骼之前，需要单击右上角的"旋转网格对齐"将其禁用，再单击大腿骨骼，将其旋转3.10°，如图4.128所示。

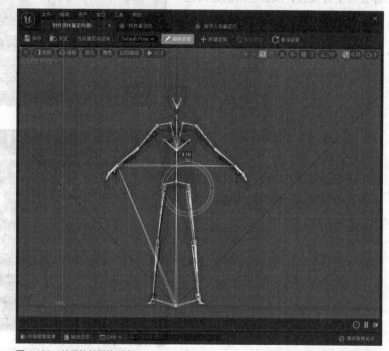

图4.128　禁用旋转网格对齐

将视图模式切换为顶视图，并按照图4.129 所示的步骤继续调整四肢的骨骼。

❶ 单击"视口"面板左上角的"右部"按钮。

❷ 选择"正交"视图中的"上部"（顶视图）。

❸ 单击面板右上角的"坐标系"按钮，切换为世界场景坐标系。该坐标系始终垂直于地面，更利于编辑。

❹ 旋转数字人类角色的上臂骨骼。

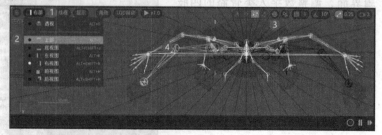

图4.129　切换为顶视图和世界场景坐标系

单击"旋转网格对齐"按钮将其重新激活，并将网格对齐的数值设置为5°。然后选择数字人类骨骼的上、下臂进行旋转，上臂的旋转角度为10.00°、下臂的旋转角度为-5.00°（图中左臂和右臂的旋转方向相反，所以角度为负数），如图4.130所示。

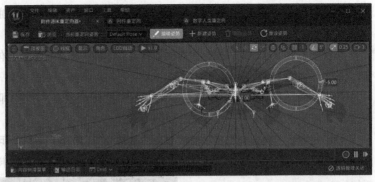

图4.130 激活并调整旋转网格对齐

返回"透视"视图中检查修改后的骨骼效果，如图4.131所示。

❶ 将视图修改为"透视"模式。

❷ 在"细节"面板中将"目标Actor偏移"的数值更改为130.0。

❸ 在"资产浏览器"面板中双击激活之前行为不自然的动画资产进行查看。

此时，运行动画资产可以看到四肢和躯干之间的摩擦问题已经修复，数字人类的动画表现更加自然。

如果数字人类角色此时无法在视口中运行带有附件角色的动画资产，则需要在"链映射"面板中再次单击"自动映射链"按钮。

图4.131 恢复"目标Actor偏移"并测试动画资产

4.3.3 导出选定动画

完成IK重定向器的设置后，就可以进行动画资产的导出了，如图4.132所示。

❶ 在"细节"面板中打开"绑定"栏的"目标预览网格体"下拉列表。

❷ 选择数字人类蓝图资产的身体骨骼。

❸ 选择"资产浏览器"面板的第一项动画资产"Aerobic_Dance_Anim"（有氧舞蹈动画）。

❹ 单击"导出选定动画"按钮。

因为数字人类的蓝图资产无法读取由"m_med_unw_body_preview"（身体预览-骨骼网格

图4.132 切换目标预览网格体并导出选定动画

体）制作的重定向动画资产，所以此处需要切换目标预览网格体，之前使用预览版网格体是为了便于进行骨骼调整。

切换完毕后可以看到，视口中右侧的骨骼变为数字人类的默认身体骨骼（双手和脚腕），导出动画资产，数字人类蓝图就可以直接使用了。

弹出"选择导出路径"面板，选择将动画导出到个人文件夹中即可（在该面板中可以选择个人文件夹，右击可新建文件夹），如图4.133所示。

导出完毕后"内容浏览器"面板会自动跳转到导出的文件夹中，可以使用这种方式导出任意附件中包含的动画资产，单击"添加序列"按钮，在下拉菜单中选择"添加关卡序列"命令，如图4.134所示。

图4.133 选择导出路径

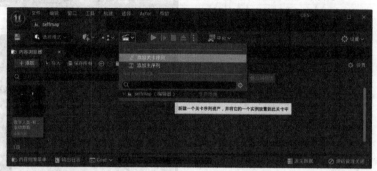

图4.134 添加关卡序列

关卡序列可以捕捉、拍摄关卡中的影像，制作完毕后可以将视频或图片导出到磁盘中。下面以"有氧舞蹈动画"为例来制作关卡序列的影片。

选择"添加关卡序列"命令后，在弹出的面板中选择关卡序列资产的保存位置，将它保存到"动画资产"文件夹中，如图4.135所示，以便进行管理。

图4.135 关卡序列的保存位置

保存完毕后双击打开关卡序列，将"Sequencer"面板拖曳到"内容浏览器"面板旁，便于面板切换，如图4.136所示。

在编辑关卡序列之前，需要将数字人类蓝图添加到关卡中。读者需要注意，此处添加的是数字人类蓝图的原文件，而非可以

图4.136 调整关卡序列的面板位置

操纵的数字人类第三人称角色。现在添加的"数字人类-备份"仅能进行关卡序列的制作，无法在游戏中进行操控，请注意区分。

在数字人类的保存路径中选择
"数字人类-备份"资产，将它拖曳
到关卡中，此时可以在"大纲"面板
中看到这项资产，如图4.137所示。

图 4.137　拖曳数字人类蓝图到关卡中

蓝图添加完毕后，切换到"Sequencer"面板，如图4.138所示。

❶ 单击"Sequencer"（序列编辑器）进入编辑面板。

❷ 在"大纲"面板中选择"数字人类-备份"资产。

❸ 将其拖曳到界面左侧的空白面板中。

拖曳完毕后，就可以在"Sequencer"面板中设置数字人类蓝图的动画序列了。

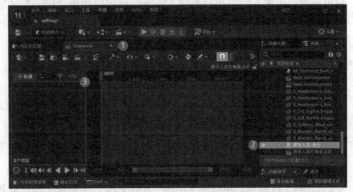

图 4.138　"Sequencer"面板

下面需要删除数字人类控制。在面板左下角的"Body"（身体）选项中选择"MetaHuman_Control"选项，如图4.139所示，按Delete键删除，该项会与即将运行的动画序列产生冲突。

图 4.139　删除数字人类控制

添加动画序列资产，如图4.140所示。

❶ 单击"Body"选项的"轨道"按钮。

❷ 在"轨道"功能区域中选择"动画"命令。

❸ 在搜索框下方选择"Aerobic_Dance_Anim"（有氧舞蹈动画），缩略图为双手和脚腕。

完成这些步骤后，就成功将动画序列导入了，现在可以在关卡序列中直接播放有氧舞蹈动画了。

图 4.140　导入有氧舞蹈动画

4.4 数字人类面部捕捉

数字人类支持的面部捕捉输入端口较多，其中虚幻引擎官方提供的"Live Link Face"（面部实时捕捉）可以快速完成面部捕捉工作，但该App仅在苹果的移动端App商店中可用，仅支持 iPhone XR及以上的型号，硬件门槛较高，且制作效果稍逊色于Faceware Studio等专业软件，所以本节未使用该软件进行制作。

本节中会使用Faceware Studio来进行数字人类的面部捕捉工作。Faceware Studio是一款专业的第三方动捕软件，被广泛运用于动画特效、游戏和影视制作，例如，《金刚：骷髅岛》和《漫威银河护卫队》（PC端游戏）就是使用该软件进行制作的。该软件支持虚幻引擎，为数字人类的面部捕捉提供了技术支持，制作的数字人类面部表情细腻程度要优于官方软件，比较适合初学者使用。

使用Faceware Studio，可以导入一段视频源，然后追踪视频中表演者的面部动作，最终将追踪数据导出到虚幻引擎，并应用到数字人类上。也可以使用"Live"（实时输入）模式，通过选择一个摄像机来进行实时拍摄。下面开始安装Faceware Studio。

4.4.1 Faceware Studio

可以在搜索引擎搜索Faceware Studio访问官方网站，注册为该网站的用户后，即可下载Faceware Studio的软件安装包，该软件提供30天的试用。

该软件的安装比较简单，打开安装包后在页面中连续单击"下一步"按钮，即可完成安装。安装完成后，运行该软件，单击该面板右上角的"SIGN UP"（注册），即可输入ID、电子邮箱、密码来注册账号，如图4.141所示，单击左上角的"SIGN IN"（登录）按钮就可以登录账户了。

登录之后，该软件会提示可以试用30天或直接购买该软件，如图4.142所示，这里选择第一项。

图 4.141　注册账号

图 4.142　开始 30 天的软件试用

软件弹出图4.143所示的界面，请保持网络畅通。

图4.143　软件加载界面

软件的主界面如图4.144所示，可以看到该软件的主界面主要分为3个区域：两侧的设置区域和中间的视口区域。其中，视口右侧的成年男性面部是代理模型，它仅作为面部捕捉的效果显示参考，不代表面部捕捉的最终品质。

找到左侧面板顶部的"Input Type"（输入类型），输入类型处可以选择"Live"（实时输入）或"Media"（媒体输入）。选择媒体输入时可以导入视频源或者图片源，软件会追踪该媒体源中主要角色的面部动作，并最终将追踪数据导出到虚幻引擎中。

图4.144　软件的主界面

首先选择"Live"，可以看到"Input Type"下方出现"Select a Camera"（相机设置）选项，在这里会显示所有已经与计算机建立连接的摄像头。推荐读者使用自带摄像头的笔记本计算机或者单独购买摄像头与计算机连接。

成功搜索到了笔记本计算机自带的摄像头"XiaoMi Webcam"。此时，选择该摄像头就可以直接开始面部捕捉了，可以看到"视口"面板左侧出现了相应的画面，如图4.145所示。

图4.145　成功启动摄像头实时捕捉

"视口"面板左上角可以看到当前摄像头采集的图像分辨率、追踪的帧率数值、视频帧率数值和当前是否进行了校准，可以看到当前的帧率被限制在10帧/秒。

帧率为10帧/秒的情况下，进行面部捕捉的精度较差，所以需要将帧率保持在一定数值以上。在界面左侧面板中将"Resolution"（分辨率）切换为"1280×720(MJPG)"格式，此时"Frame Rate"（帧率）的数值自动变为30，如图4.146所示。

图4.146　调整分辨率和帧率

需要注意的是，此处可以选择的分辨率和帧率与摄像头的参数有关，请读者在操作时尽量保持帧率数值大于等于30。

完成以上设置后，可以开始校准姿势。摘掉眼镜等面部遮挡物，保持面部平静的状态，单击"视口"面板左下角的"CALIBRATE NEUTRAL POSE"（调整姿势）按钮即可完成姿势的校准，如图4.147所示。

图 4.147 调整姿势

右侧的代理模型开始跟随摄像头中拍摄到的面部动作产生变化，主界面右侧的动画调节面板也开始生成相关的追踪数据，如图4.148所示。

代理模型可以比较精确地还原面部动作，比如眨眼、皱眉、龇牙等，若此处代理模型呈现不规则的抽搐状，可能是环境太暗或者摄像头品质较差导致的，请尽量在明亮的环境中进行面部的动作捕捉工作。

图 4.148 调整姿势完毕

以上操作是通过静态摄像机采集的实时视频源，接下来尝试使用媒体源进行面部动作捕捉。在"Input Type"（输入类型）中选择"Media"（媒体），随后在"（Select Media）"（选择媒体）下拉菜单中可以看到"Video"（视频文件）和"Image Sequence"（图片序列），如图4.149所示。

图 4.149 将选择媒体切换为视频文件

选择"Video"选项后，该软件会弹出一个浏览至磁盘文件的面板，读者可以自行使用手机或其他专业设备录制的面部动作的视频文件，命名文件时需使用英文。本节的附件中也提供了Faceware Studio的面部动作捕捉演示视频，下面以该视频为例进行操作。

导入视频文件后的操作步骤如图4.150所示。

❶ 左侧面板的顶部显示了导入的视频文件路径，说明此路径中没有中文字符，否则视频源无法生效。

❷ 单击"Optimize For Realtime"（实时优化）按钮关闭此项，使得视频源的帧率和分辨率重置为最大值。

❸ 在"Face Tracking Model"（面部追踪模型）栏选择第二项"Professional Headcam"（专业头戴式摄像机），因为该视频是使用专业设备进行拍摄的。若使用静态摄像机（手机、照相机等），则选择第一项"Stationary

Camera"（固定摄像机）。

❹ 单击"暂停"按钮来暂停视频源播放，调整视频进度条至人物面部保持平静的状态。

❺ 单击"CALIBRATE NEUTRAL POSE"（调整姿势）按钮。

如果导入的视频方向错误，则可以单击"旋转"按钮调整视频的方向，视频源仅在竖直方向才能成功与代理模型进行同步。需要注意的是，此处的"旋转"针对磁盘中的原始视频，而非视口中呈现的影像，读者也可以提前使用视频编辑软件对拍摄的视频进行处理。

在"视口"面板最下方的时间轴中，将指针调整到0帧附近，单击"RECALIBRATE NEUTRAL POSE"按钮，视口中出现线框并标记出了五官位置，如图4.151所示，单击"播放"按钮后，代理模型开始跟随视频中的角色产生变化。

在完成以上操作后，可以尝试把数据导入虚幻引擎。目前流送的指示器呈现为灰色，如图4.152所示，表示数据还不能从Faceware Studio中进行流送，需要找到流送面板来配置流送。

单击界面左侧面板中的"STREAMING PANEL"（流送面板），按图4.153所示调整面板中的各项设置，打开"STREAM FACE GROUPS"（流送面部分组）中的所有内容，并关闭"STREAM UV POSITIONS"（UV位置流送），因为UV位置流送不适用于数字人类的动作。

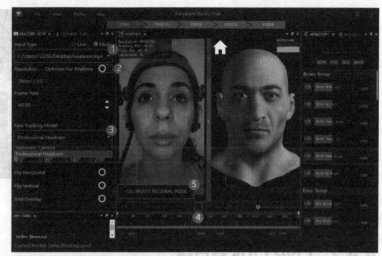

图 4.150　调整视频源文件设置

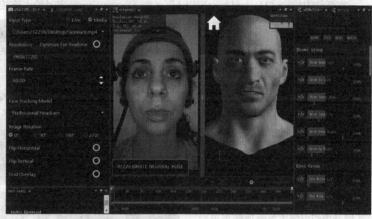

图 4.151　调整面部角度

图 4.152　流送指示器为灰色

图 4.153　进行流送设置

完成设置后，打开"STREAM TO CLIENT"（流送到客户端）项，即可完成视频源的配置。

在Epic Games Launcher中按照图4.154所示的步骤搜索并安装"Faceware Live Link"（面件实时输入连接）插件。该插件可以直接安装到虚幻引擎5的最新版本中。

图4.154　下载插件

4.4.2　Live Link客户端

在插件中找到"MotionLogicFWLL"（Faceware Studio实时输入连接的运动逻辑），该文件是由Faceware Studio提供的用以控制虚幻引擎中数字人类相关蓝图的正版资源。将它解压到当前项目的"Content"文件夹中。

实时输入的相关插件和蓝图都准备就绪后，就可以在虚幻引擎中接收到Faceware Studio的流送数据了。激活插件并重启虚幻引擎的步骤如图4.155所示。

图4.155　激活插件并重启虚幻引擎

❶ 展开虚幻引擎主界面顶部菜单栏中的"编辑"菜单，选择"插件"命令。

❷ 在"插件"面板的搜索框中输入"live"。

❸ 勾选"Faceware Live Link"并重启虚幻引擎。

重新启动虚幻引擎并进入图4.156所示的路径。该路径是从附件中复制过来的"MotionLogicFWLL"（Faceware Studio实时输入连接的运动逻辑）文件夹。在文件夹内，选择两个动画蓝图资产，分别复制并重命名，这样做是为了避免对源文件造成损坏。

完成备份后，开始导入数据，如图4.157所示。

图4.156　在文件夹中进行备份

❶ 单击界面顶部的"窗口"菜单，勾选"虚拟制片"子菜单中的"Live Link"（实时输入连接）命令。

❷ 在"Live Link"（实时输入连接）面板中单击"源"按钮展开菜单。

❸ 选择"Faceware Live Link"（面件实时输入连接）命令。

❹ 单击"OK"按钮。

软件会自动检索到相应的IP地址和端口数值，小面板中的"Subject Name"（主题名称）是插件提供的默认名称，在同时接收多个角色实例时需要仔细设置每个实例对象的名称，此处直接单击"OK"按钮即可。

主题已经接收成功了，相关指示器呈现绿色，如图4.158所示。此时回到Faceware Studio的编辑界面，单击"播放"按钮，让代理模型跟随视频源的角色进行面部运动，可以看到界面顶部流送指示器的进度条也呈现为绿色，表示已经和虚幻引擎连接成功。

现在回到虚幻引擎，双击打开面部动画蓝图的备份资产，如图4.159所示，将该动画蓝图资产连接到相关数据。

面部动画蓝图的编辑界面如图4.160所示。

❶ 在"计算实时链接帧"节点处单击展开"对象"下拉列表。

❷ 选择角色为"FacewareLive Link"的动画资产。

❸ 单击"编译"按钮并保存。

界面左上方视口中的示例模型会开始播放面部动画。如果示例模型没有播放动画，则需要检查Faceware Studio软件中的视频源是否处于播放状态。

至此，已经完成了对该动画蓝图的编辑。下面将使用该动画蓝图制作数字人类。

进入数字人类蓝图的文件夹，将数字人类蓝图进行复制，并重命名为"数字人类-面件"，如图

图 4.157　接收实时输入连接数据

图 4.158　数据接收成功

图 4.159　打开面部动画蓝图的备份资产

图 4.160　面部动画蓝图的编辑界面

4.161所示。之后对数字人类面部捕捉的操作将使用该备份资产进行。

图 4.161　备份数字人类蓝图

进入"数字人类-面件"的编辑界面，替换面部动画类为面件动画蓝图，如图4.162所示。

❶ 在界面左侧的"组件"面板中选择"Face"（面部）选项。

❷ 在右侧的"细节"面板中展开"动画"栏。

❸ 展开"动画类"下拉菜单。

❹ 选择之前制作好的动画蓝图"ABP_MetaHuman_Faceware_LiveLink_备份"（数字人类-面件实时输入连接动画蓝图-备份）选项。

❺ 单击"编译"和"保存"按钮。

图 4.162　替换面部动画类为面件动画蓝图

这样，该数字人类蓝图就完成了面部动画资产的修改。此时可以看到数字人类的面部已经开始播放相应的动画了。

回到图4.163所示的附件文件夹路径，为身体部分的动画蓝图导入流送数据。

图 4.163　打开数字人类的面件实时输入连接身体动画蓝图备份

同样在"计算实时链接帧"节点处选择"FacewareLiveLink"的动画资产，并单击"编译"和"保存"按钮，如图4.164所示。

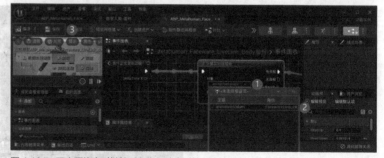

图 4.164　再次更换实时链接对象为面件实时输入连接角色

切换到"数字人类-面件"的编辑界面，替换身体的动画类为面件动画蓝图，如图4.165所示。

❶ 在左侧的"组件"面板中选择"Body"（身体）选项。

❷ 将"细节"面板中的"动画模式"切换为"使用动画蓝图"。

❸ 在"内容浏览器"面板中选择"ABP_MetaHuman_Faceware_LiveLink_备份"（数字人类-面件实时输入连接动画蓝图-备份），单击"动画类"选项中的"使用内容浏览器中选中的资产"按钮，进行快捷的资产引用。

❹ 单击"编译"和"保存"按钮。

图 4.165　替换身体的动画类为面件动画蓝图

完成上述步骤后，将编辑好的"数字人类-面件"蓝图拖曳到场景中，并将虚幻引擎的运行模式修改为"模拟"，如图4.166所示。

❶ 单击关卡编辑器中的"修改游戏模式和游戏设置"按钮展开菜单。

❷ 选择"模拟"命令。

❸ 单击"运行"按钮。此时，关卡中的数字人类就开始播放相应的面部捕捉动画了。

图 4.166　将数字人类蓝图放置到场景中并以"模拟"模式运行

4.4.3　跟踪优化

以上已经完成了数字人类面部动作捕捉的基础操作，下面将针对当前的流送数据进行调整，使得数字人类的面部表情更加自然。

需要将Faceware Studio的界面面板化，放置到虚幻引擎的视口附近，同时保持关卡为模拟运行状态。

将Faceware Studio界面底部的时间轴指针调整到414帧，可以看到真人表演者的下颌打开程度要稍大于数字人类角色，如图4.167所示。

图 4.167　对比 Faceware Studio 的视频源和数字人类的表情

Faceware Studio界面右侧为动画调节面板，如图4.168所示。该面板包含一整套参数列表，用于调整表演者面部追踪的各个参数。可以通过滚动下滑的方式来查找单个参数，也可以直接在动画调节面板顶部的搜索框中搜索单个项目的关键词。

图4.168　动画调节面板

直接在搜索框中输入"jaw"（下颌），就能查看到3项与下颌有关的参数，分别是"Jaw Left"（下颌向左偏移）、"Jaw Open"（下颌打开程度）和"Jaw Right"（下颌向右偏移），如图4.169所示。每个参数都有一个百分比值，表示该参数的倍乘器。参数为0%表示"不追踪原视频动作"，参数为100%表示"与原视频动作同步"，而大于100%的参数则表示在同步的基础上进行增幅，从而使动作更加夸张。

图4.169　调节参数

可以将"Jaw Open"的参数调整为100%。如此一来，虚幻引擎的视口中，数字人类角色的下颌打开程度就与视频源表演者的幅度非常接近了。

如果读者在调整百分比后，数字人类的表情没有明显变化，需要先单击"停止"按钮来停止模拟并重新打开"模拟"模式，以刷新实时连接状态。

目前，Faceware Studio对面部捕捉的细节已经把握得比较到位了，只需要针对部分偏差较大的表情进行修改即可，修改完毕后可以保存对动画调节项的设置。

可以单击Faceware Studio界面顶部的"Profile"（档案）菜单，选择第四项"Save Current Profile As..."（保存当前档案），如图4.170所示，保存设置并另存在磁盘中。

建议读者在命名时使用"表演者名称缩写+呈现角色缩写+数字"的形式，如"ZMS-MH-01"。同时，应避免存放路径存在中文字符。

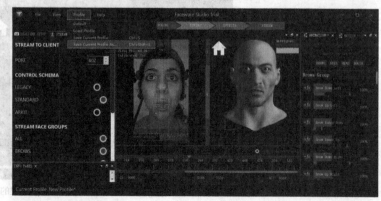

图4.170　保存当前档案

保存完毕后，可以直接在"Profile"（档案）菜单中快速读取之前保存的项目，如图4.171所示。

4.4.4 面部捕捉动画录制

在前面的内容中，配置了一个数字人类，它会播放Faceware Studio流送的面部动作。

如果想在其他项目中使用这套动作，例如游戏或虚拟制片项目，需要将这套面部动作进行录制并保存为动画序列资产。下面将展示如何使用虚幻引擎中的"镜头试拍录制器"来捕捉面部动作，并保存为动画序列资产。

在使用"镜头试拍录制器"之前，需要进行一些设置才能正确地捕捉动作。

在虚幻引擎主界面的顶部单击"编辑"菜单并选择"项目设置"命令，如图4.172所示。

图4.172 项目设置

需要使项目的帧率匹配Faceware Studio中视频源的帧率，操作步骤如图4.173所示。

❶ 在"项目设置"面板左侧列表中找到"引擎"栏。

❷ 在"引擎"栏中选择"一般设置"选项。

❸ 在"一般设置"选项卡中下滑到底部，勾选"帧率"栏中的"使用固定帧率"选项。

❹ 将"固定帧率"的数值修改为60.0。这样设置后，当前项目的固定帧率会保持在60帧/秒，与视频源的帧率相同。

图4.173 设置项目帧率

随后可以在"项目设置"面板左侧列表中的"插件"栏找到"镜头试拍录制器"选项,单击展开设置面板,如图4.174所示。

在该面板中,可以设置录制动画的保存路径、影片名称和"镜头试拍录制器"相关参数,此处先保留默认设置。下面开始使用"镜头试拍录制器"。

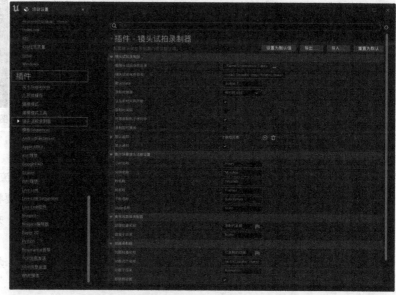

图 4.174　"镜头试拍录制器"设置面板

回到虚幻引擎的主界面,在顶部的"窗口"菜单中选择"过场动画"子菜单中的"镜头试拍录制器"命令,如图4.175所示,弹出"镜头试拍录制器"面板和"Sequencer"(序列编辑器)面板。将"Sequencer"面板拖曳到"内容浏览器"面板附近,方便切换。

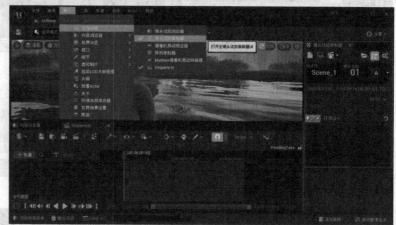

图 4.175　打开"镜头试拍录制器"面板

在"镜头试拍录制器"面板中单击展开"序列显示率"菜单,将帧率设置为"60 fps",以匹配视频源的显示帧率,如图4.176所示。修改完成后,视口下方序列编辑器的帧率也会自动更改为60帧/秒。

图 4.176　修改序列显示率

在开始录制之前,需要在场景中将数字人类对象添加到"镜头试拍录制器"面板中作为"源",操作步骤如图4.177所示。

❶ 在"大纲"面板或视口中选择"数字人类-面件"。

❷ 在"镜头试拍录制器"面板中单击"源"按钮。

❸ 在下拉菜单中选择"来自actor"子菜单里的"添加'数字人类-面件'"命令。

由于已经提前选中了"数字人类-面件"对象，因此在"源"按钮的下拉菜单中可以进行快速引用。

图4.177 添加数字人类对象为录制源

打开关卡的"模拟"运行模式。将数字人类对象添加为录制源后，"镜头试拍录制器"面板的红色"录制"按钮已经可用了，在开始录制之前，需要对数字人类源进行一些设置，使得录制器仅录制面部的动作数据。

在"镜头试拍录制器"面板中选择"Actors"（对象们）栏中的"数字人类-面

图4.178 取消所有录制轨道

件"选项，将它的设置栏激活，然后取消勾选"数字人类-面件 已记录属性"选项，这样就取消了所有的录制轨道，如图4.178所示。

下面展开"数字人类-面件 已记录属性"栏，依次展开"Root 已记录属性""Body 已记录属性"选项，找到"Face 已记录属性"选项并勾选。这样就能仅使用录制器录制面部的动作数据了，如图4.179所示。

在默认情况下，单击"镜头试拍录制器"面板的"录制"按钮时，会进行数秒的倒计时再开始录制，这个设置是为了让表演者有一定的准备时间，而在此示例中，需要单击"录制"按钮后立刻开始录制，这样就能拥有一个循环的播放效果。

修改"镜头试拍录制器"倒数时间的操作步骤如图4.180所示。

❶ 选择主界面顶部"编辑"菜单中的"编辑器偏好设置"命令。

❷ 在"编辑器偏好设置"面板的左侧找到"内容编辑器"栏。

图4.179 仅勾选"Face 已记录属性"

❸ 选择"镜头试拍录制器"选项打开设置面板。

❹ 在"用户设置"栏中找到"倒数"选项，将数值修改为3.0s。

图 4.180　修改"镜头试拍录制器"的倒数时间

现在回到虚幻引擎的主视口，将数字人类角色调整到合适的位置，在角色的面部动画播放结束时单击"录制"按钮，视口中开始进行录制前的0s倒数，如图4.181所示，随后录制正式开始。

图 4.181　单击"录制"按钮

动画播放至面部表情平静状态时，动画已经完成了一次循环，在"录制"按钮同样的位置单击"停止"按钮，如图4.182所示，即可保存之前录制的动画片段。保存时会弹出一些面板进行加载，耐心等待片刻即可。保存完毕后单击界面上方的"停止模拟"按钮，退出关卡的模拟运行模式。

图 4.182　停止录制

在图4.183所示的路径可以找到刚刚保存的录制视频，它以动画序列的形式存放在根目录的"Cinematics"（动画）文件夹中，其中"Takes"文件夹表示捕捉录制。

至此，成功将Faceware Studio流送的视频源转换为虚幻引擎中的动画序列资产。

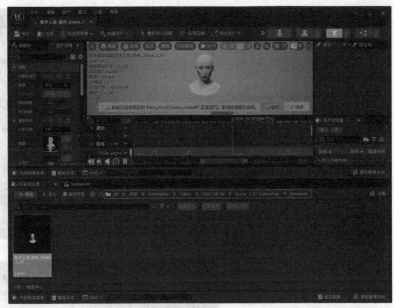

图 4.183　保存的录制视频

4.4.5　面部捕捉动画序列

在前面的内容中，成功将Faceware Studio流送的视频源转换为虚幻引擎中的动画序列资产，下面将演示如何在虚幻引擎的关卡中编辑和使用这些资产。

首先，将捕捉到的动画序列资产进行备份，并保存到数字人类的文件夹中，以便后面使用。

展开"内容浏览器"面板的左侧面板，在数字人类资产的文件夹中找到"kalinco"（个人命名的数字人类资产）文件夹，新建文件夹并命名为"Animation"（动画），将动画序列资产拖曳复制到此文件夹中，如图4.184所示。

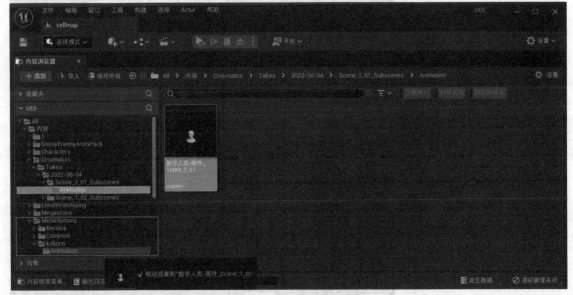

图 4.184　将动画序列资产拖曳复制到数字人类文件夹中

复制成功后，可以在数字人类的文件夹中看到动画序列资产，单击"保存所有"按钮，如图4.185所示，后面对数字人类角色创建的动画序列都会保存在该文件夹内。

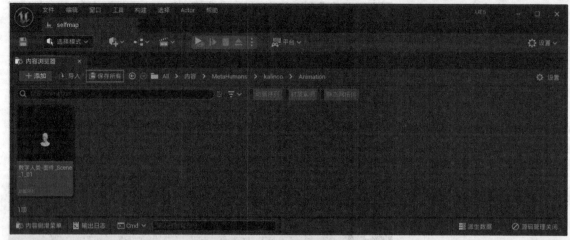

图 4.185　保存所有

在复制过程中，要注意读取和保存"数字人类-面件"动画资产的等待时间较久，容易发生卡顿和闪退的情况。为了避免这种情况在后面的编辑过程中出现，需要对该资产的LOD贴图和皱纹控制贴图进行优化，减少性能开销。

LOD贴图的搜索关键词是"lod"，皱纹贴图的关键词是"wm"。

打开"数字人类-面件"动画资产的界面，优化LOD贴图的操作如图4.186所示。

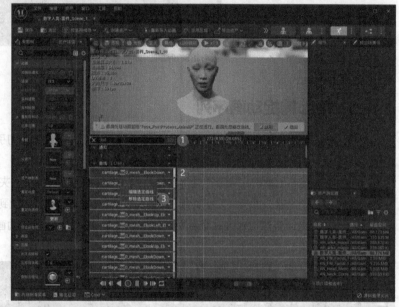

图 4.186　优化 LOD 贴图

❶ 在"数字人类-面件"动画资产界面的主视口下方搜索框中输入关键词"lod"。

❷ 选择"曲线"栏中的任意一项，按Ctrl+A组合键选中所有项。

❸ 右击，选择"移除选定曲线"命令。

通过这个操作，LOD相关的贴图曲线会被优化，曲线会减少到大约400条。

同理，搜索并移除所有与"wm"相关的皱纹曲线，如图4.187所示。

图 4.187　优化皱纹贴图

曲线数量已经减少到了可控的325条，单击"保存"按钮并稍等片刻，如图4.188所示。

图4.188　保存

下面将在关卡序列中使用这段动画序列，添加关卡序列的操作，如图4.189所示。

❶ 单击展开关卡编辑器中的"添加序列"菜单。

❷ 选择"添加关卡序列"命令。

❸ 将关卡序列保存到数字人类的动画文件中，并命名为"MetaHuman-Scene-1"（数字人类场景一）。

图4.189　添加关卡序列

现在双击打开数字人类文件夹中的关卡序列文件，下面在"Sequencer"（序列编辑器）面板中添加数字人类蓝图并播放动画序列。

添加数字人类蓝图到序列编辑器，如图4.190所示。

❶ 在"大纲"面板或视口中选择"数字人类-面件"蓝图资产。

❷ 切换到"Sequencer"（序列编辑器）面板，单击"轨道"按钮。

图4.190　添加数字人类蓝图到序列编辑器

❸ 在"轨道"菜单中选择第一项"Actor到Sequencer"（添加对象到序列编辑器）。

❹ 选择"添加'数字人类-面件'"命令，进行快速引用。

添加数字人类蓝图资产后，"Sequencer"面板如图4.191所示，在默认设置下，虚幻引擎会给该对象的身体部分添加一个控制绑定"Body"（身体），为面部添加一个控制面板"Face_ControlBoard_

CtrlRig"（面部控制器平台）。本小节不需要制作身体动画，所以选择"Body"（身体）轨道，按Delete键进行删除。

图4.191　添加完毕后的"Sequencer"面板

同理，因为已经制作了面部捕捉动画资产，也不需要通过面部控制器平台来制作面部动画，所以也要删除面部控制器平台。选择"Face"（面）轨道的"Face_ControlBoard_CtrlRig"（面部控制器平台）轨道，如图4.192所示，按Delete键进行删除，后续的操作将在"Face"（面）轨道中进行操作。

图4.192　删除面部控制器平台

现在来给数字人类蓝图资产添加动画，操作步骤如图4.193所示。

❶ 在"Sequencer"面板中单击"Face"（面）轨道的"轨道"按钮。

❷ 选择"动画"命令。

❸ 选择"数字人类-面件_Scene_1_01"选项。

此处会出现多个重名文件，读者可以参考图4.193右

图4.193　选择添加"数字人类-面件_Scene_1_01"

下角展示的文件路径来进行筛选，将鼠标指针移动到"数字人类-面件_Scene_1_01"时会展示其路径，该存放路径在数字人类的动画文件夹中，符合之前的设定。

添加完毕后，尝试播放序列或拖曳序列时间轴指针，如图4.194所示，可以发现此时数字人类对象并未播放任何动画。这是因为数字人类的面部对象选择的动画蓝图还未进行更新。下面将修改数字人类面部的

默认动画蓝图, 使动画序列
能正常播放。

图 4.194　尝试播放或拖曳时间轴

修改的操作步骤如图 4.195
所示。

❶ 在 "大纲" 面板或视口中选择
"数字人类-面件" 对象。

❷ 在 "细节" 面板中选择
"Body"（身体）选项中的
"Face"（面）选项。

❸ 展开 "动画" 栏中的 "动画
类" 下拉列表。

❹ 在搜索框中输入 "face"。

❺ 选择 "Face_AnimBP"（面
部动画蓝图）选项。

❻ 单击 "Sequencer" 面板左下
方的 "播放" 按钮, 此时动画已
经能够正常播放了。

图 4.195　修改默认动画蓝图

修改完毕后, 数字人类
对象可以正确播放动画序
列了。在默认情况下, 关卡序
列只有150帧, 所以无法播
放动画序列的全部内容,
因此需要扩展时间轴。在
"Sequencer" 面板的右下
角单击滚动条右边的第一
项数值（查看范围末尾时
间）, 输入800并按Enter
键, 如图4.196所示。

图 4.196　扩展范围末尾时间至 800 帧

时间轴长度增加到了800帧。在时间轴上可以看到, 动画序列在660帧处结束了, 随后又进行了一次循
环, 所以只需要播放至660帧即可。

修改的操作步骤如图4.197所示。

❶ 在 "Sequencer" 面板的时间轴左侧, 单击数值输入框并输入660, 按Enter键。

❷ 单击面板底部的右方括号按钮，将回放结束设置到当前的位置。

此操作后，关卡序列的终点就会被设置为660帧。

图 4.197　修改关卡序列的终点为 660 帧

现在的关卡序列就匹配整段动画了，单击面板底部滚动条右侧的方块，向左稍微拖曳，可以将时间轴显示范围设置在0到660帧之间，随后单击面板中的"保存"按钮，如图4.198所示。

下面为动画序列添加一段音频，这样动画就和视频源非常接近了。在本书的附件中打开"4.4 数字人类面部捕捉附件"文件夹，文件夹中提供了"Faceware.WAV"音频文件，它是面部捕捉视频源的原音频。

图 4.198　拖曳滚动条并保存序列

如图4.199所示，可以直接将磁盘中WAV格式的音频附件拖曳到"内容浏览器"面板的数字人类动画文件夹中，添加完毕后单击"保存所有"按钮，如图4.199所示。

需要注意的是，虚幻引擎不支持MP3格式的音频文件，读者在导入时需要使用相关软件对文件格式进行调整。

图 4.199　导入 Faceware 音频附件

保存完毕后回到"Sequencer"面板，单击面板左侧的"轨道"按钮，在下拉菜单中选择第四项"音频轨道"，如图4.200所示。

图 4.200　在"Sequencer"面板中添加音频轨道

接下来在音频轨道添加Faceware音波资产，如图4.201所示。

❶ 单击"Sequencer"面板中"音频"轨道的"音频"按钮。

❷ 在弹出的搜索框中输入"face"。

❸ 选择"Faceware"音波项。

这里的"音波"指的就是导入的音频文件，导入虚幻引擎后以音波资产的形式存在。

图 4.201　在音频轨道添加 Faceware 音波资产

资产会导入当前帧，也就是时间轴上指针所指的0帧，此时单击"播放"按钮，会发现数字人类对象出现音画不同步的情况，如图4.202所示。

下面聚焦于时间轴，找到影片在动画序列中开始的位置，将指针移动到30帧处就能发现，此处角色呈现一个短暂的面部表情平淡状

图 4.202　尝试播放动画序列

态，即影片的循环刚刚结束，动画准备重新开始播放。

需要将动画序列的前30帧剪辑掉，使得音频与动画相匹配，如图4.203所示。

❶ 将时间轴的指针拖曳到第30帧。

❷ 右击"数字人类-面件"。

❸ 在弹出菜单中选择"分段"功能区域的"编辑"命令。

❹ 选择"剪辑片段左侧"命令，即可完成剪辑。

图4.203　剪辑数字人类－面件的片段左侧

动画序列的前30帧已经被剪辑掉了，将"数字人类－面件"动画序列向左侧拖曳，使动画序列从0帧开始播放，随后单击"保存"按钮，如图4.204所示。

图4.204　剪辑完毕

此时拖曳时间轴内的指针进行播放，可以看到动画与音频轨道已经完成匹配了，下面需要把该段动画烘焙为动画序列资产，以便在其他关卡中快速使用，操作步骤如图4.205所示。

❶ 单击"Sequencer"面板顶部右侧的"序列显示率"下拉按钮。

❷ 将序列显示率修改为"60 fps"，这里的修改是为了使烘焙后的动画序列帧率保持为60帧/秒。

❸ 在面板左侧选择"Face"轨道，然后右击。

❹ 选择"烘焙动画序列"命令。

图4.205　将面部项烘焙为动画序列

出现一个面板，如图4.206所示。在"MetaHumans"（数字人类）文件夹下的"kalinco"（个人命名的数字人类资产）文件夹中选择"Animation"（动画）文件夹，并将动画序列命名为"Faceware-

Sequence-MetaHuman"（面件-序列-数字人类），以便以后搜索。

确定保存路径后，单击"导出到动画序列"按钮，如图4.207所示。

图4.206 设置烘焙动画序列的保存路径

图4.207 将面部项烘焙为动画序列

烘焙成功的动画序列资产路径如图4.208所示，由此导出的动画序列可以直接在其他关卡序列和数字人类蓝图中进行播放，现在已经完成了数字人类面部动作捕捉动画序列的制作和保存。

图4.208 烘焙成功的动画序列资产路径

虚幻引擎5仍然存在一些BUG，例如在关卡序列编辑过程中单击播放影片时有可能出现音频文件卡顿、重复播放而导致音画不同步的情况，出现该情况时读者可以结合以下方法进行解决。

将该关卡序列导出为AVI格式的影片到磁盘中，虚幻引擎在渲染影片时会分开渲染，将关卡序列导出为影片和音源文件共两项文件，此时通过剪辑软件混流音频和导出影片，即可得到拥有正确音频的数字人类面部动作捕捉影片。

图4.209 新建相机并进行相关设置

渲染影片之前，需要为关卡序列添加相机，操作步骤如图4.209所示。

❶ 将时间轴的指针调整到第0帧，然后单击"新建相机"按钮（新建相机并将其设为当前相机剪切）。

❷ 创建新摄像机后，视口自动切换为"驾驶激活"模式。可以用鼠标和键盘调整视口方向，将数字人类移动到视口中的合适位置。

❸ 在"Sequencer"面板左侧找到"Cine Camera Actor"（电影摄像机对象）轨道，修改"当前光圈"和"当前焦

距"轨道的数值,让视口的内容更为清晰。

图4.210 调整帧率并渲染视频

❹ 单击"保存"按钮。

在导出影片之前,读者可以根据计算机的硬件情况选择影片导出的帧率。通常,使用30帧/秒的序列显示率进行影片导出。较高的序列显示率会增加影片导出时间,还可能导致虚幻引擎崩溃。因此,将序列显示率调整回30帧/秒,然后单击"渲染"按钮,如图4.210所示。

弹出的渲染设置面板如图4.211所示。请根据情况在"常规"栏中设置影片的导出位置。下面着重设置"捕获设置"栏的"音频输出格式"选项。

单击展开"音频输出格式"下拉列表,然后选择"总音频子混合(实验性)"选项,如图4.212所示。单击"捕获影片"按钮后,会导出为AVI影片和WAV音频文件。导出的音频文件包含场景中的所有的环境音(包括在关卡设计中添加的鸟类叫声)。

图4.211 渲染设置面板

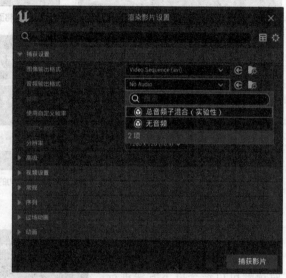

图4.212 选择"总音频子混合(实验性)"

最终导出的影片效果如图4.213所示。读者可以自行选择使用导出的WAV音频或本节附件中的原音频在影片剪辑软件中与影片混合。

还可以将混合视频导入虚幻引擎,制作控件蓝图,并以视频形式播放面部捕捉动画。这种通过播放视频而不是实时演算方式进行的过场动画制作可以大大降低计算机的性能开销,是一种常用的过场动画处理方式,被广泛应用于3D游戏开发设计。

图4.213 导出的数字人类面部动作捕捉影片效果

05.章

游戏蓝图实例

完成第4章的学习后，相信读者已经掌握了数字人类创建和编辑的技巧，现在可以试着深入虚幻引擎的蓝图部分了。

蓝图系统是虚幻引擎5自带的一种脚本编译系统，相比同为虚幻引擎5所支持的编译语言C++，蓝图系统提供了一个直观的、基于节点的交互界面，为关卡设计师和游戏开发者提供了更为便捷的平台。

第5章将对虚幻引擎5的蓝图进行概述，随后进行蓝图编辑的实例讲解，帮助读者更加轻松地学习虚幻引擎的"编程"技巧。随着知识的不断深入，会逐渐为之前编辑好的场景添加游玩内容，最终得到一个简单且具有趣味的游戏关卡。图5.1所示为本章游戏蓝图实例效果，完成学习后，可在该场景中使用数字人类角色进行游玩。

图5.1 游戏蓝图实例效果

5.1 蓝图概述

本节将对虚幻引擎5的蓝图进行简单概述，随后进行蓝图编辑的实例讲解，后续会将编辑好的数字人类下载到虚幻引擎中进行应用。

5.1.1 创建与打开蓝图

下面将介绍如何创建蓝图、查找蓝图以及打开蓝图。

首先来到关卡编辑器这一栏，如图5.2所示。

❶ 找到"蓝图"按钮并单击。

❷ 在下拉菜单的"蓝图类"功能区域中选择"新建空白蓝图类"命令。

下面将示范如何创建蓝图。在弹出的面板中选择"Actor"进行蓝图创建，如图5.3所示。

图5.2 在关卡编辑器中新建蓝图

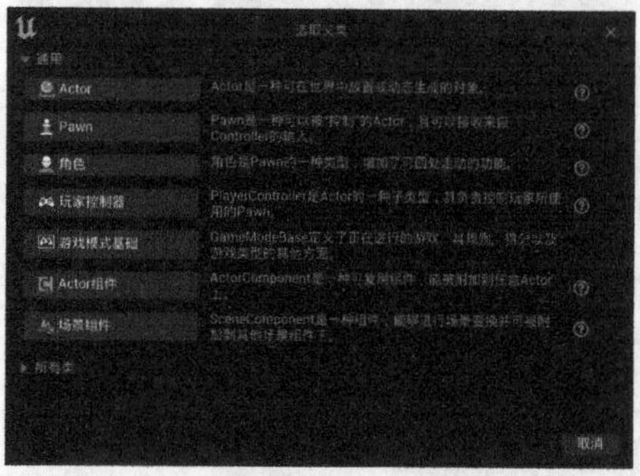

图5.3 选择合适的蓝图类别

在弹出的"创建空蓝图类"面板中选择合适的路径并为新建蓝图命名，最后保存即可完成蓝图的新建，如图5.4所示。

❶ 选择文件路径，将新建蓝图创建在"内容"文件夹下的"Blueprints"文件夹中。

❷ 在"命名"这一栏输入新建蓝图的名称"NewBlueprint"。

❸ 单击"保存"按钮。

在"内容浏览器"面板中，在对应的文件目录下找到新建的蓝图"NewBlueprint"，如图5.5所示，双击将它打开。

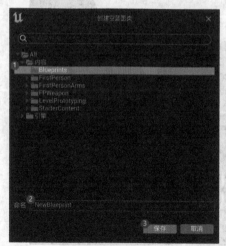

图5.4 选择合适的路径并命名保存

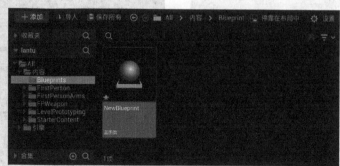

图5.5 在"内容浏览器"面板中找到新建的蓝图

除此之外，还可以通过其他两种方式打开蓝图，分别为在关卡编辑器中打开蓝图和在"大纲"面板中打开蓝图。首先选择在关卡编辑器中进行蓝图的搜索与打开，如图5.6所示。

❶ 在关卡编辑器中单击"蓝图"按钮。

❷ 在下拉菜单选择中"打开蓝图类"命令。

❸ 在搜索框中输入蓝图的文件名。

图 5.6　在关卡编辑器中打开蓝图

❹ 找到对应的蓝图，双击即可打开。

在关卡中有蓝图的情况下，可以通过"大纲"面板找到蓝图"NewBlueprint"，如图5.7所示。

❶ 找到"大纲"面板的搜索框，输入想搜索的蓝图名称。

❷ 在"项目标签"列中找到目标蓝图。

图 5.7　在"大纲"面板中打开蓝图

5.1.2　蓝图基础

在了解了如何创建、搜索和打开蓝图后，接下来具体了解一下蓝图界面布局以及各个面板的功能。在这里双击打开第一人称游戏的角色蓝图，以此为例为大家进行讲解，如图5.8所示。

图 5.8　蓝图界面布局

❶ 蓝图编辑器：包含"编译""保存""浏览""模拟"等常用的蓝图编辑功能按钮。

❷ "组件"面板：包含蓝图中所有的组件，同时也可以在此添加、选择和附加组件。

❸ "我的蓝图"面板：包含该蓝图的所有元素，如变量、图表等。

❹ "Construction Script"面板：生成组件和执行其他设置的区域。

❺ "视口"面板：在此可以查看添加到蓝图中的不同组件。

❻ "事件图表"面板：进行蓝图编辑工作的主要区域，与"Construction Script"面板合并可称为图表编辑器面板。

❼ "细节"面板：编辑组件属性的区域。

5.1.3 蓝图基础操作

在对蓝图界面布局有了大致了解后，现在开始学习蓝图的基础操作。

在空白处右击即可新建节点。将一个节点的引脚向外拖曳，松开鼠标时弹出蓝图节点搜索框，输入需要的节点，单击即可新建，两个节点自动连接。选择任意节点，按住左键即可拖曳。在"事件图表"面板空白处，按住右键即可平移图表。向外拖曳节点上的引脚，与另一节点的引脚相连接，即可完成节点间的连接，如图5.9所示。

图5.9 节点与节点的连接

选择一节点的引脚，按住Ctrl键和鼠标左键，即可把该节点的线断开，再选择其他节点的引脚并松开鼠标左键，即可切换引线连接的节点；在选中一根引线的情况下，按住Alt键并单击，即可将该引线移除。

5.1.4 节点编写

在对蓝图的界面和基本功能有了初步了解后，接下来带领读者去尝试写一段蓝图代码。

先打开关卡蓝图，如图5.10所示。

❶ 在关卡编辑器中找到"蓝图"按钮并单击。

❷ 在下拉菜单中选择"打开关卡蓝图"命令。

图5.10 打开关卡蓝图

打开关卡蓝图后，先来到"事件图表"面板新建一个节点，操作步骤如图5.11所示。

❶ 在"事件图表"面板空白处右击，打开蓝图搜索框，并在搜索框中输入"1"。

❷ 在"键盘个事件"栏下找到"1"，选择此项。

图5.11 新建节点

上述操作完成后，在"事件图表"面板中会得到一个节点"键盘事件'1'"，如图5.12所示，即在按下或松开键盘数字键"1"时就会触发一个对应的事件。

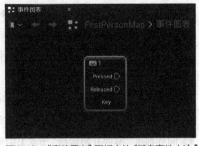

接下来设置在按下键盘上的数字键"1"后，游戏窗口显示"Hello"的字样，操作步骤如图5.13所示。

① 按住"Pressed"的引脚，并拖出引线。

② 松开鼠标时弹出搜索框，输入"print string"（打印字符串）。

③ 在菜单中选择"开发"栏中的"打印字符串"节点。

图5.12 "事件图表"面板中的"键盘事件'1'"

调用节点成功后，得到一个简易的蓝图事件，如图5.14所示。

图5.13 调用节点

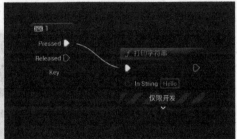

图5.14 一个简易的蓝图事件

在完成蓝图事件的设置后，只有对蓝图进行编译并显示成功，才能成功运行项目。找到蓝图界面左上角的"编译"，显示黄色则表示未进行编译，显示绿色则证明编译成功，项目可正常运行。

来到虚幻引擎5主界面，在关卡编辑器中单击"运行"按钮，待项目运行后，按下键盘上的数字键"1"，对应的运行界面上会显示"Hello"，如图5.15所示。

图5.15 运行效果

5.2 角色蓝图设置

本节将对虚幻引擎5蓝图系统进行更深入的讲解，以虚幻引擎5所提供的默认场景和人物为基础，进行蓝图编写，赋予人物更多的属性，使项目中的人物更加逼真，同时加深读者对蓝图系统的了解与认识。

5.2.1 设置游戏窗口属性

接下来将为射击小游戏做一些设定，在游戏的运行窗口上添加一个准星，以方便瞄准，从而提高射击精准度。

打开"BP_FirstPersonCharacter"（第一人称角色蓝图），添加"事件开始运行"节点，即开始运行项目时即触发该事件，如图5.16所示。

❶ 在"事件图表"面板空白处右击，打开蓝图节点搜索框，并输入"事件开始运行"。

❷ 选择对应的节点。

新建节点完成后，再添加一个"创建控件"节点，只有创建该节点才能将绘制的准星UI（用户界面）引用到该蓝图中，所以"创建控件"节点在这里是必要的，创建步骤如图5.17所示。

❶ 向外拖曳"事件开始运行"节点上的引脚。

❷ 在弹出的蓝图节点搜索框中输入"创建控件"。

❸ 在"用户界面"一栏中选择对应的"创建控件"节点。

在创建"创建控件"节点后其节点标题显示的是"构建NONE"，如图5.18所示，这是因为节点中的"Class"（类）中并未选择类。

图 5.16　新建"事件开始运行"节点

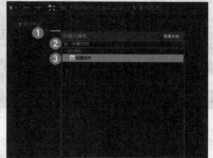

图 5.17　创建"创建控件"节点

图 5.18　标题显示为"构建 NONE"

接下来打开"内容浏览器"面板，在"Blueprints"文件夹中新建一个控件蓝图，以此作为准星图标，如图5.19所示。

❶ 单击"内容浏览器"面板左上角上的"添加"按钮。

❷ 在下拉菜单中选择"用户界面"子菜单中的"控件蓝图"命令。

图 5.19　添加控件蓝图

弹出"选择新控件蓝图的根控件"面板，单击"用户控件"按钮，如图5.20所示。

在新建控件蓝图后，将其命名为"zhunxing"（提示：蓝图无法直接用汉语命名，因此这里采用"准星"的拼音）。

来在控件蓝图上创建一个准星图标。

双击"zhunxing"控件蓝图打开编辑界面，在"控制板"面板搜索框中输入"画布面板"，找到"画布面板"选项，如图5.21所示。

图5.20　"选择新控件蓝图的根控件"面板

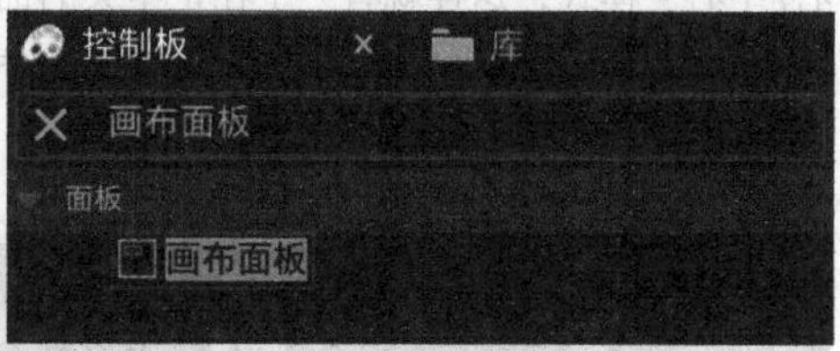

图5.21　"控制板"面板

拖曳"画布面板"选项到蓝图设计器面板中，可以看到一个绿色线框，是"画布面板"的范围，其代表了用户界面大小，如图5.22所示。

回到"控制板"面板的搜索框，输入"图像"，找到"通用"栏中的"图像"控件，如图5.23所示。

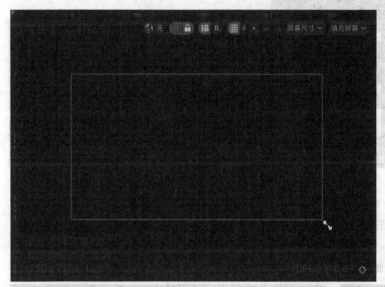

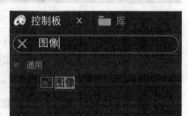

图5.22　蓝图设计器面板中的"画布面板"

图5.23　"图像"控件

选中"图像"控件并将其拖曳到蓝图设计器面板中，就可以在面板中得到一个"图像"，如图5.24所示。接下来对需要用到的面板做一个简单介绍。

图5.24　蓝图设计器面板和"细节"面板

蓝图设计器面板：在该面板内可以对用户界面尺寸和图像等内容进行编辑，图中的蓝框范围即用户界面所显示的大小。为了制作出准星，图像大小一定要在蓝框内进行编辑调整。

"细节"面板中的"插槽（画布面板槽）"栏：在此可以编辑调整锚点的位置、图像的坐标与尺寸等属性。

"细节"面板中的"渲染变换"栏：在此可以编辑调整图像的位置、大小和角度。

接下来对"图像"的锚点进行调整，要将锚点置于用户界面正中央，以便将准星调整到正中央。

在选中"图像"的情况下，在"细节"面板中展开"锚点"下拉菜单，选择图5.25中红框框选的"中心/中心"模式，这样就有一个在正中央的锚点了。

接下来对"图像"进行编辑，来到"细节"面板，调整"尺寸X""尺寸Y"的数值，可按图5.26所示进行设置。

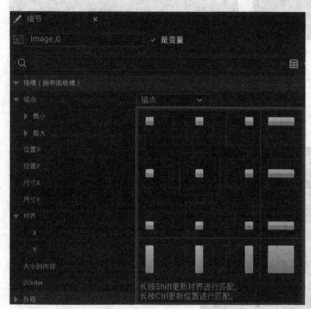

图5.25 "中心/中心"模式　　　　　　　　　　　　图5.26 对"图像"尺寸进行调整

准星由4个相同的长方形组成，在此对"图像"进行3次复制，如图5.27所示。

对"图像"继续进行调整，如图5.28所示。

❶ 按住Shift键并单击两个"图像"。

❷ 将"变换"栏中的"角度"属性数值调整为90。

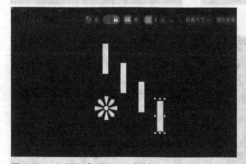

图5.27 对"图像"进行3次复制　　　　　　　　　图5.28 调整"图像"

制作准星所需要的"图像"素材已经调整好，如图5.29所示。

通过手动拖曳"图像"，即可进行准星的制作，以"锚点"为中心，根据"十字"的样式进行调整，得到准星的最终效果，如图5.30所示。

单击界面左上角的"编译"按钮，待"编译"显示绿色则证明编译成功，表示该控件蓝图可正常运行。

回到"BP_FirstPersonCharacter"（第一人称角色蓝图）界面，现在选择类，如图5.31所示。

① 展开"构建NONE"节点中的"Class"下拉菜单。

② 选择"zhunxing"，该节点标题变为"创建Zhunxing控件"。

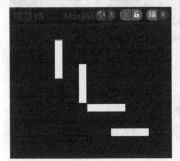

图 5.29　调整后的"图像"

图 5.30　准星样式

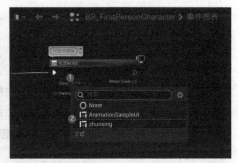

图 5.31　选择类

继续编写蓝图，要将该控件蓝图添加到视口，所以在此创建"添加到视口"节点，如图5.32所示。

① 按住节点上"Return Value"（返回值）的引脚，向外拖曳引线。

② 在弹出的蓝图节点搜索框中输入"添加"。

③ 在"用户界面"栏的"视口"一栏中选择"添加到视口"节点。

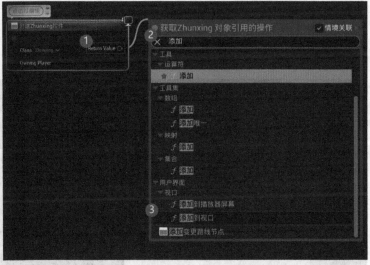

图 5.32　创建"添加到视口"节点

单击"BP_FirstPersonCharacter"界面左上角的"编译"按钮，待"编译"显示绿色则编译成功。到此为止，为游戏窗口添加准星的蓝图就编写完毕了，如图5.33所示。

图 5.33　为游戏窗口添加准星的蓝图编写完毕

来到虚幻引擎5主界面，在关卡编辑器中单击"运行"按钮，项目运行后可以发现游戏界面窗口中出现准星，如图5.34所示。

图 5.34　游戏界面窗口出现准星

5.2.2　设置运动变量

该小节将通过编写蓝图的方式控制人物模型，实现按键快速移动。

打开"编辑"菜单，选择"项目设置"命令，如图5.35所示，进入"项目设置"面板。

因为在项目中预设的人体模型没有快速移动的键位设置，所以需要进入项目设置中进行键位指令的创建，如图5.36所示。

❶ 选择"引擎"栏中的"输入"选项。

❷ 在"操作映射"后方，单击"+"按钮，即可创建键位槽。

❸ 来到新建的键位槽，将其命名为"fast walk"（快速行走）。

❹ 在下面的键位设置中输入"左Shift"，勾选对应的键位设置。

图 5.35　"项目设置"命令

图 5.36　键位指令的创建

将界面切换至蓝图"BP_FirstPersonCharacter"，找到编写准星的部分，然后删除除"事件开始运行"之外的所有节点，如图5.37所示。

因为之前在"项目设置"中添加了新的键位设置，现在在这里可以直接调用相关节点，创建一个"输入操作fast walk"的节点，如图5.38所示。

❶ 在空白处右击，在打开的蓝图节点搜索框中输入"fast walk"。

❷ 选择对应的节点。

图 5.37　删除部分节点

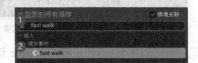

图 5.38　创建"输入操作 fast walk"节点

为了让键位设置落实到角色身上，需要为蓝图添加"角色移动"节点，如图5.39所示。

❶ 在"组件"面板中选择"角色移动"组件。

❷ 将其拖曳到"事件图表"面板中。

图5.39　添加"角色移动"节点

接下来需要设置最大行走速度和正常行走速度，添加新的节点来实现该功能。

继续添加新节点来完成行走速度的设置，如图5.40所示。

❶ 按住"角色移动"节点，向外拖曳引线。

❷ 在弹出的蓝图节点搜索框中输入"max walk speed"（最大行走速度）。

❸ 在"角色移动：行走"一栏中选择"设置Max Walk Speed"节点。

将新建节点复制一份，以供后续编写使用，如图5.41所示。

图5.40　添加"设置Max Walk Speed"节点

图5.41　将节点进行复制

现在得到两个"设置Max Walk Speed"节点，现在分别对其行走速度进行赋值，如图5.42所示。

❶ 选择其中一个节点将"最大行走速度"选项设置为1000.0，作为最大行走的速度值。

❷ 另一个节点的"最大行走速度"选项设置为400.0，以此作为正常行走的速度值。

赋值后将其与"角色移动"节点相连接，如图5.43所示。按住"角色移动"节点的引脚向外拉出引线，与两个"设置Max Walk Speed"节点的"目标"选项相连，完成连接。

图5.42　修改"最大行走速度"

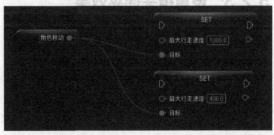

图5.43　"设置Max Walk Speed"节点与"角色移动"节点相连接

接下来继续连接节点，实现当按下Shift键时人物以最大速度进行快速移动，松开Shift键时人物以正常速度移动，具体操作步骤如图5.44所示。

❶ 按住"Pressed"引脚并向外拉出引线，与第一个"设置Max Walk Speed"节点相连，完成连接，实现快速移动。

❷ 按住"Released"引脚并向外拉出引线，与另一个"设置Max Walk Speed"节点相连，完成连接，实现正常速度移动。

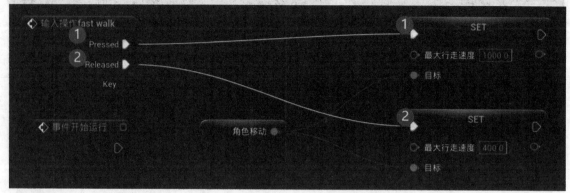

图5.44 连接节点实现快速移动功能

最后，实现项目在刚开始运行时角色以正常速度移动，如图5.45所示。

按住"事件开始运行"节点的引脚向外拉出引线，与"最大行走速度"为400.0的"设置Max Walk Speed"节点相连，松开鼠标即可完成连接。

来到当前蓝图界面，单击左上角的"编译"按钮，待"编译"显示绿色，项目即可运行。

来到虚幻引擎5主界面，在关卡编辑器中单击"运行"按钮，项目运行后，在按住W键的同时按下Shift键，会发现角色快速移动，设置成功，如图5.46所示。

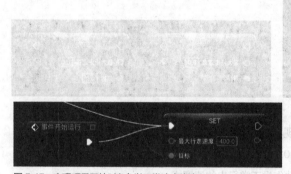

图5.45 实现项目开始时角色以正常速度移动

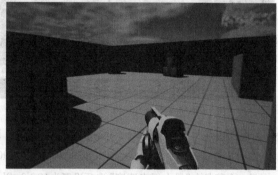

图5.46 运行效果

5.2.3 设置镜头摇晃效果

在该小节，将通过添加蓝图类的方式来设置相机的振荡参数，再通过编辑蓝图的方式，完成镜头摇晃的效果，使得玩家在游戏中可以有逼真的行走体验。

首先在当前关卡中创建一个蓝图类，如图5.47所示。

图5.47 新建蓝图类

❶ 在关卡编辑器中单击"蓝图"按钮。

❷ 在菜单中的"蓝图类"功能区域中选择"新建空白蓝图类"命令。

在完成上述操作后，会弹出"选取父类"面板，需要选取合适的类别，具体操作步骤如图5.48所示。

❶ 展开"所有类"栏。

❷ 在搜索框输入"camera"（相机）。

❸ 找到"MatineeCameraShake（Matinee摄像机晃动）"。

❹ 单击"选择"按钮。

选择合适的文件夹，对蓝图类进行命名并保存，如图5.49所示。

❶ 选择"Blueprints"文件夹。

❷ 在"命名"文本框中输入"shake"（摇晃）。

❸ 单击"保存"按钮。

在完成蓝图类的新建后，双击将其打开，主要对其"细节"面板的参数和属性进行编辑，具体步骤如图5.50所示。

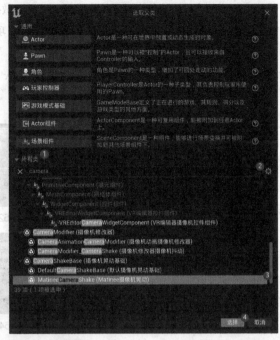

图5.48 选择类别

❶ 摇晃（振荡）效果的持续时间需要长一些，所以这里将其"振荡时长"选项调整为大数值，以确保其能持续运行。同时将"振荡混入时间"与"振荡混出时间"选项调整为0.2，这个时间衔接更加自然。

❷ 来到"位置振荡"栏，只调节"Y"和"Z"的参数，因为只有上下振动摇晃的效果即可，所以不用调整"X"的参数，具体参数参考图示参数调节即可。

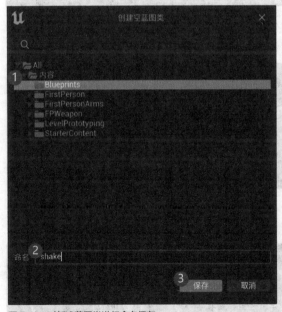

图5.49 对新建蓝图类进行命名保存

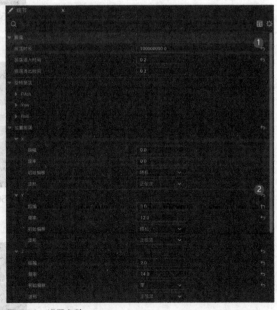

图5.50 设置参数

将界面切换至蓝图"BP_FirstPersonCharacter"，在"事件图表"面板中新建节点，如图5.51所示，开始编写蓝图。

❶ 在空白处右击，在打开的蓝图节点搜索框中输入"获取速度"。

❷ 选择对应的节点。

在新建节点后，该节点并不能直接用，还需要做些调整，如图5.52所示。

❶ 右击"获取速度"节点的"Return Value"（返回值）项。

❷ 选择"分割结构体引脚"命令。

在设置"分割结构体引脚"后，节点上出现x、y和z轴的引脚，其获取速度也更精确，如图5.53所示。

图 5.51　新建节点

图 5.52　调整节点

图 5.53　展开坐标轴后的节点

继续在"事件图表"面板中新建节点，如图5.54所示。

❶ 按住"Return Value X"（返回值X）的引脚并拉出引线。

❷ 在弹出的蓝图节点搜索框中输入"大于"。

❸ 选择对应的节点。

图 5.54　新建节点

用同样的方式，在"事件图表"面板中继续新建节点，如图5.55所示。

❶ 按住"Return Value X"（返回值X）的引脚并向外拉出引线。

❷ 在弹出的蓝图节点搜索框中输入"小于"。

❸ 选择对应的节点。

图 5.55　新建节点

设置获取速度的区间，如图5.56所示，目的是监测角色是否移动。

❶ 在"大于"节点中，将数值修改为20.0。

❷ 在"小于"节点中，将数值修改为-20.0。

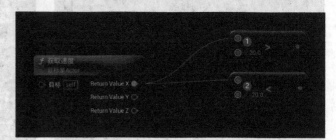

图 5.56　设置获取速度的区间

将"大于"节点和"小于"节点进行复制，用于设置获取y轴的速度，如图5.57所示。

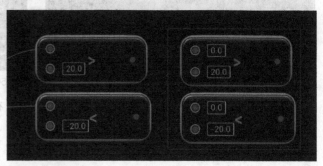

图 5.57　复制节点

进行节点的连接，如图5.58所示。

按住"获取速度"节点上"Return Value Y"的引脚"⬤"（该图标样式是节点未连接的样式）向外拉出引线，分别与"大于"节点和"小于"节点的引脚"⬤"相连接。

新建"OR布尔"节点，如图5.59所示。该节点也可以判断人物是否移动，其在逻辑判断上的特点是"一真为真"，即前4个"大于""小于"节点中只要有一个的"获取速度"符合，则证明其在"OR布尔"节点中为真，"OR布尔"节点后的节点可继续运行。

❶ 按住"大于"节点后的引脚"⬛"向外拉出引线，松开鼠标时出现蓝图节点搜索框。

❷ 在弹出的蓝图节点搜索框中输入"OR"。

❸ 选择"布尔"栏中的"OR布尔"节点。

新建完成后，发现其左侧连接点比较少，无法与之前新建的4个节点相匹配，因此需要添加引脚。

单击"添加引脚"旁边的按钮"⊕"，如图5.60所示，即可添加引脚，将引脚数量添加为4个。

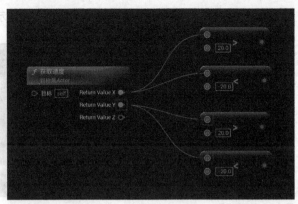

图 5.58　连接节点

图 5.59　新建"OR 布尔"节点

将"大于"节点和"小于"节点右侧的引脚"⬛"与"OR布尔"节点左侧的引脚"⬛"逐一连接，如图5.61所示。

再添加一个"AND布尔"节点，如图5.62所示。该节点在逻辑判断上的特点是"全真为真"，即所有条件都满足，才能证明其在"AND布尔"节点为真，"AND布尔"节点后的节点才可继续运行。

❶ 按住"OR布尔"节点上的引脚"⬛"向外拉出引线。

❷ 在弹出的蓝图节点搜索框中输入"and"。

❸ 选择"AND布尔"节点。

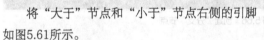

图 5.60　添加节点上的引脚　图 5.61　连接节点

图 5.62　新建"AND 布尔"节点

继续新建节点，如图5.63所示。

❶ 在空白处右击，在弹出的蓝图节点搜索框中输入"正在地面移动"。

❷ 选择对应的节点。

将"AND布尔"节点与"正在地面移动"节点相连接，即只有节点同时捕获到速度和地面移动的信息时，

"AND 布尔"节点后面的节点才能运行,如图5.64所示。

图5.63　新建节点

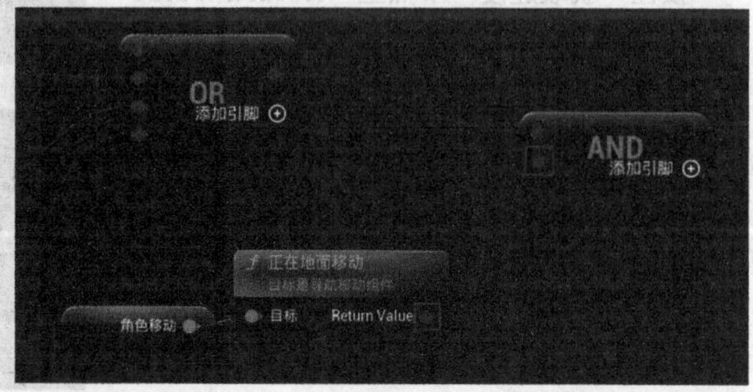

图5.64　连接节点

创建"事件Tick"节点,如图5.65所示。启用该节点后,可以调用角色事件的每一帧。

❶ 在空白处右击,在弹出的蓝图节点搜索框中输入"事件tick"。

❷ 选择对应的节点。

接下来创建"分支"节点,如图5.66所示。

❶ 在空白处右击,在弹出的蓝图节点搜索框中输入"分支"。

❷ 选择对应的节点。

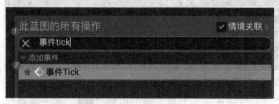

图5.65　创建"事件tick"节点

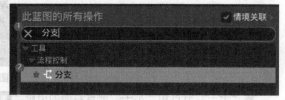

图5.66　创建"分支"节点

对节点进行连接,如图5.67所示。

❶ 将"事件Tick"节点与"分支"节点相连接。

❷ 将"AND布尔"节点与"分支"节点的"Condition"的引脚相连接。

按照图5.67连接节点后,蓝图运行会触发下面情况:如果发生的事件满足"Condition"(条件),那么接下来将执行"分支"节点后的"真"事件,不满足则,执行"False"(假)事件。

继续创建节点,如图5.68所示。

❶ 按住"真"的引脚"▷"并向外拉出引线。

❷ 在弹出的蓝图节点搜索框中输入"序列"。

❸ 选择"流程控制"栏中的"序列"节点。

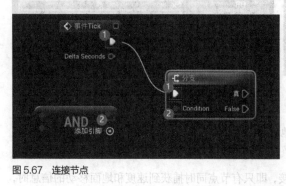

图5.67　连接节点

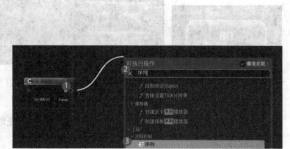

图5.68　创建"序列"节点

同样,在"False"事件后也创建一个"序列"节点,如图5.69所示。

❶ 按住"False"的引脚"▶",向外拉出引线。

❷ 在弹出的蓝图节点搜索框中输入"序列"。

❸ 选择"流程控制"栏中的"序列"节点。

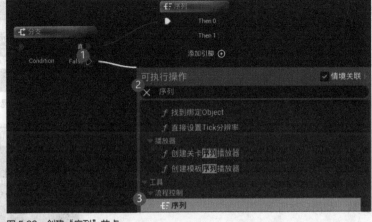

图 5.69　创建"序列"节点

分别在这两个"序列"节点后创建"Do Once"（运行单次）节点，如图5.70所示。

❶ 按住"序列"节点上"Then 0"的引脚"▶"，向外拉出引线。

❷ 在弹出的蓝图节点搜索框中输入"do once"。

❸ 选择"流程控制"栏中的"Do Once"节点。

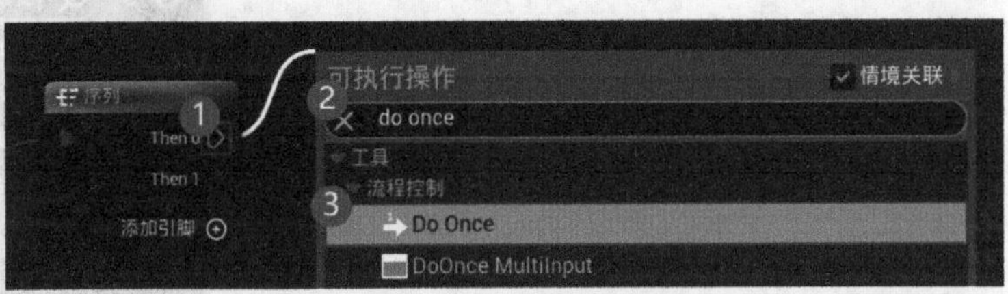

图 5.70　创建"Do Once"节点

连接节点，以提高蓝图的容错率，如图5.71所示。

❶ 将左上方"序列"节点上"Then 1"的引脚"▶"与右下方"Do Once"节点中"Reset"的引脚"▶"相连接。

❷ 选择左下方"序列"节点上"Then 1"的引脚"▶"与右上方"Do Once"节点中"Reset"的引脚"▶"相连接。

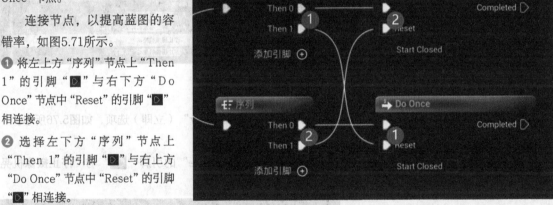

图 5.71　连接节点

添加"获取玩家摄像机管理器"节点，如图5.72所示。

❶ 在空白处右击，在弹出的蓝图节点搜索框中输入"获取玩家摄像机管理器"。

❷ 选择对应的节点。

图 5.72　新建"获取玩家摄像机管理器"节点

添加"从源开始Matinee摄像机晃动"节点,如图5.73所示。

❶ 按住"获取玩家摄像机管理器"节点中"Return Value"的引脚"⬤",向外拉出引线。

❷ 在弹出的蓝图节点搜索框中输入"从源开始Matinee摄像机晃动"。

❸ 选择"摄像机晃动"栏中的"从源开始Matinee摄像机晃动"节点。

图 5.73 添加"从源开始 Matinee 摄像机晃动"节点

调节"从源开始Matinee摄像机晃动"节点的参数,如图5.74所示。

❶ 打开"选择类"下拉菜单。

❷ 搜索之前新建的蓝图类"shake"。

❸ 选择对应的蓝图。

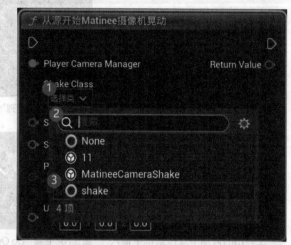

图 5.74 调节节点参数

添加"停止摄像机晃动"节点,如图5.75所示。

❶ 按住"Return Value"的引脚"⬤",向外拉出引线。

❷ 在弹出的蓝图节点搜索框中输入"停止摄像机晃动"。

图 5.75 新建"停止摄像机晃动"节点

❸ 选择"摄像机晃动"栏中的"停止摄像机晃动"节点。

对新建的"停止摄像机晃动"节点进行调整。勾选"Immediately"(立即)选项,如图5.76所示。

对节点进行连接,如图5.77所示。

选择"从源开始Matinee摄像机晃动"节点,将"Return Value"的引脚"⬤"与"停止摄像机晃动"节点上的"Shake Instance"(振动实例)的引脚"⬤"连接。

图 5.76 勾选"Immediately"选项

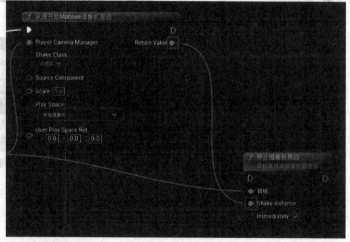

图 5.77 连接节点

继续连接节点，如图5.78所示。

❶ 选择左上方的"Do Once"节点，将"Completed"（完成）的引脚"▷"与"从源开始Matinee摄像机晃动"节点左上方的引脚"▷"连接，使其成为"分支"节点后"真"的执行事件。

❷ 选择左下方的"Do Once"节点，将"Completed"（完成）的引脚"▷"与"停止摄像机晃动"节点左上方的引脚"▷"相连接，使其成为"分支"节点后"False"的执行事件。

单击"BP_FirstPersonCharacter"界面左上角的"编译"按钮，待"编译"显示绿色。

来到虚幻5主界面，在关卡编辑器中单击"运行"按钮，项目运行后，按住W键开始行走，可以通过观察发现游戏窗口有轻微的摇晃，证明蓝图编写成功，如图5.79所示。

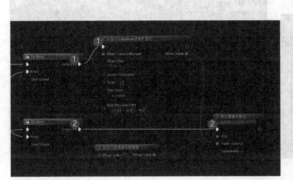

图5.78　连接节点

图5.79　运行效果

5.2.4　添加角色音频

在该小节将为角色添加一些音频效果，让角色在游戏中的行动显得更加自然。

导入附件中提供的3个音频文件，如图5.80所示。

❶ 打开"内容浏览器"面板，单击"导入"按钮。

❷ 选择附件中要用到的3个音频文件。

❸ 单击"打开"按钮。

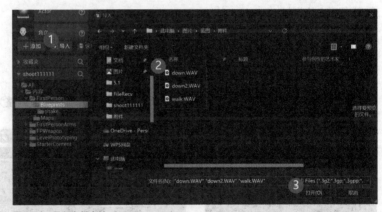

图5.80　导入音频文件

为了方便管理文件，可以为导入的音频文件新建文件夹，并将其放在合适的文件夹中，在这里将文件夹命名为"1sound"，如图5.81所示。

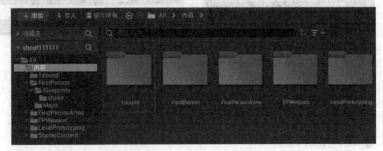

图5.81　为音频文件新建文件夹

双击打开"1sound"文件夹中的"walk"音波文件,如图5.82所示。

进入"walk"文件后,调整该音波的设置,持续播放形成脚步声音。在"细节"面板中勾选"正在循环"选项,并单击"保存"按钮,如图5.83所示。

图 5.82　打开"walk"音波文件

图 5.83　调整音波文件

将界面切换至蓝图"BP_FirstPersonCharacter",在"事件图表"中开始编写新的蓝图,该蓝图主要用来设置角色落下时随机播放两种落地音效。

新建"事件着陆时"节点,如图5.84所示。该节点在落地时被调用,根据命中结果执行操作。

❶ 在空白处右击,在打开的蓝图节点搜索框中输入"事件着陆时"。

❷ 选择对应的节点。

继续新建节点,如图5.85所示。

❶ 在空白处右击,在打开的蓝图节点搜索框中输入"随机整数"。

❷ 选择对应的节点。

调整新建的"随机整数"节点的参数,将"Max"选项的数值调整为2,如图5.86所示。

图 5.84　新建"事件着陆时"节点

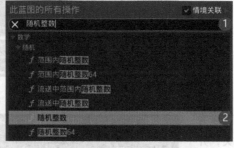

图 5.85　新建"随机整数"节点

图 5.86　调整参数

继续新建节点,如图5.87所示。

❶ 按住"Return Value"的引脚"〇",向外拉出引线。

❷ 在弹出的蓝图节点搜索框中输入"切换整型"。

❸ 选择对应的节点。

将"事件着陆时"节点的引脚"▷"与"切换整型"节点左上角的引脚"▷"连接,如图5.88所示。

图5.87 新建"切换整型"节点

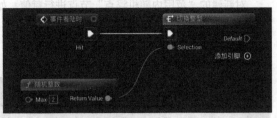

图5.88 连接节点

因为希望能够实现随机播放两种落地音效,所以要为"切换整型"节点添加引脚,单击"+"按钮添加两个引脚,如图5.89所示,然后将其分别命名为"0"和"1"。

继续新建节点,如图5.90所示。

❶ 按住"0"的引脚"▷",向外拉出引线。

❷ 在弹出的蓝图节点搜索框中输入"播放音效2D"。

❸ 选择对应的节点。

图5.89 添加引脚

图5.90 新建节点

单击下拉按钮"∨",如图5.91所示,这样才能让该节点的完整信息展现出来。

继续调整节点,如图5.92所示。

❶ 打开"选择资产"下拉菜单。

❷ 直接找到之前导入的音波文件"down"。

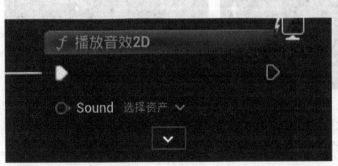

图5.91 调整节点

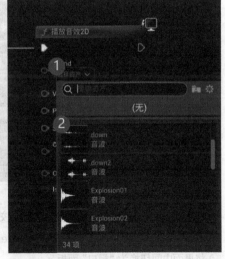

图5.92 选择资产

新建"范围内随机浮点"节点,如图5.93所示。该节点可以在其设定的范围内随机选择一个浮点为后面的节点或按钮进行赋值。

❶ 在空白处右击,在打开的蓝图节点搜索框中输入"范围内随机浮点"。

❷ 选择对应的节点。

对新建的"范围内随机浮点"节点进行赋值，如图5.94所示。

❶ 将"Min"选项的数值调整为0.8。

❷ 将"Max"选项的数值调整为1.2。

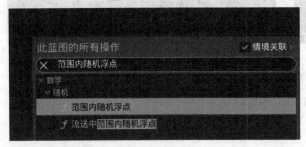

图5.93 新建"范围内随机浮点"节点　　　　　　图5.94 对节点进行赋值

继续蓝图的编写，如图5.95所示。

❶ 将"播放音效2D"节点进行复制。

❷ 在复制出的节点中打开"选择资产"下拉菜单。

❸ 找到之前导入的音波文件"down2"。

连接节点，如图5.96所示。

❶ 将"范围内随机浮点"节点中"Return Value"选项的引脚与两个"播放音效2D"节点的"Pitch Multiplier"（音调倍增器）连接。

❷ 将"切换整型"节点的"1"选项的引脚与右下方"播放音效2D"节点的引脚连接。

随机播放两种落地音效的蓝图就编写完了，单击蓝图界面左上角的"编译"按钮，待黄色变为绿色，蓝图就编写成功了。

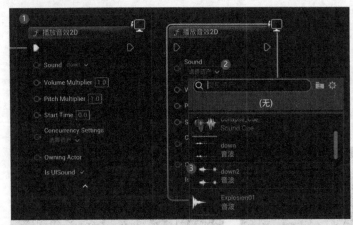
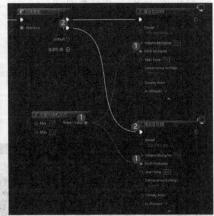

图5.95 复制"播放音效2D"节点并调整　　　　　　图5.96 连接节点

接下来为人物添加走路脚步声的音频效果，并且设置正常行走和快速行走两种不同状态下的音效。

来到蓝图"BP_FirstPersonCharacter"的界面，在这里创建一个音频组件，如图5.97所示。

❶ 将界面中间切换为"视口"面板。

❷ 来到"组件"面板，单击"添加"按钮。

❸ 选择"音频组件"命令创建一个音频组件，并将其命名为"walksound"。

接下来设置新建音频组件"walksound"的参数与属性，如图5.98所示。

❶ 在"组件"面板中选中音频组件"walksound"。

❷ 在右侧的"细节"面板中找到"音效"选项，展其右侧的下拉菜单。

❸ 在搜索框中输入"walk"。

❹ 找到对应的音频文件。

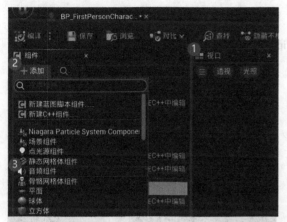

图 5.97　创建音频组件

图 5.98　调节音频组件的属性与参数

在"细节"面板中勾选"衰减"栏中的"重载衰减"选项，如图5.99所示，这样就可以获得一个具有音效衰减的体积球，同时也激活了"衰减（音量）"栏。

在视口中会出现两个线框球体，这两个球体一大一小，以小球体为中心音量逐渐递减，大球体以外声音全部消失。

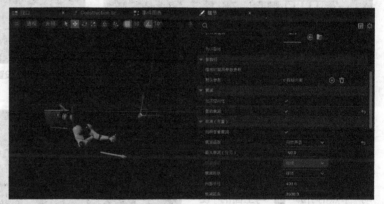

图 5.99　勾选"重载衰减"选项

对音频组件"walksound"做进一步调整，如图5.100所示。

❶ 打开"衰减函数"下拉菜单，选择"自然声音"。

❷ 在这里，要同时参考"视口"和"细节"面板两个部分进行调整，首先看"视口"面板，将"音频组件"置于"胶囊体组件"之中，然后按照图示参数进行调整，原则上只要较小的球体刚好覆盖"胶囊体组件"即可，较大的球体体积为较小的球体体积的2~3倍即可。

❸ 将"空间化方法"属性设置为"双声道"。

图 5.100　对"walksound"做进一步调整

将中间面板切换为"事件图表"面板，来到之前编写的"从源开始Matinee摄像机晃动"节点，继续编写蓝图，在编写后，人物在移动时会播放"walk"的音效，当停止移动时则音效停止。

再次新建节点，如图5.101所示。

❶ 在空白处右击，在打开的蓝图节点搜索框中输入"设置音量乘数"。

❷ 选择对应的节点。

继续编写蓝图，如图5.102所示。

❶ 复制之前新建的"设置音量乘数"节点。

❷ 将上面的"设置音量乘数"节点的"New Volume Multiplier"（新音量倍增器）选项设置为1.0。

图 5.101　新建节点

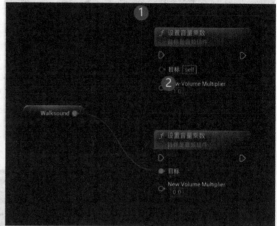

图 5.102　复制"设置音量乘数"节点并编辑参数

连接节点，如图5.103所示。

❶ 将"Walksound"节点的引脚"▣"与新复制的"设置音量乘数"节点的引脚"▣"相连。

❷ 将"从源开始Matinee摄像机晃动"节点的引脚"▷"与上面的"设置音量乘数"节点的引脚"▷"相连。

❸ 将"停止摄像机晃动"节点的引脚"▷"与下面的"设置音量乘数"节点的引脚"▷"相连。

至此，人物在移动时播放"walk"音效、停止移动时音效停止播放的蓝图就编写完了。单

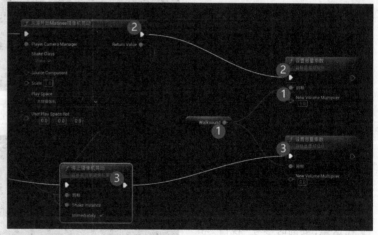

图 5.103　连接节点

击蓝图界面左上角的"编译"按钮，待黄色按钮变为绿色，蓝图就编写成功了。

来到之前编写的"设置运动变量"蓝图（5.2.2小节），在这里继续编写蓝图，实现"正常移动时脚步声音相对缓慢、快速移动时脚步声音相对急促"的效果。

继续新建节点，如图5.104所示。

❶ 在空白处右击，在打开的蓝图节点搜索框中输入"设置音高乘数"。

❷ 选择对应的节点。

继续编写蓝图，如图5.105所示。

❶ 复制之前新建的"设置音高乘数"节点。

❷ 将上方的"设置音高乘数"节点的"New Pitch Multiplier"（新音调倍增器）选项设置为0.7。

❸ 将下方的"设置音高乘数"节点的"New Pitch Multiplier"选项设置为1.0。

图 5.104　新建节点

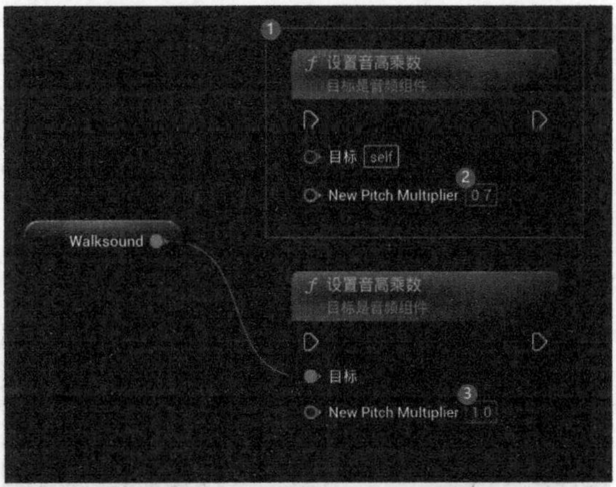

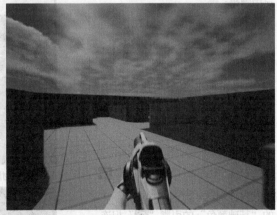

图 5.105　复制"设置音高乘数"节点并编辑参数

连接相应节点，如图5.106所示。

❶ 将"Walksound"节点的引脚"■"与新复制的"设置音高乘数"节点的"目标"引脚"■"相连。

❷ 将上方"SET"节点的引脚"▷"与上方的"设置音高乘数"节点的引脚"▷"相连。

❸ 将下方"SET"节点的引脚"▷"与下方的"设置音高乘数"节点的引脚"▷"相连。

至此，该小节的蓝图编写完成，单击蓝图界面左上角的"编译"按钮，待黄色变为绿色，蓝图就编写成功了。

来到虚幻引擎5主界面，在关卡编辑器中单击"运行"按钮，项目运行后，按住W键可行走，可以听到"walk"的行走音效，当同时按住Shift键和W键时，可以听到急促的行走音效，当连续按空格键时，可以听到两种不同的下落音效，如图5.107所示。

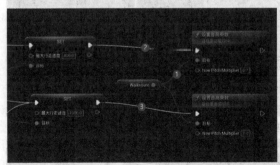

图 5.106　连接节点

图 5.107　运行效果

5.3 简单可交互资产

在本节，将带领读者制作可触发移动平台和压力板并为其配上启动和运行音效，通过蓝图的编写，让读者对蓝图有更深一步的了解。

5.3.1 移动平台制作

本小节将制作一个可定向移动的平台，玩家可以借助该移动平台进行移动。打开"内容浏览器"面板，在"内容"文件夹中新建文件夹，并命名为"platform"，如图5.108所示。

双击打开"platform"文件夹，在空白处右击，新建材质，如图5.109所示，并命名为"blue"。

图5.108 新建"platform"文件夹

图5.109 新建材质

双击打开新建的材质，进入材质蓝图，如图5.110所示。

❶ 为预览视口，在这里可以看到渲染好的材质球。

❷ 为"细节"面板，在这里可以对蓝图节点进行参数和属性调整。

❸ 为"材质图表"面板，在这里可以进行蓝图编辑。

新建节点，如图5.111所示。

❶ 按住"基础颜色"的引脚"⬤"，向外拉出引线。

❷ 在弹出的蓝图节点搜索框中输入"VectorParameter"（矢量参数）。

❸ 选择"Vector Parameter"。

连接节点，如图5.112所示。

按住"Param"节点的引脚"⬤"，向外拉出引线，并与材质节点"blue"的"基础颜色"的引脚"⬤"相连。

图5.110 材质蓝图

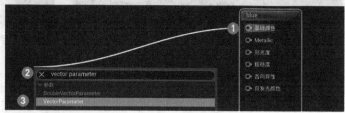

图5.111 新建节点

赋予材质球颜色,如图5.113所示。

❶ 双击"Param"节点的颜色预览区域,此时会弹出"取色器"面板。

❷ 将"H"的值调整为219.0。

❸ 将"值"竖条的指针拉到最高,调节灰度。

❹ 单击"确定"按钮。

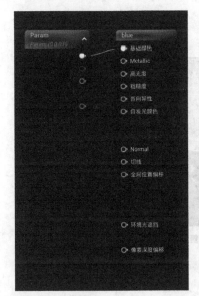

图5.112　连接节点

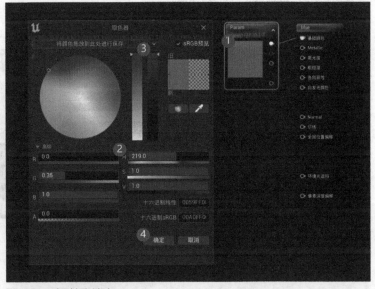

图5.113　赋予材质球颜色

继续新建节点,如图5.114所示。

❶ 按住节点"blue"上的"高光度"前面的引脚"🔘",向外拉出引线。

❷ 在弹出的蓝图节点搜索框中输入"constant"(常数)。

❸ 选择对应的节点。

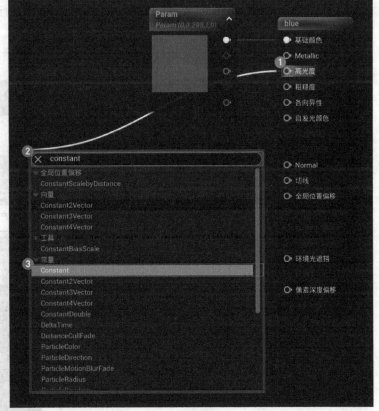

图5.114　新建节点

继续新建节点，如图5.115所示。

❶ 选择节点"Param"，并按住第一个引脚"🔘"，向外拉出连接线。

❷ 在弹出的蓝图节点搜索框中输入"multiply"（乘）。

❸ 选择对应的节点。

继续编写蓝图，如图5.116所示。

❶ 复制之前的"Constant"（常数）节点。

❷ 在"细节"面板中，将"值"属性的数值更改为10.0。

图5.115　继续新建节点

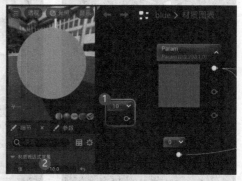

图5.116　复制节点并更改参数

赋予材质球一个自发光的属性，如图5.117所示。

❶ 将"10"节点的引脚"🔘"与"Multiply"节点中"B"的引脚"⬛"连接。

❷ 按住"Multiply"节点的总的引脚"🔘"，拉出引线与材质节点"blue"中"自发光颜色"的引脚"🔘"连接。

单击材质蓝图界面左上角的"保存"按钮，即可对编辑的材质进行保存。至此，已经创建了一个发光材质"blue"，接下来还需要一个红色的发光材质以起警示作用。

复制材质资产"blue"，并将其重命名为"red"，如图5.118所示。

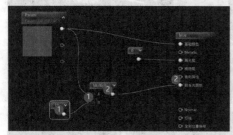

图5.117　连接节点

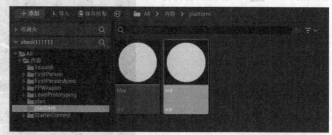

图5.118　复制并重命名材质资产

双击打开材质文件"red"的蓝图，进行颜色替换，如图5.119所示。

❶ 双击"Param"节点的颜色预览区域，此时会弹出"取色器"面板。

❷ 将"H"的值调整为0.0。

❸ 单击"确定"按钮。

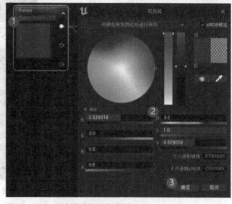

图5.119　对材质进行颜色替换

修改材质球的自发光强度，如图5.120所示。

❶ 选中标题为"10"的常数节点。

❷ 在"细节"面板中将"值"属性的数值更改为5。

单击材质蓝图界面左上角的"保存"按钮，对编辑过的材质进行保存，这样就拥有两个颜色的发光材质资产来进行移动平台的游戏创作了。

下面来到虚幻引擎5主界面的"视口"面板，在这里需要借助预制场景去编辑、创造一个适合添加移动平台的关卡。

选中场景中的模型，分别向两侧移动，让中间形成一个足够大的空地，如图5.121所示。

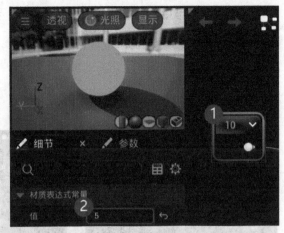

图 5.120　更改材质球的自发光强度

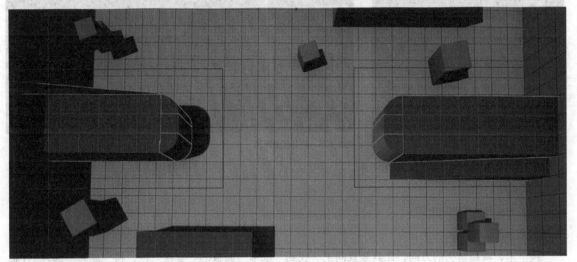

图 5.121　编辑预制地图

在当前关卡中创建一个蓝图类，如图5.122所示。

❶ 在关卡编辑器中找到"蓝图"按钮并单击。

❷ 在下拉菜单的"蓝图类"功能区域中选择"新建空白蓝图类"命令。

在弹出的"选取父类"面板中选择"Actor"，如图5.123所示。

图 5.123　选择"Actor"

图 5.122　新建蓝图类

继续创建蓝图类，并选择合适的文件路径保存，如图5.124所示。

❶ 将新建的蓝图类放在"platform"文件夹中。

❷ 将其命名为"MobilePlatform"。

❸ 单击"保存"按钮。

打开蓝图界面，如图5.125所示。

图5.124 创建蓝图类

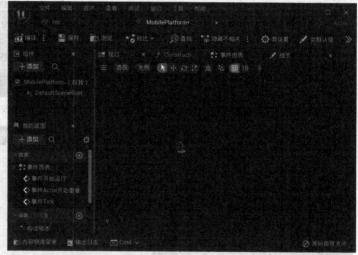

图5.125 打开蓝图界面

创建一个箭头组件，如图5.126所示。

❶ 单击"添加"按钮。

❷ 在搜索框中输入"箭头组件"。

❸ 选择相应的组件。

接下来，调整箭头的方向，让其竖直向上。找到"细节"面板的"变换"栏，将"旋转"属性的y轴值改为90.0°，如图5.127所示。

图5.126 创建箭头组件

图5.127 调整箭头方向

复制箭头组件，然后设置箭头组件之间的距离，以确定移动平台的位移距离，如图5.128所示。

❶ 复制箭头组件"Arrow"。

❷ 选中任意一个箭头组件并将其沿轴移动一段距离，与另外一个箭头组件产生距离。

接下来创建一个立方体，如图5.129所示。

❶ 单击"添加"按钮。

❷ 在搜索框中输入"立方体"。

❸ 选择相应的组件。

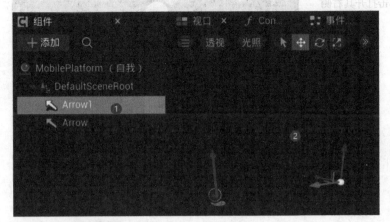

图 5.128　设置箭头距离

图 5.129　新建组件

对立方体进行编辑，使其变成一个平台。

来到"细节"面板的"变换"栏，将"缩放"属性的x、y轴的值都改为1.5，将z轴的值改为0.06，如图5.130所示。

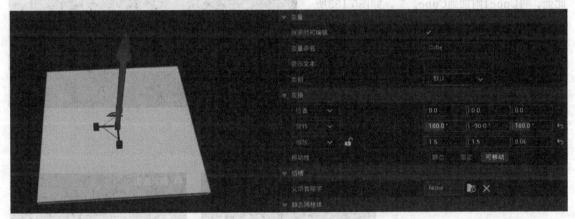

图 5.130　编辑立方体

继续制作移动平台，如图5.131所示。

❶ 复制立方体。

❷ 将新复制的立方体"Cube1"的"缩放"属性进行调整，x、y轴的值都改为1.54，将z轴的值改为0.03。

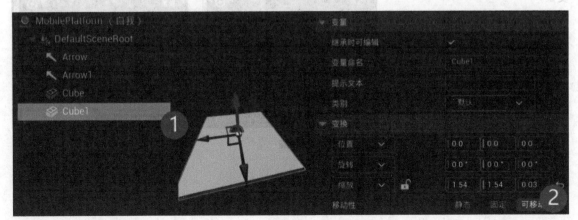

图 5.131　复制立方体并调整参数

赋予立方体"blue"材质，如图5.132所示。

❶ 来到"细节"面板的"材质"栏，单击打开其右侧的下拉菜单。

❷ 选择材质"blue"。

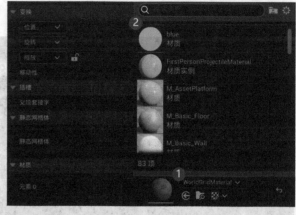

图 5.132 赋予"blue"材质

接下来，建立组件的父子级关系。

在"组件"面板中，将组件"Cube1"拖曳到组件"Cube"上，此时出现提示框"放置到此处，将Cube1附加到Cube。"，如图5.133所示，松开鼠标，组件父子级关系建立成功。

图 5.133 建立父子级关系

新建4个变量以供蓝图编写使用，将蓝图界面中的"视图"面板切换为"事件图表"面板。

新建变量，如图5.134所示。

❶ 来到"我的蓝图"面板，单击"变量"栏的加号按钮，新建布尔变量。

❷ 将新建变量命名为"ease in"。

继续新建变量，如图5.135所示。

❶ 来到"我的蓝图"面板，单击"变量"栏的加号按钮，新建变量。

❷ 将新建变量命名为"moving time"。

图 5.134 新建布尔变量

图 5.135 新建变量

新建的变量并不能正常运行编辑，将它设置可用的......按钮的状态，那样才可以正常运行，如图5.140所示。

❶ 单击 "moving time" 变量的 "布尔" 按钮。

❷ 在弹出的菜单中选择 "浮点"。

继续新建变量，如图5.137所示。

❶ 单击 "变量" 栏的加号按钮，新建变量。

❷ 将新建变量命名为 "stop time"。（因为上一个变量更改为 "浮点"，所以新建变量默认为浮点变量。）

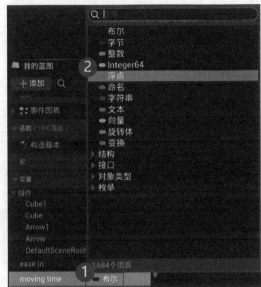

图5.136 编辑新建变量

图5.137 新建变量

继续新建变量，如图5.138所示。

❶ 单击 "变量" 栏的加号按钮，新建变量。

❷ 将新建变量命名为 "active"。

编辑新建变量，如图5.139所示。

❶ 单击 "active" 变量的 "浮点" 按钮。

❷ 在弹出的菜单中选择 "布尔"。

图5.138 新建变量

图5.139 编辑新建变量

新建的变量并不能进行编辑，将变量右侧的"👁"按钮的状态全部调整为"👁"即可全部激活，如图5.140所示。

单击蓝图界面左上角的"编译"按钮，待黄色变为绿色，蓝图即编写成功。

接下来设置变量的参数与属性。

设置变量"moving time"的参数，如图5.141所示。

❶ 选择"我的蓝图"面板中的浮点变量"moving time"。

❷ 来到"细节"面板，将"Moving Time"属性的数值调整为3.0。

图5.140 激活变量　　　　图5.141 调整"moving time"的参数

设置变量"stop time"的参数，如图5.142所示。

❶ 选择"我的蓝图"面板中的浮点变量"stop time"。

❷ 来到"细节"面板，将"Stop Time"属性的数值调整为1.5。

图5.142 调整"stop time"的参数

设置变量"active"的属性，使项目在运行时默认平台移动，如图5.143所示。

❶ 选择"我的蓝图"面板中的布尔变量"active"。

❷ 来到"细节"面板，勾选"Active"选项。

图 5.143　设置变量 "active" 的属性

接下来编写蓝图，实现移动平台的功能。

在来到"事件图表"面板中开始新建节点，如图5.144所示。

❶ 在"事件图表"面板空白处右击，打开蓝图节点搜索框，输入"事件开始运行"。

❷ 选择对应的节点。

图 5.144　新建节点

继续新建节点，如图5.145所示。

❶ 来到"组件"面板，将组件"Cube"拖曳到"事件图表"面板中。

❷ 按住"Cube"节点上的引脚"■"，向外拉出引线。

❸ 在弹出的蓝图节点搜索框中输入"设置世界位置"。

❹ 选择对应的"设置世界位置"节点。

图 5.145　新建节点

按照图5.146所示的红框将节点连接起来。

图5.146　连接节点

继续新建节点，如图5.147所示。

❶ 将组件 "Arrow1" 拖曳到 "事件图表" 面板。

❷ 在弹出的菜单中选择 "获取Arrow1" 命令。

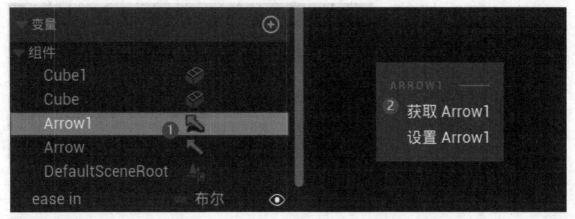

图5.147　新建节点

继续新建节点，如图5.148所示。

❶ 按住 "Arrow1" 节点上的引脚 "⬤"，向外拉出引线。

❷ 在弹出的蓝图节点搜索框中输入 "获取世界位置"。

❸ 选择对应的 "获取世界位置" 节点。

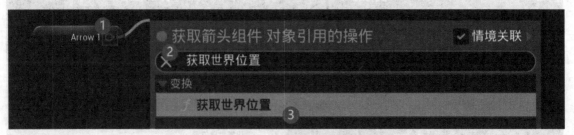

图5.148　新建节点

将 "获取世界位置" 节点上 "Return Value" 的引脚与 "设置世界位置" 节点上 "New Location"（新坐标）的引脚连接，如图5.149所示。

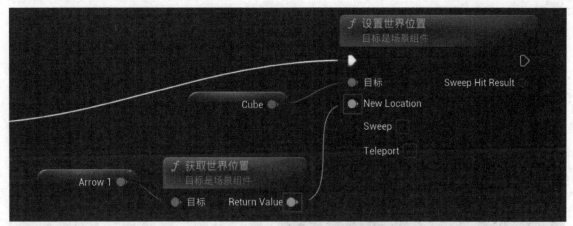

图 5.149　连接节点

新建节点，如图5.150所示。

❶ 按住"设置世界位置"节点上的引脚"▷"，然后向外拉出引线。

❷ 在弹出的蓝图节点搜索框中输入"分支"。

❸ 选择"流程控制"栏中的"分支"节点。

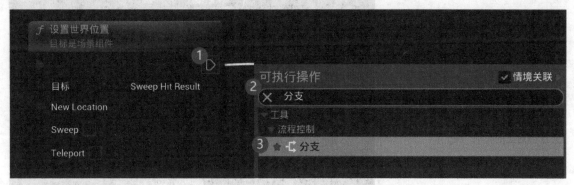

图 5.150　新建节点

编辑蓝图，如图5.151所示。

❶ 选择布尔变量"active"。

❷ 将布尔变量"active"拖曳到"分支"节点的"Condition"选项上。

图 5.151　编辑蓝图

继续编辑蓝图，如图5.152所示。

❶ 来到"组件"面板，将组件"Cube1"拖曳到"事件图表"面板中。

❷ 按住"Cube1"节点上的引脚"■"，然后向外拉出引线。

❸ 在弹出的蓝图节点搜索框中输入"设置材质"。

❹ 选择"材质"栏中的"设置材质"节点。

图 5.152　编辑蓝图

　　下面实现未满足"active"条件进入"False"时,移动平台颜色变红,如图5.153所示。

❶ 将"分支"节点上"False"的引脚"▷"与"设置材质"节点左上角的引脚"▷"连接。

❷ 打开"设置材质"节点的选择资产的菜单。

❸ 在搜索框内输入"red"。

❹ 选择对应的材质"red"。

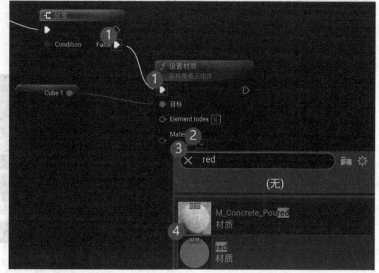

图 5.153　编辑蓝图

　　新建节点,如图5.154所示。

❶ 按住"分支"节点上的"真"的引脚"▷",向外拉出引线。

❷ 在弹出的蓝图节点搜索框中输入"将组件移至"。

❸ 选择对应的"将组件移至"节点。

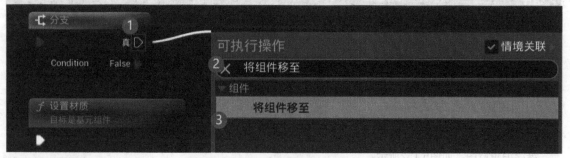

图 5.154　新建节点

　　编辑蓝图,如图5.155所示。

❶ 来到"组件"面板，将组件"Cube"拖曳到"事件图表"面板中。

❷ 将"Cube"节点与"将组件移至"节点的"Component"（组件）选项连接。

图 5.155　编辑蓝图

　　继续编写蓝图，如图5.156所示。

❶ 将组件"Arrow1"拖曳到"事件图表"面板。

❷ 按住"Arrow1"节点上的引脚"■"，然后向外拉出引线。

❸ 在弹出的蓝图节点搜索框中输入"获取relative location"。

❹ 选择对应的"获取Relative Location"节点。

图 5.156　编写蓝图

　　连接节点，如图5.157所示。完成节点连接后，把组件"Aorrow1"放在哪里，平台就会移动到哪里。将"相对位置"引脚与"将组件移至"节点的"Target Relative Location"（目标相对位置）选项相连。

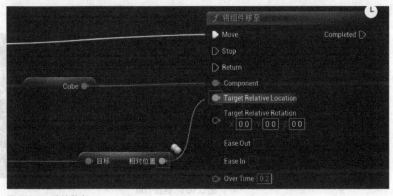

图 5.157　连接节点

　　将变量"ease in"拖曳到"事件图表"面板，在弹出的菜单中选择"获取ease in"，如图5.158所示。

图 5.158　编写蓝图

将 "Ease In" 节点分别与 "将组件移至" 节点的 "Ease Out" 选项和 "Ease In" 选项相连，如图5.159所示。

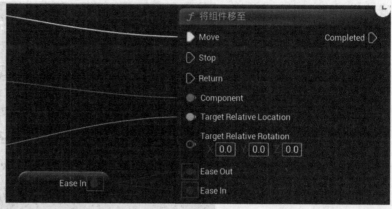

图 5.159　连接节点

继续编写蓝图，如图 5.160所示。

❶ 将变量 "moving time" 拖到 "事件图表" 面板。

❷ 在弹出的菜单中选择 "获取 moving time"。

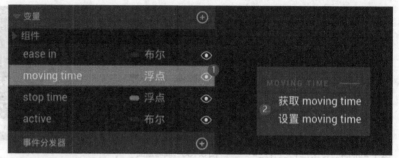

图 5.160　编写蓝图

将 "Moving Time" 节点与 "将组件移至" 节点的 "Over Time" 选项相连，如图5.161所示。

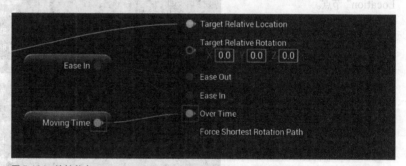

图 5.161　连接节点

新建节点，如图5.162 所示。

❶ 按住 "将组件移至" 节点上 "Completed" 的引脚 "▷"，然后向外拉出引线。

❷ 在弹出的蓝图节点搜索框中输入 "延迟"。

❸ 在 "流控制" 栏中选择对应的 "延迟" 节点。

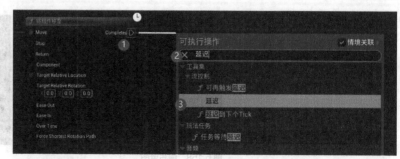

图 5.162　新建节点

编写蓝图，如图5.163所示。

❶ 将变量"stop time"拖曳到"事件图表"面板。

❷ 在弹出的菜单中选择"获取stop time"。

图 5.163　编写蓝图

将"Stop Time"节点与"延迟"节点的"Duration"选项相连接，如图5.164所示。

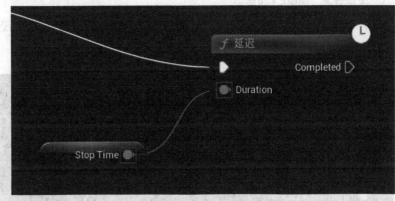

图 5.164　连接节点

新建节点，如图5.165所示。

❶ 按住"延迟"节点的"Completed"的引脚"▷"，然后向外拉出引线。

❷ 在弹出的蓝图节点搜索框中输入"flip flop"（触发器）。

❸ 在"流程控制"栏中选择对应的"Flip Flop"节点。

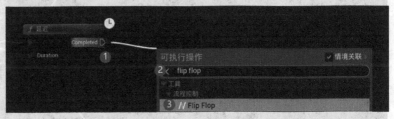

图 5.165　新建节点

将图5.166中框选的节点进行复制。

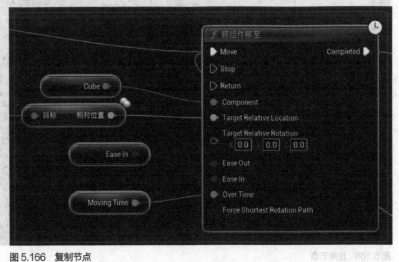

图 5.166　复制节点

编辑蓝图，如图5.167
所示。

❶ 来到"组件"面板，将组件
"Arrow"拖曳至"事件图表"
面板。

❷ 将"Arrow"节点的引脚"■"
与"获取Relative Location"
节点上的"目标"引脚"■"
相连。

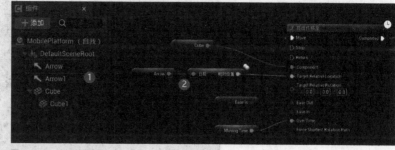

图 5.167　编辑蓝图

连接节点，如图5.168所示。

将下方"将组件移至"节点的"Completed"的引脚"▷"与"延迟"节点左上角的引脚"▷"相
连接。

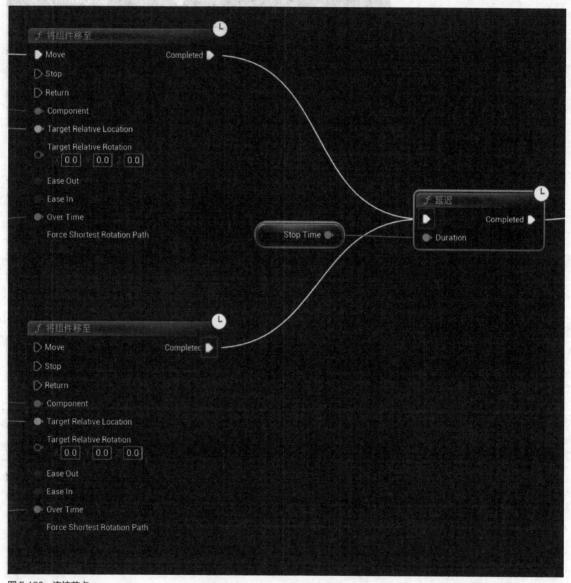

图 5.168　连接节点

继续连接节点，如图5.169所示。

❶ 将下方的"将组件移至"节点上"Move"的引脚"▶"与"Flip Flop"节点上"A"的引脚"▷"相连接。

❷ 将上方的"将组件移至"节点上"Move"的引脚"▶"与"Flip Flop"节点上"B"的引脚"▷"相连接。

单击界面左上角的"编译"按钮，待"编译"显示绿色，项目即可运行。至此，移动平台的蓝图就编写完了。

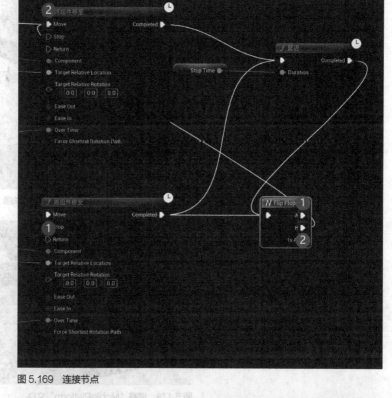

图5.169 连接节点

开始项目运行前的准备工作，如图5.170所示。来到虚幻引擎5主界面，打开"内容浏览器"面板，将"platform"文件夹中的"MobilePlatform"文件拖曳至"视口"面板。

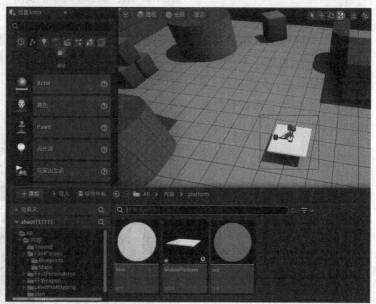

图5.170 将文件拖入"视口"面板

对"MobilePlatform"资产文件进行调整，如图5.171所示，通过"移动"和"缩放"使移动平台正好能够在两个模型中间畅通移动。

在关卡编辑器中单击"运行"按钮，移动平台侧面呈蓝色，如图5.172所示，等待几秒后，平台开始移动，整个过程耗时3秒，到达尽头后停顿1.5秒。如上述效果实现，则设置成功。

图 5.171 调整"MobilePlatform"资产文件

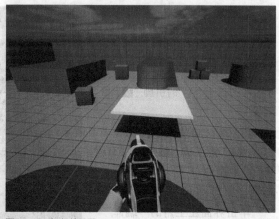

图 5.172 运行效果图

结束运行，接下来通过调试来测试运行另一种状态。

在视口中单击"MobilePlatform"平台，在"细节"面板中取消勾选"默认"栏中的"Active"选项，如图5.173所示。

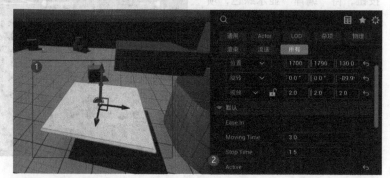

图 5.173 调整"MobilePlatform"文件

在关卡编辑器中单击"运行"按钮，项目运行后，移动平台侧面呈红色，如图5.174所示，平台不移动，则证明设置成功。

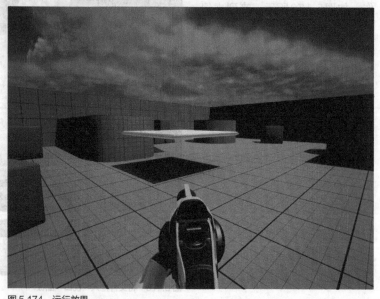

图 5.174 运行效果

5.3.2 压力板制作

该小节将利用前面制作的移动平台制作一个压力板，实现角色踩到压力板上时激活移动平台的功能。

在当前关卡中新建一个蓝图类，如图5.175所示。

❶ 在关卡编辑器中找到"蓝图"按钮并单击。

❷ 在下拉菜单中选择"新建空白蓝图类"命令。

在"选取父类"面板中选择"Actor"，如图5.176所示。

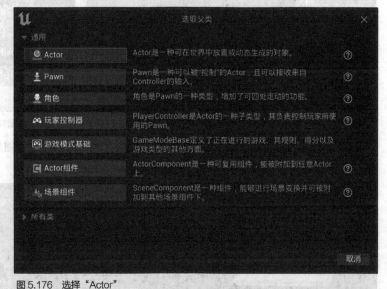

图 5.175　新建蓝图类

图 5.176　选择"Actor"

编辑新建的蓝图类，如图5.177所示。

❶ 将新建的蓝图类放在"platform"文件夹中。

❷ 将其命名为"PressurePlatform"。

❸ 单击"保存"按钮。

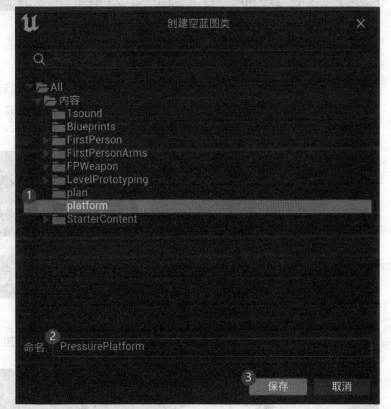

图 5.177　编辑新建的蓝图类

创建一个立方体组件，如图5.178所示。

❶ 在"组件"面板中单击"添加"按钮。

❷ 在搜索框中输入"立方体"。

❸ 选择相应的组件。

将新建的组件命名为"platform",如图5.179所示。

图5.178 新建组件

图5.179 为组件命名

在视口中观察新建的立方体组件的形状,调整"细节"面板的"缩放"的参数,将其x、y轴的值都改为2.0、z轴的值改为0.15,将立方体变为一个平台,如图5.180所示。

图5.180 调整组件

复制组件"platform",重命名为"Luminous",如图5.181所示。

接下来,建立这两个组件的父子级关系。

将组件"Luminous"拖曳到组件"platform"上,若此时出现提示框"放置到此处,将Luminous附加到platform。",如图5.182所示,松开鼠标,组件的父子级关系就建立好了。

图5.181 复制并重命名组件

图5.182 建立父子级关系

选中组件"Luminous",对其进行调整。来到"细节"面板,按照图5.183进行调整。

图5.183 调整组件"Luminous"

创建一个碰撞盒体的组件,如图5.184所示。

❶ 在"组件"面板中单击"添加"按钮。

❷ 在搜索框中输入"box collision"。

❸ 选择"Box Collision"组件。

在新建碰撞盒体组件后，视口中会出现一个黄色的盒体，调整黄色盒体的大小，使这个盒体完全覆盖之前新建的立方体组件，如图5.185所示。

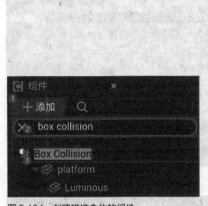

图 5.184　创建碰撞盒体的组件　　　　图 5.185　调整盒体覆盖立方体组件

新建一个变量，如图5.186所示，让它成为移动平台蓝图，供后续使用。

❶ 来到"我的蓝图"面板，单击"变量"栏的加号按钮。

❷ 将新建的变量命名为"bp"。

调整变量的属性，如图5.187所示。

❶ 单击"bp"变量的"布尔"按钮。

❷ 在搜索框中输入"MobilePlatform"。

❸ 选择"MobilePlatform"选项。

图 5.186　新建变量　　　　　　　　图 5.187　调整变量属性

新建的变量并不能进行编辑，所以单击变量"bp"右侧的"✓"按钮，调整为"👁"模式，如图5.188所示。

开始编写蓝图，先创建新的节点，如图5.189所示。

❶ 来到"组件"面板，选择组件"Box"。

❷ 来到"细节"面板，在"事件"栏中单击"组件开始重叠时"的加号按钮。

图5.188　调整变量模式

图5.189　创建新的节点

只有角色去碰撞压力板才会有反馈，所以需要调用新的节点来实现，在这里创建新的类型转换节点，如图5.190所示。

❶ 按住"组件开始重叠时（Box）"节点的"Other Actor"后的引脚"▷"，向外拉出引线。

❷ 在弹出的蓝图节点搜索框中输入"cast to BP_FirstPersonCharacter"。

❸ 选择"类型转换"栏的"类型转换为BP_FirstPersonCharacter"节点。

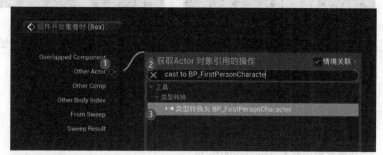

图5.190　新建节点

新建节点，如图5.191所示。

❶ 按住"类型转换为BP_FirstPersonCharacter"节点的引脚，拉出引线。

❷ 在弹出的蓝图节点搜索框中输入"do once"。

❸ 选择"流程控制"栏的"Do Once"节点。

图5.191　新建节点

编写蓝图，如图5.192所示。

❶ 将组件"Luminous"拖曳到"事件图表"面板中。

图5.192　编写蓝图

❷ 按住"Luminous"节点上的引脚"■"，然后向外拉出引线。

❸ 在打开的蓝图节点搜索框中输入"设置材质"。

❹ 在"材质"栏中选择对应的"设置材质"节点。

继续编写蓝图，如图5.193
所示。

❶ 将"Do Once"节点中"Comple-
ted"选项的引脚与"设置材质"节点
左上角的引脚相连。

❷ 打开"设置材质"节点上
"Material"选项的选择资产的下拉
菜单。

❸ 在搜索框中输入"blue"。

❹ 选择对应的材质。

图5.193　编写蓝图

　　接下来打开之前编写的"MobilePlatform"蓝图，在里面创建一个事件分发器，有了事件分发器就可
以让移动平台和压力板相互连接，并在对方的蓝图中触发事件。

　　创建一个事件分发器，如图5.194所示。

❶ 来到"我的蓝图"面板，单击"事件分发器"栏的加号按钮。

❷ 将新建的事件分发器命名为"activate plate"。

　　将创建的事件分发器添加到"事件图表"面板，如图5.195所示。

❶ 将事件分发器"activate plate"拖曳到"事件图表"面板中。

❷ 在弹出的菜单中选择"绑定"命令。

图5.194　创建事件分发器

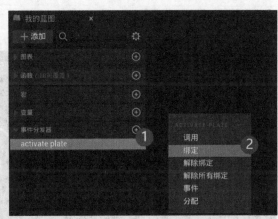

图5.195　将事件分发器添加到"事件图表"面板

　　将图5.196所示的"事件开始运行"节点与"分支"节点之间的引线删除。

　　连接节点，如图5.197所示。

图5.196　删除引线

图5.197　连接节点

　　新建节点，如图5.198所示。

❶ 按住"绑定事件到Activate Plate"节点上的引脚"⬛",然后向外拉出引线。

❷ 在弹出的蓝图节点搜索框中输入"添加"。

❸ 在"添加事件"栏中选择对应的"添加自定义事件"节点。

将新节点命名为"activate",如图5.199所示。

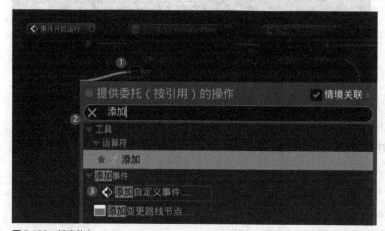

图5.198 新建节点

图5.199 为节点命名

编写蓝图,如图5.200所示。

❶ 在"组件"面板中将组件"Cube1"拖曳到"事件图表"面板中。

❷ 按住"Cube1"节点上的引脚"⬛",然后向外拉出引线。

❸ 在弹出的蓝图节点搜索框中输入"设置材质"。

❹ 在"材质"栏中选择对应的"设置材质"节点。

图5.200 编写蓝图

选择材质资产,如图5.201所示。

❶ 打开"设置材质"节点中"Material"选项的下拉菜单。

❷ 选择"blue"材质。

连接节点,如图5.202所示。(该蓝图有两个一样的"将组件移至"节点,注意区分。)

图 5.201 选择资产

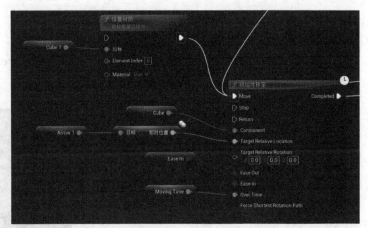

图 5.202 连接节点

继续连接节点，如图5.203
所示。

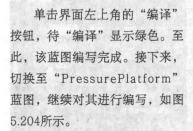

图 5.203 连接节点

单击界面左上角的"编译"
按钮，待"编译"显示绿色。至
此，该蓝图编写完成。接下来，
切换至"PressurePlatform"
蓝图，继续对其进行编写，如图
5.204所示。

❶ 来到"我的蓝图"面板，将"bp"
组件拖曳到"事件图表"面板中。

❷ 在弹出的菜单中选择"获取bp"
命令即可。

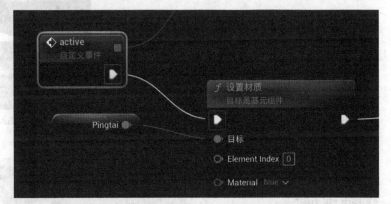

图 5.204 编写蓝图

新建节点，如图5.205所示。

❶ 按住"Bp"节点上的引脚"●"，
然后向外拉出引线。

❷ 在弹出的蓝图节点搜索框中输入
"调用"。

❸ 在"默认"栏中选择对应的节点。

图 5.205 新建节点

连接节点，如图5.206所示。

单击界面左上角的"编译"按钮，待"编译"显示绿色。至此，该压力板的蓝图编写完成。

来到虚幻引擎主界面，打开"内容浏览器"面板，将蓝图"PressurePlatform"直接拖曳到视口中，如图5.207所示，可以根据个人喜好对压力板大小进行调整。

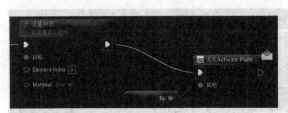

图5.206　连接节点

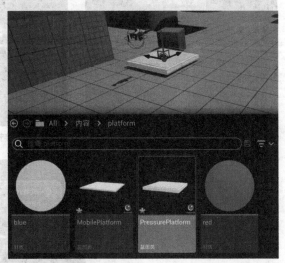

图5.207　将文件拖入视口

完善压力板功能，如图5.208所示。

❶选中"压力板"。

❷来到"细节"面板，在"默认"栏中单击"Bp"属性中的吸管按钮，此时将鼠标指针移动至视口，鼠标指针变成吸管的形状。

❸用"吸管"去选取移动平台。

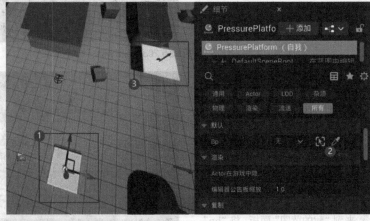

图5.208　完善压力板功能

当选取成功后，"Bp"选项旁边的方框内会显示移动平台的文件名，如图5.209所示，"MobilePlatform"。

图5.209　选取成功后会显示文件名

为了防止移动平台自动运行，必须关掉激活状态，如图5.210所示。

❶选中移动平台。

❷来到"细节"面板，取消勾选"Active"选项。

图 5.210　调试移动平台

　　在关卡编辑器中单击"运行"按钮，项目运行后，压力板为白色，移动平台呈红色，且不移动。当站上压力板或与压力板产生碰撞时，压力板变为蓝色，同时移动平台也被激活变为蓝色，开始移动，效果如图5.211所示。若出现上述效果则证明编写成功，项目顺利运行。

图 5.211　运行效果

5.3.3　添加音频

　　下面将为制作的压力板和移动平台添加音效，在角色与压力板发生碰撞后发出启动的音效，在移动平台运行的同时也持续发出音效。

　　将附件中的音频文件"go"和"begin"导入项目中，放到"1sound"文件夹中，如图5.212所示。

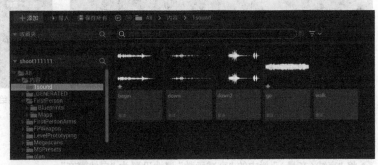

图 5.212　添加音频到项目

双击打开音频文件"go"，在"细节"面板中，勾选"音效"栏中的"正在循环"选项并保存，如图5.213所示。

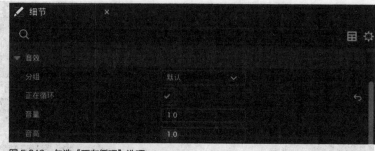

图5.213 勾选"正在循环"选项

接下来打开蓝图"Pressure Platform"，进行蓝图编写。

来到"组件"面板，添加一个音频组件，如图5.214所示。

❶ 单击"添加"按钮。

❷ 选择"音频组件"。

将新建的音频组件命名为"begin sound"，如图5.215所示。

图5.214 添加音频组件

图5.215 为音频组件命名

将新建的音频组件"begin sound"放到组件"platform"中，建立父子级关系，如图5.216所示。

在选中组件"begin sound"的同时，在右侧的"细节"面板中进行音频选择，如图5.217所示。

❶ 打开"音效"栏中的"音效"下拉菜单。

❷ 在搜索框中输入"begin"。

❸ 选择对应的音频。

图5.216 为组件建立父子级关系

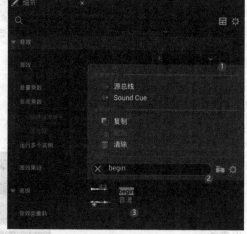

图5.217 给组件添加音频

调节参数，如图5.218所示。

❶ 勾选"衰减"栏中的"重载衰减"选项。

❷ 将"衰减（音量）"栏中的"衰减函数"属性设置为"自然声音"。

③ 将界面中间切换为"视口"面板,将"内部半径"和"衰减距离"属性进行调整,原则上,让小的球体正好覆盖住压力板即可,大的球体半径为小的球体的3倍左右。

④ 在"衰减(空间化)"栏中,将"空间化方法"属性设置为"双声道"。

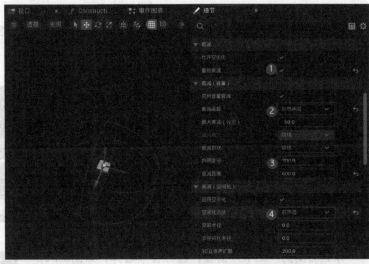

图 5.218　调节参数

继续调节参数,取消勾选"激活"栏中的"自动启用"选项,如图5.219所示。

图 5.219　调节参数

设置好音频后,开始进行蓝图的编写。新建节点,如图5.220所示。

① 来到"组件"面板,将组件"begin sound"拖曳至"事件图表"面板。

② 按住"Begin Sound"节点的引脚,向外拉出引线。

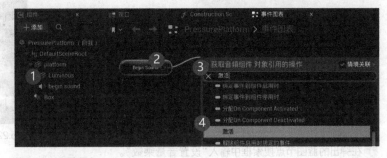

图 5.220　新建节点

③ 在弹出的蓝图节点搜索框中输入"激活"。

④ 选择对应的节点。

接着,按照图5.221所示连接节点。

单击界面左上角的"编译"按钮,待"编译"显示绿色。

打开蓝图"MobilePlatform"进行编写。

来到"组件"面板,添加一个音频组件,如图5.222所示。

① 单击"添加"按钮。

② 选择"音频组件"。

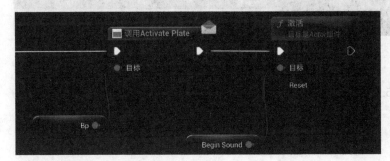

图 5.221　连接节点

图 5.222　添加音频组件

将新建的音频组件命名为"function"，如图5.223所示。

将新建的音频组件"function"放到组件"Cube"中，建立父子级关系，如图5.224所示。

图5.223 为音频组件命名　　　　图5.224 为组件建立父子级关系

来到右侧的"细节"面板，进行音频选择，如图5.225所示。

❶ 打开"音效"栏中的"音效"下拉菜单。

❷ 在搜索框中输入"go"。

❸ 选择对应的音频。

除了取消勾选"激活"栏中的"自动启用"选项的设置，其他的音频组件参数完全参考前面的音频组件"begin sound"的设置。设置好音频后，开始进行蓝图的编写。

新建节点，如图5.226所示。

❶ 来到"组件"面板，将组件"function"拖曳至"事件图表"面板。

❷ 按住"Function"节点上的引脚"■"，然后向外拉出引线。

❸ 在弹出的蓝图节点搜索框中输入"设置音量乘数"。

❹ 选择对应的节点。

图5.225 给组件添加音频

图5.226 新建节点

按照图5.227所示连接节点。

对框选的节点进行复制，如图5.228所示。

图5.227　连接节点　　　　　　　　　　　　　　　　　图5.228　复制节点

先删除"设置材质"节点和"将组件移至"节点之间的引线，再按照图5.229所示进行节点连接。

❶ 将"设置材质"节点上右边的引脚"▷"与"设置音量乘数"节点左边的引脚"▷"相连。

❷ 将"设置音量乘数"节点上右边的引脚"▷"与"将组件移至"节点上"Move"的引脚"▷"相连。

下面对节点参数进行调整，如图5.230所示。

将"设置音量乘数"节点的"New Volume Multiplier"选项调整为1.0。

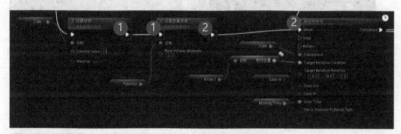

图5.229　连接节点　　　　　　　　　　　　　　　　　图5.230　调整节点参数

单击界面左上角的"编译"按钮，待"编译"显示绿色。

在关卡编辑器中单击"运行"按钮，项目运行后，操控角色踩上压力板，压力板变蓝并发出启动的音效，同时，移动平台也被激活，开始运行并发出运行的音效，如图5.231所示。

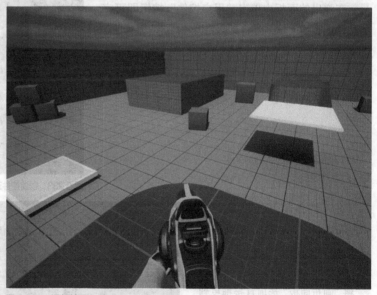

图5.231　运行效果

5.4　制作失败界面

通过前面的练习，相信大家对蓝图系统有了一定了解。下面来到之前制作的象鼻山场景进行蓝图编写，制作具有良好视觉效果的地刺和游戏结束画面。

5.4.1 编辑控件蓝图

在该小节，将带领大家编写一个具有淡入淡出效果的动画。

新建一个名为"thorn"（刺）的文件夹来存放资产。

创建一个控件蓝图，如图5.232所示。

❶ 打开"内容浏览器"面板，在空白处右击。

❷ 在菜单中选择"用户界面"里的"控件蓝图"命令。

图 5.232 新建控件蓝图

继续创建控件蓝图，如图5.233所示。

在弹出的面板中单击"用户控件"按钮即可完成控件蓝图的创建，并将其命名为"fade"。

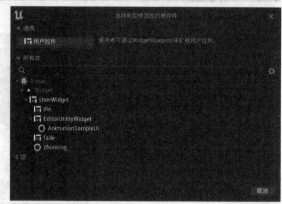

图 5.233 创建控件蓝图

进入控件蓝图，创建一个"画布面板"，如图5.234所示。

❶ 来到"控制板"面板，选择"面板"栏中的"画布面板"选项。

❷ 将"画布面板"选项直接拖曳到蓝图设计器面板中去。

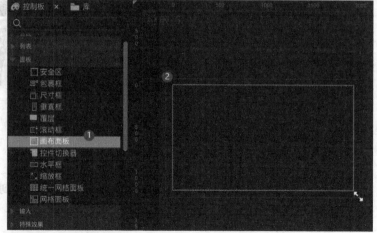

图 5.234 创建"画布面板"

编辑"画布面板",如图 5.235所示。

❶ 在"控制板"面板中找到"特殊效果"栏中的"背景模糊"控件。

❷ 将"背景模糊"控件直接拖曳到蓝图设计器面板中,并调整大小使其覆盖"画布面板"。

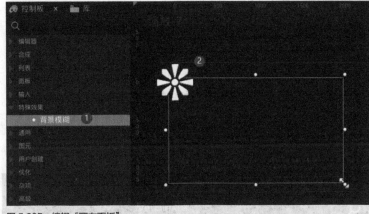

图 5.235 编辑"画布面板"

选择锚点的模式,如图5.236所示。

❶ 来到"细节"面板,打开"锚点"下拉菜单。

❷ 选择右下角的水平和垂直拉伸方式,这样可以与视口的大小相同。

继续编辑"画布面板",如图5.237所示。

❶ 来到"控制板"面板,找到"图像"。

❷ 将"图像"控件直接拖曳到蓝图设计器面板中。

❸ 在"层级"面板中,将"图像"放到"背景模糊"下面,使其形成父子级关系。

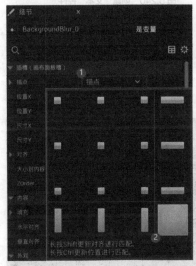

图 5.236 选择锚点的模式

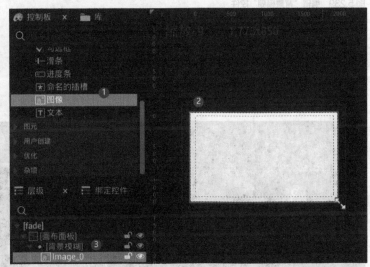

图 5.237 编辑"画布面板"

调整"图像"的颜色,如图5.238所示。

❶ 来到"细节"面板,单击"颜色和不透明度"旁的色块。

❷ 弹出"取色器"面板,将"值"竖条的指针直接拉到底,调整灰度。

❸ 将"A"(不透明度)调整为0.6。

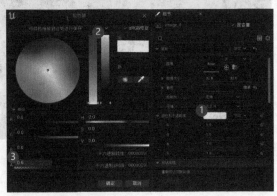

图 5.238 调整"图像"的颜色

编辑"背景模糊"控件，如图5.239所示。

❶ 在"层级"面板里选中"背景模糊"。

❷ 在"细节"面板中，找到"外观"栏，将"模糊强度"属性调整到39.0。

接下来创建一个"文本"控件，如图5.240所示。

❶ 来到"控制板"面板，选择"通用"栏中的"文本"控件。

❷ 将其拖曳到"层级"面板中，并放在"画布面板"层级下。

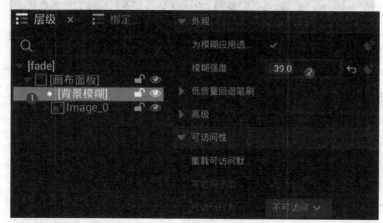

图 5.239　编辑"背景模糊"控件

图 5.240　创建"文本"控件

调整"文本"控件的位置，如图5.241所示。

❶ 来到"细节"面板，打开"锚点"下拉菜单。

❷ 选择中间的"中心/中心"选项。

❸ 来到蓝图设计器面板，将文本框调整到"画布面板"中心。

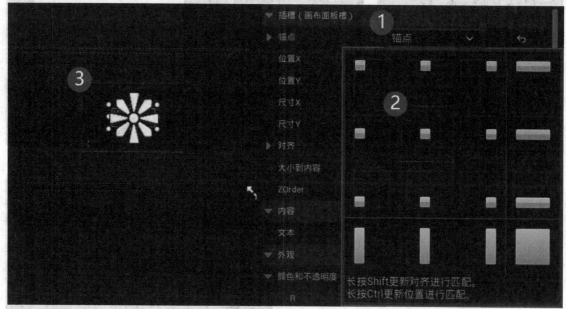

图 5.241　调整"文本"控件

继续调整"文本"控件，如图5.242所示。

❶ 来到"细节"面板，在"文本"属性中输入"游戏结束"。

❷ 在"字体"栏中将"尺寸"调整为200。

继续调整"文本"控件，如图5.243所示。

找到"对齐"属性，单击"将文本中对齐"按钮，保证其在"画布面板"正中间。

图5.242 继续调整"文本"控件

图5.243 继续调整"文本"控件

接下来，编辑复制出的"文本"控件，如图5.244所示。将前面的"文本"进行复制，新的"文本"控件拥有之前的文本设定。

❶ 来到"细节"面板，在"文本"属性中输入"按下'空格'重新开始"。

❷ 在"字体"栏，将"尺寸"属性调整为40。

❸ 在蓝图设计器面板中调整文本，保证其在"画布面板"中间靠下的位置。

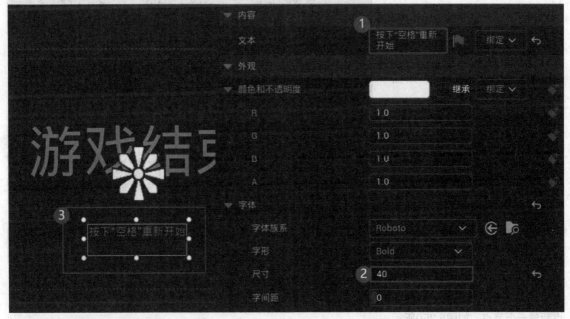

图5.244 编辑复制出的"文本"控件

单击界面左上角的"编译"按钮，待"编译"显示绿色。

新建动画序列，如图5.245
所示。

❶ 在"动画"面板中单击"动画"按
钮，将创建的"动画"命名为"die"。

❷ 单击"轨道"按钮。

❸ 在弹出的菜单中选择"画布面
板"命令。

图 5.245　新建动画序列

编辑动画序列，如图5.246
所示。

❶ 单击"轨道"按钮。

❷ 在弹出的菜单中选择"渲染不透
明度"命令。

图 5.246　编辑动画序列

继续编辑动画序列，如图
5.247所示。

单击"渲染不透明度"轨道
右侧的"+"按钮添加新的关键帧，
并将这里的不透明度调整为0.0。

图 5.247　编辑动画序列

继续编辑动画序列，如图
5.248所示。

❶ 将时间轴指针移动至0.4s。

❷ 单击"渲染不透明度"轨道右侧
的"+"按钮添加新的关键帧。

❸ 将这里的不透明度调整为0.6。

图 5.248　编辑动画序列

完成淡入淡出的动画效果后，来到界面的右上角，单
击"图表"按钮，将蓝图设计器模式切换为图表编辑模
式，如图5.249所示。

图 5.249　切换编辑模式

开始编写蓝图，先利用蓝图编辑器自带的"事件构造"节
点新建一个节点，如图5.250所示。

❶ 按住"事件构造"节点的引脚"▶"，向外拉出引线。

❷ 在弹出的蓝图节点搜索框中输入
"播放动画"。

❸ 在"动画"栏中选择对应的"播放动画"节点。

图 5.250 新建节点

继续编辑蓝图,如图5.251
所示。

❶ 来到"我的蓝图"面板,选择"变量"栏下的"die"选项,并将它拖曳到"事件图表"面板中。

❷ 在弹出的菜单中选择"获取die"命令。

图 5.251 编辑蓝图

根据图5.252所示连接节点。

再次新建节点,如图5.253
所示。

❶ 在空白处右击打开蓝图节点搜索框,在搜索框中输入"获取玩家控制器"。

❷ 在"游戏"栏中选择对应的"获取玩家控制器"节点。

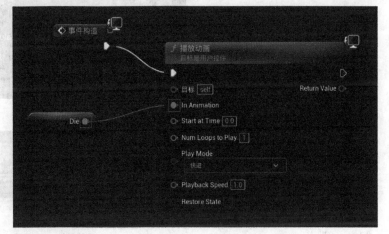

图 5.252 连接节点

继续新建节点,如图5.254所示。

❶ 按住"获取玩家控制器"节点的引脚"█",向外拉出引线。

❷ 在打开的蓝图节点搜索框中输入"刚按下输入键"。

❸ 选择对应的"刚按下输入键"节点。

图 5.253 新建节点　　　　　　　　　　图 5.254 新建节点

继续调整节点,如图5.255所示。

❶ 打开"刚按下输入键"节点上"Key"的"选择键值"菜单。

❷ 在搜索框中输入"空格键"。

❸ 选择"空格键"。

图 5.255 调整节点

新建节点，如图5.256所示。

❶ 按住"事件Tick"节点的引脚"▷"，然后向外拉出引线。

❷ 在弹出的蓝图节点搜索框中输入"分支"。

❸ 在"流程控制"栏中选择对应的"分支"节点。

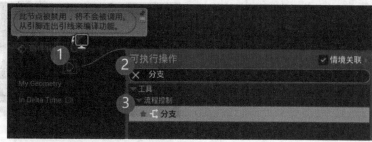

图 5.256　新建节点

根据图5.257所示连接节点。

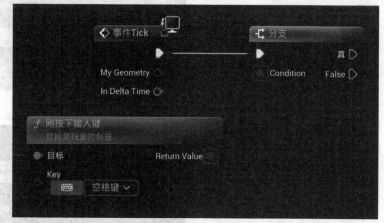

图 5.257　连接节点

继续新建节点，如图5.258所示。

❶ 按住"分支"节点上"真"的引脚"▷"，然后向外拉出引线。

❷ 在弹出的蓝图节点搜索框中输入"do once"。

❸ 在"流程控制"栏中选择对应的"Do Once"节点。

图 5.258　继续新建节点

继续新建节点，如图5.259所示。

图 5.259　新建"创建控件"节点

❶ 按住"Do Once"节点上"Completed"的引脚"▷"，然后向外拉出引线。

❷ 在弹出的蓝图节点搜索框中输入"创建控件"。

❸ 在"用户界面"栏中选择对应的"创建控件"节点。

对新建的节点进行编辑，如图5.260所示。

❶ 打开"构建NONE"节点上的"Class"下拉菜单。

❷ 在搜索框中输入"fade"。

❸ 选择"fade"。

图 5.260　对新建的节点进行编辑

继续新建节点，如图5.261
所示。

❶ 按住"创建Fade控件"节点上
"Return Value"的引脚"◉"，然
后向外拉出引线。

❷ 在弹出的蓝图节点搜索框中输入
"添加到视口"。

❸ 在"用户界面"栏中选择对应的
"添加到视口"节点。

图5.261　新建"添加到视口"节点

新建节点，如图5.262所示。

❶ 按住"创建Fade控件"节点上
"Return Value"的引脚"◉"，然
后向外拉出引线。

❷ 在弹出的蓝图节点搜索框中输入
"获取die"。

❸ 在"变量"栏中选择对应的"获
取die"节点。

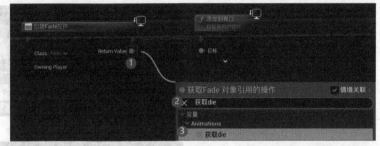

图5.262　新建节点

继续新建节点，如图5.263
所示。

❶ 按住"创建Fade控件"节点上
"Return Value"的引脚"◉"，然
后向外拉出引线。

❷ 在弹出的蓝图节点搜索框中输入
"播放动画"。

❸ 在"动画"栏中选择对应的"播
放动画"节点。

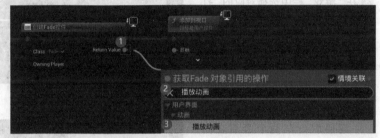

图5.263　新建"播放动画"节点

根据图5.264所示连接节点。

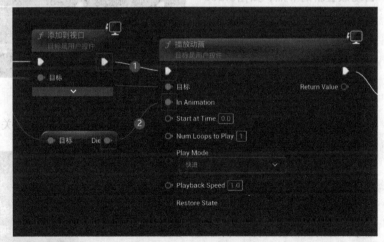

图5.264　连接节点

继续新建节点，如图5.265
所示。

❶ 按住"播放动画"节点右侧的引
脚"▷"，向外拉出引线。

❷ 在弹出的蓝图节点搜索框中输入
"延迟"。

❸ 在"流控制"栏中选择对应的
"延迟"节点。

图5.265　新建"延迟"节点

继续新建节点，如图5.266
所示。

❶ 按住"延迟"节点上"Completed"
的引脚"▷"，向外拉出引线。

❷ 在弹出的蓝图节点搜索框中输入
"获取当前关卡名"。

❸ 在"游戏"栏中选择对应的"获
取当前关卡名"节点。

图5.266　新建节点

继续新建节点，如图5.267
所示。

❶ 按住"获取当前关卡名"节点的
引脚"▷"，向外拉出引线。

❷ 在弹出的蓝图节点搜索框中输入
"打开关卡"。

❸ 在"游戏"栏中选择对应的"打
开关卡（按名称）"节点。

图5.267　新建节点

根据图5.268所示连接节点。

图5.268　连接节点

连接后会在两个节点之间
自动放置新的节点，如图5.269
所示。

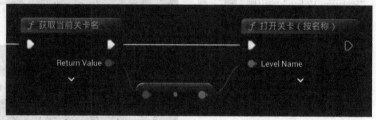

图5.269　放置的新节点

单击左上角的"编译"按钮，待"编译"显示绿色。接下来进入关卡蓝图编写一个简单的蓝图，以验
证设置好的蓝图是否可行。

先回到虚幻引擎主界面，打开关卡蓝图，如图
5.270所示。

❶ 在关卡编辑器中找到"蓝图"按钮并单击。

❷ 在下拉菜单中选择"打开关卡蓝图"命令。

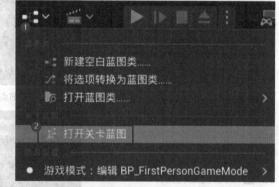

图5.270　打开关卡蓝图

新建节点，如图5.271所示。

❶ 在面板空白处右击打开蓝图节点搜索框，在搜索框中
输入"1"。

❷ 在"键盘个事件"栏中选择对应的"1"节点。

进入控件蓝图"fade"去复制节点，如图5.272所示。选择"创建Fade控件"节点和"添加到视口"
节点进行复制。

图 5.271　新建节点

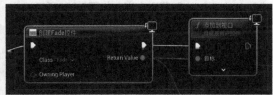

图 5.272　复制节点

将复制的节点粘贴到关卡蓝图中，根据图 5.273所示连接节点。

单击界面左上角的"编译"按钮，待"编译"显示绿色。

图 5.273　连接节点

来到虚幻引擎主界面，在关卡编辑器中单击"运行"按钮，项目运行后，在键盘上按"1"键，此时屏幕会缓缓显示游戏结束画面，如图5.274所示。按空格键，即回到初始画面重新开始。如能实现上述效果，则证明设置成功。

图 5.274　运行效果

5.4.2　制作障碍物

接下来创建一个地刺系统，当角色触碰到时会触发游戏结束画面。

创建一个蓝图类，如图5.275所示。

❶ 在关卡编辑器中找到"蓝图"按钮并单击。

❷ 选择"新建空白蓝图类"命令。

在"选取父类"面板中选择"Actor"，如图5.276所示。

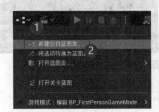

图 5.275　新建空白蓝图类

图 5.276　选择"Actor"

命名并保存新建的蓝图类，如图5.277所示。

❶ 将新建的蓝图类放在"thorn"文件夹中。

❷ 将其命名为"thorn"。

❸ 单击"保存"按钮。

在进入蓝图编辑前，先进入虚幻引擎5自带的"Quixel Bridge"获取内容，如图5.278所示。

❶ 在搜索框输入"Spike"（尖刺）并搜索。

❷ 选择"PALISADE SPIKE"（栅栏刺）。

❸ 单击"Downloaded"按钮。

❹ 下载成功后，单击"Add"按钮，将其添加到项目中。

进入蓝图"thorn"添加组件，如图5.279所示。

❶ 来到"组件"面板，单击"添加"按钮。

❷ 在搜索框输入"静态网格体组件"。

❸ 选择对应的"静态网格体组件"。

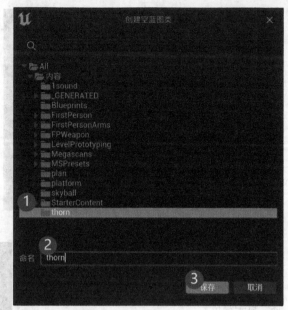

图 5.277　命名并保存新建的蓝图类

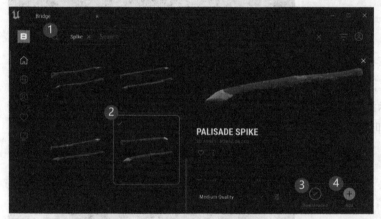

图 5.278　将数字资产添加到项目中

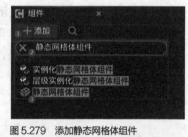

图 5.279　添加静态网格体组件

将新建的组件命名为"thorn"，并为其添加静态网格体，如图5.280所示。

❶ 选中组件"thorn"。

❷ 来到"细节"面板，打开"静态网格体"属性中的下拉菜单。

❸ 在搜索框中输入"palisade spike"。

❹ 选择对应的资产。

图 5.280　添加静态网格体

将地刺进行复制，并进行调整，如图5.281所示。

❶ 来到"组件"面板，将组件"thorn"复制6份。

❷ 在视口中进行调整,让其摆放看上去自然些。

继续添加组件,如图5.282所示。

❶ 来到"组件"面板,单击"添加"按钮。

❷ 在搜索框输入"box"。

❸ 选择"Box Collision"。

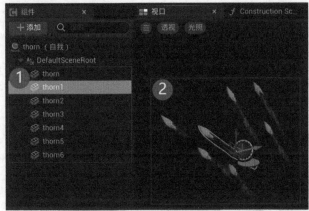

图5.281 调整地刺

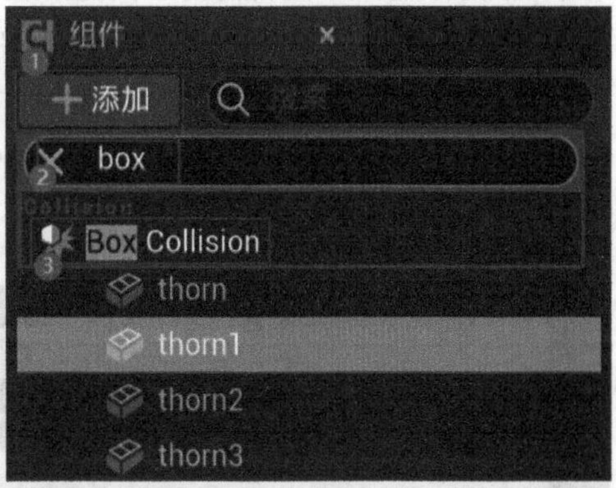

图5.282 添加"Box Collision"组件

来到视口,调整"Box Collision"组件,使方框能包含地刺,如图5.283所示。

对新建组件进行编辑,如图5.284所示。

❶ 在"组件"面板选中"Box"组件。

❷ 来到"细节"面板,在"事件"栏中单击"组件开始重叠时"旁边的加号按钮。

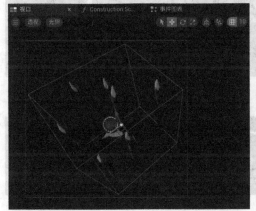

图5.283 调整组件

图5.284 编辑组件

开始编辑蓝图,新建节点,如图5.285所示。

❶ 按住"组件开始重叠时(Box)"节点的"Other Actor"的引脚"■",然后向外拉出引线。

❷ 在弹出的蓝图节点搜索框中输入"类型转换为BP_FirstPersonCharacter"。

❸ 选择"类型转换为BP_FirstPersonCharacter"节点。

图5.285 新建节点

新建节点，如图5.286所示。

❶ 按住 "类型转换为 BP_FirstPersonCharacter" 节点右上角的引脚 "▶"，向外拉出引线。

❷ 在弹出的蓝图节点搜索框中输入 "do once"。

❸ 选择 "流程控制" 栏中的 "Do Once" 节点。

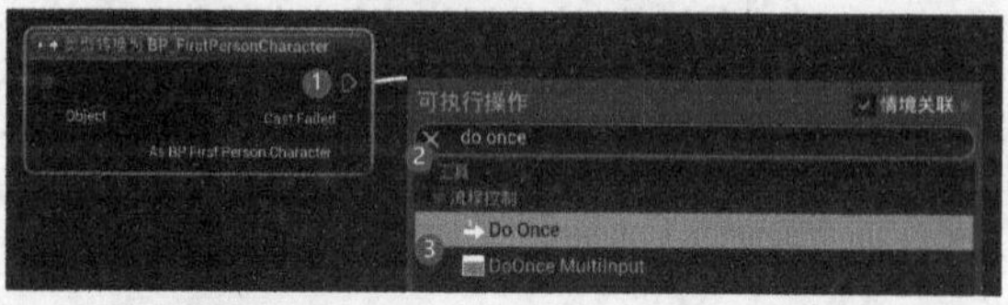

图 5.286 新建节点

新建节点，如图5.287所示。

❶ 在空白处右击打开蓝图节点搜索框，在搜索框中输入 "获取玩家控制器"。

❷ 在 "游戏" 栏中选择对应的 "获取玩家控制器" 节点。

新建节点，如图5.288所示。

❶ 在空白处右击打开蓝图节点搜索框，在搜索框中输入 "禁用输入"。

❷ 在 "输入" 栏中选择对应的 "禁用输入" 节点。

图 5.287 新建节点

图 5.288 新建节点

根据图5.289所示连接节点。

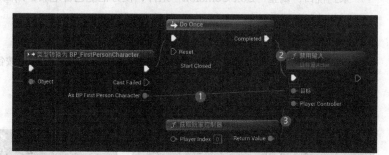

图 5.289 连接节点

新建节点，如图5.290所示。

❶ 按住 "禁用输入" 节点的引脚 "▶"，向外拉出引线。

❷ 在弹出的蓝图节点搜索框中输入 "创建控件"。

❸ 选择对应的 "创建控件" 节点。

图 5.290 新建节点

对新建的节点进行编辑，如图5.291所示。

❶ 打开 "构建NONE" 节点上的 "Class" 下拉菜单。

❷ 在搜索框中输入 "fade"。

❸ 选择 "fade"。

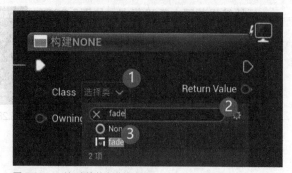

图 5.291 对新建的节点进行编辑

继续新建节点，如图5.292
所示。

❶ 按住"创建Fade控件"节点上
"Return Value"的引脚"▣"，然
后向外拉出引线。

❷ 在打开的蓝图节点搜索框中输入
"添加到视口"。

❸ 在"视口"栏中选择对应的"添
加到视口"节点。

图 5.292　新建"添加到视口"节点

继续新建节点，如图5.293
所示。

❶ 按住"添加到视口"节点右上角
的引脚"▷"，向外拉出引线。

❷ 在弹出的蓝图节点搜索框中输入"播放音效2d"。

图 5.293　新建节点

❸ 选择"音频"栏中的"播放音效2D"节点。

　　在进行接下来的操作之前，先将附件中提供的音频"惨叫"导入，添加音效。

　　选择"惨叫"音效，如图5.294所示。

❶ 在"播放音效2D"节点上，打开"Sound"下拉菜单。

❷ 选择"惨叫"音效。

　　单击界面左上角的"编译"按钮，待"编译"显示绿色。

　　来到虚幻引擎主界面，将地刺添加到场景中，如图5.295所示。

❶ 打开"内容浏览器"面板，选择"thorn"。

❷ 将其拖曳至场景中，并进行调整。

图 5.294　选择音频

图 5.295　将地刺添加到场景中

在关卡编辑器中单击"运行"按钮，项目运行后，角色碰到地刺，则会弹出游戏结束画面，如图5.296所示，同时播放音频。此时玩家不能行动，按空格键即回到初始画面，重新开始游戏。如能实现上述效果，则证明设置成功。

图5.296　运行效果

5.5 关卡设计

本节会进一步讲解蓝图系统，在上一节的基础上继续对游戏项目进行优化。下面将制作一个钱币收集和统计系统，只有在收集完钱币后才能进入下一关卡。同时制作一个可以进行"穿越"的门作为关卡的切换道具，并配上过场动画和相应的音效来丰富游戏项目。

5.5.1　制作关卡启动门及界面UI

该小节将带领读者编写一个具有切换关卡功能的"石之门"雏形，以及显示在游戏界面中统计钱币的UI和淡入淡出小动画。

以"门"作为关卡转换的节点，首先来到象鼻山场景，在这里搭建一个"石之门"。

打开"内容浏览器"面板，进入"象鼻山"文件夹，选择岩石素材进行搭建，如图5.297所示。

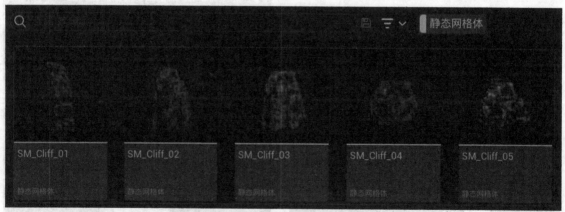

图5.297　选择搭建素材

通过复制和调整，搭建一个简易的"石之门"，如图5.298所示。为了便于管理，也可以将场景中的资产整理到一个文件夹中。

将"石之门"放置于场景之中，周围用植物进行点缀，如图5.299所示。

图 5.298　搭建"石之门"

图 5.299　置于场景中的"石之门"

创建一个蓝图类，如图5.300所示。

❶ 在关卡编辑器中找到"蓝图"按钮并单击。

❷ 在菜单的"蓝图类"功能区域中选择"新建空白蓝图类"命令。

在"选取父类"面板中选择"Actor"，如图5.301所示。

编辑新建的蓝图类，如图5.302所示。

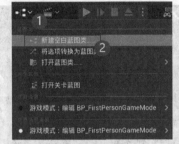

图 5.300　新建蓝图类

图 5.301　选择"Actor"

❶ 将新建的蓝图类放在"Blueprints"文件夹中。

❷ 将其命名为"door"。

❸ 单击"保存"按钮。

打开新建的蓝图"door"，并添加一个"立方体"组件，如图5.303所示。

❶ 单击"添加"按钮。

❷ 在搜索框中输入"立方体"。

❸ 选择对应的组件。

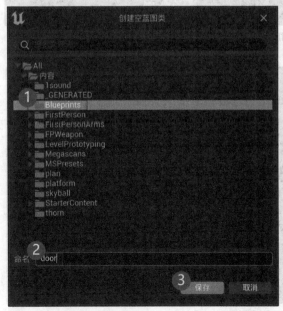

图 5.302　命名并保存新建蓝图类

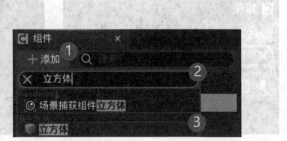

图 5.303　新建组件

编辑该组件，如图5.304
所示。

❶ 将组件命名为"door"。

❷ 来到视口，将立方体调整成扁平
的长方体。

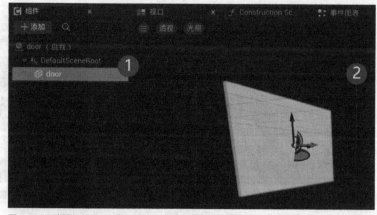

图 5.304　编辑组件

设置默认材质，如图5.305
所示。

❶ 来到"细节"面板，在"材质"栏
中打开"元素0"属性的下拉菜单。

❷ 选择之前创建的材质"red"。

创建一个盒体碰撞组件，
如图5.306所示。

❶ 单击"添加"按钮。

❷ 在搜索框中输入"box"。

❸ 选择"Box Collision"。

图 5.305　设置默认材质

来到视口，调整盒体碰撞组
件的大小，刚好覆盖"door"组
件即可，如图5.307所示。

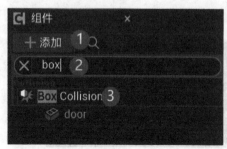

图 5.306　创建盒体碰撞组件

图 5.307　调整盒体碰撞组件的大小

来到"事件图表"面板进行编辑，如图5.308所示。

❶ 在"组件"面板选中"Box"组件。

❷ 来到"细节"面板，在"事件"栏中单击"组件开始重叠时"右侧的加号按钮。

图5.308　编辑组件

接下来，开始编写蓝图。

新建节点，如图5.309所示。

❶ 按住"组件开始重叠时（Box）"节点的"Other Actor"的引脚"🔘"，然后向外拉出引线。

❷ 在弹出的蓝图节点搜索框中输入"类型转换为BP_FirstPerson Character"。

图5.309　新建节点

❸ 选择"类型转换为BP_FirstPersonCharacter"节点。

在碰到门之后，切换到下一关卡，并触发淡入淡出画面。其实该蓝图原理和之前的淡入淡出的游戏结束画面一样，这里可以直接挪用。

打开之前的蓝图"fade"，并切换到图表编辑模式。

复制图5.310红框中的节点，并粘贴到蓝图"door"的"事件图表"面板上。

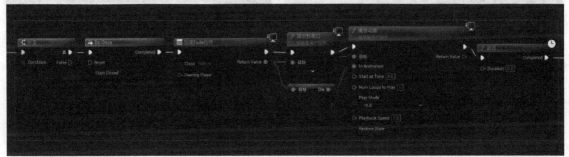

图5.310　复制节点

根据图5.311连接节点。

创建一个布尔变量，如图5.312所示。

❶ 来到"我的蓝图"面板，单击"变量"栏的加号按钮。

❷ 将布尔变量命名为"open"。

将变量"open"拖曳至"分支"节点的"Condition"上，作为条件使用，如图5.313所示。

图5.311　连接节点

图 5.312　新建布尔变量　　　　　　图 5.313　应用变量

　　复制蓝图"fade"，双击打开，作为关卡的过场动画使用。编辑新复制的蓝图"fade_2"，来到"层级"面板，选中所有的"文本"控件，右击并选择"删除"命令，如图5.314所示。

　　编辑蓝图，如图5.315所示。

　　将"创建Fade 2控件"节点中的"Class"资产切换为"fade_2"。

图 5.314　编辑蓝图　　　　　　　　　　图 5.315　编辑蓝图

　　创建一个新变量，如图5.316所示。

❶ 来到"我的蓝图"面板，单击"变量"栏的加号按钮。

❷ 将新建的变量命名为"new_level"。

❸ 单击名称旁边的"布尔"按钮。

❹ 在弹出的搜索框中输入"命名"。

❺ 选择"命名"。

　　编辑变量，如图5.317所示。

　　将"new_level"变量最右
侧的"⌣"按钮的状态调整为
"👁"。

图 5.316　创建新变量　　　　　　　　图 5.317　编辑变量

单击左上角的"编译"，待"编译"显示绿色。

新建节点，如图5.318所示。

❶ 按住"延迟"节点右上角的引脚"▶"，向外拉出引线。

❷ 在打开的蓝图节点搜索框中输入"打开关卡"。

图 5.318　新建节点

❸ 选择"游戏"栏中的"打开关卡（按名称）"节点。

编辑蓝图，如图5.319所示。

❶ 选中变量"new_level"并将其拖曳至"事件图表"面板。

❷ 在弹出的菜单中选择"获取new_level"命令。

根据图5.320连接节点。

图 5.319　编辑蓝图

图 5.320　连接节点

单击界面左上角的"编译"按钮，待"编译"显示绿色。

来到虚幻引擎主界面，打开"内容浏览器"面板，将资产"door"拖曳至场景中，如图5.321所示，调整位置和大小，使其能够放入"石之门"中。

新建一个控件蓝图，如图5.322所示。

❶ 打开"内容浏览器"面板，在空白处右击。

❷ 选择"用户界面"中的"控件蓝图"命令。

图 5.321　将"door"添加到场景中

图 5.322　新建控件蓝图

继续创建控件蓝图，如图5.323所示。

在弹出的面板中单击"用户控件"按钮即可完成控件蓝图的创建，并将其命名为"coin"。

图 5.323　创建控件蓝图

进入控件蓝图，创建一个"画布面板"，如图5.324所示。

❶ 来到"控制板"面板，选择"面板"栏中的"画布面板"。

❷ 将"画布面板"直接拖曳到蓝图设计器面板中。

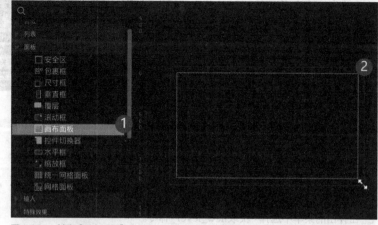

图 5.324　创建"画布面板"

编辑"画布面板"，如图5.325所示。

❶ 在"控制板"面板中找到"特殊效果"中的"背景模糊"。

❷ 将"背景模糊"直接拖曳到蓝图设计器面板中，并进行大小调整，将其放置在"画布面板"左上角作为统计板。

图 5.325　编辑"画布面板"

调整"背景模糊"的效果，如图5.326所示。

来到"细节"面板，将"模糊强度"属性的数值调整为5.0。

图 5.326　调整"背景模糊"的效果

新建"图像"控件，如图5.327所示。

❶ 来到"控制板"面板，选择"通用"栏中的"图像"。

❷ 将"图像"直接拖曳到"背景模糊"的方框中。

图 5.327　新建"图像"控件

调整"图像"颜色，如图5.328所示。

❶ 来到"细节"面板，单击"颜色和不透明度"旁的色块。

❷ 打开"取色器"面板，将"值"竖条的指针直接拉到最低，调整灰度。

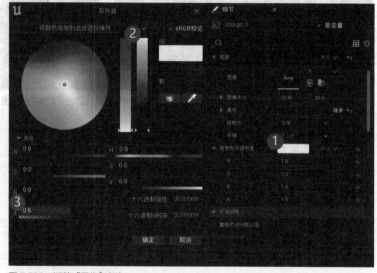

图 5.328　调整"图像"颜色

❸ 不透明度调整为0.6。

继续新建控件，如图5.329所示。

❶ 在搜索框中输入"水平框"。

❷ 选择对应的控件。

❸ 将其拖曳到蓝图设计器面板中。

新建文本控件，如图5.330所示。

❶ 来到"控制板"面板，选择"通用"栏中的"文本"。

❷ 将"文本"直接拖曳到蓝图设计器面板中。

❸ 来到"层级"面板，将"文本"控件复制3份。

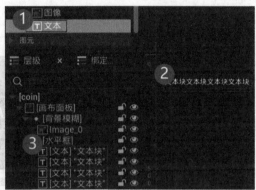

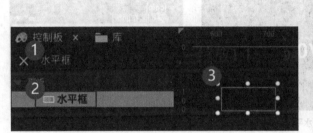

图 5.329　新建"水平框"控件　　　　　　　　　图 5.330　新建"文本"控件

修改控件标题，如图5.331所示。单击"文本"控件即可激活重命名功能，将从上往下数的第一个和第三个"文本"控件的标题分别改为"收获"和"总数"。

继续编辑控件，如图5.332所示。选中标题为"收获"的"文本"控件。

❶ 来到"细节"面板，勾选"是变量"选项。

❷ 将"内容"栏的"文本"属性的数值修改为0。

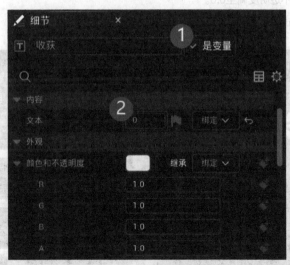

图 5.331　修改控件标题　　　　　　　　　　　图 5.332　编辑控件

对标题为"总数"的"文本"控件进行同样的设置。

选中从上往下数第二个文本控件，将"文本"属性修改为"/"，如图5.333所示。

选中从上往下数第四个文本控件，将"文本"属性修改为"钱币"，如图5.334所示。因为这两个文本控件为文字和符号，不需要计数功能，所以不勾选"是变量"选项。

图 5.333 编辑文本控件

图 5.334 编辑文本控件

移动水平框，将其放在"背景模糊"的边框中间，如图5.335所示。

在"控制板"面板中选择"图像"，添加一个"图像"控件，来到"层级"面板，将其放在"画布面板"下，如图5.336所示。

编辑"图像"控件，如图5.337所示。

❶ 调整"图像"控件大小，覆盖"画布面板"。

图 5.335 调整水平框

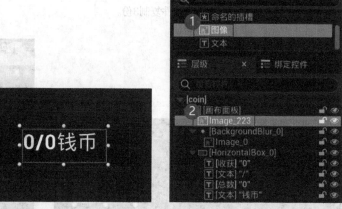

图 5.336 新建"图像"控件

❷ 来到"细节"面板，打开"锚点"下拉菜单。

❸ 选择右下角的水平和垂直拉伸方式，以使其与视口的大小相同。

调整"图像"控件的颜色，如图5.338所示。

❶ 来到"细节"面板，单击"颜色和不透明度"旁的色块，打开"取色器"面板。

❷ 选择颜色。

❸ 将不透明度调至0.0。

❹ 单击"确定"按钮。

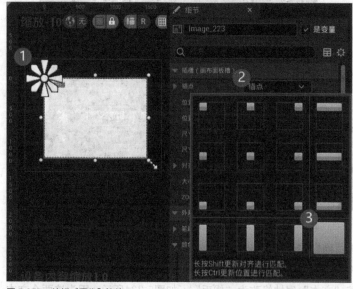

图 5.337 编辑"图像"控件

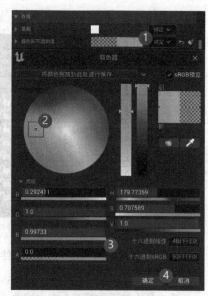

图 5.338 为"图像"控件选择颜色

单击界面左上角的"编译"按钮，待"编译"显示绿色。

新建一个动画序列，如图5.339所示，编写闪烁的动画效果。

❶ 单击"动画"按钮，将创建的"动画"命名为"shine"（闪烁）。

❷ 单击"轨道"按钮。

❸ 在弹出的菜单中选择"Image_223"命令。

编辑动画序列，如图5.340所示。

❶ 单击"Image_223"轨道的"轨道"按钮。

❷ 在弹出的菜单中选择"颜色和不透明度"命令。

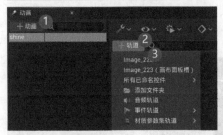

图5.339 新建动画序列

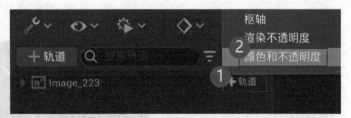

图5.340 编辑动画序列

继续编辑动画序列，如图5.341所示。

❶ 单击"颜色和不透明度"轨道左边的下拉按钮展开卷展栏。

❷ 单击"A"（Alpha通道）右边的"+"按钮，添加新的关键帧。

❸ 将不透明度调整为0.4。

图5.341 编辑动画序列

继续编辑动画序列，如图5.342所示。

❶ 将时间轴指针移动至0.25s。

❷ 单击"A"（Alpha通道）右边的"+"按钮，添加新的关键帧。

❸ 将不透明度调整为0.0。

单击界面左上角的"编译"按钮，待"编译"显示绿色则编译成功。

回到虚幻引擎主界面，在这里打开关卡蓝图，如图5.343所示。

❶ 在关卡编辑器中找到"蓝图"按钮并单击。

❷ 在菜单的"蓝图类"功能区域中选择"打开关卡蓝图"命令。

新建节点，如图5.344所示。

❶ 按住"事件开始运行"节点的引脚"▶"，向外拉出引线。

❷ 在弹出的蓝图节点搜索框中输入"创建控件"。

❸ 在"用户界面"栏中选择对应的"创建控件"节点。

图5.342 编辑动画序列

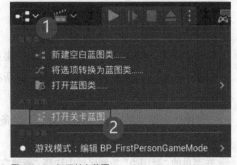

图5.343 打开关卡蓝图

调整节点，如图5.345所示。

❶ 打开"构建NONE"节点上的"Class"下拉菜单。

❷ 选择"coin"。

图 5.344 新建节点

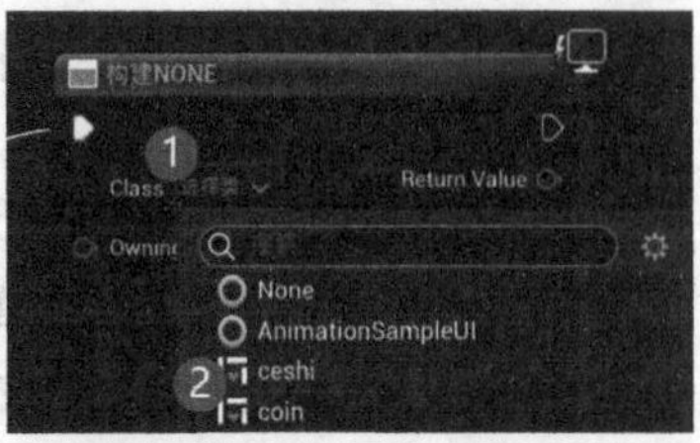

图 5.345 调整节点

新建节点，如图5.346所示。

❶ 按住"创建Coin控件"节点右边"Return Value"的引脚"■"，然后向外拉出引线。

❷ 在弹出的蓝图节点搜索框中输入"添加到视口"。

❸ 在"视口"栏中选择对应的"添加到视口"节点。

图 5.346 新建节点

单击界面左上角的"编译"按钮，待"编译"显示绿色。

在关卡编辑器中单击"运行"按钮，项目运行后，游戏界面左上角出现"0/0钱币"指示牌，如图5.347所示。如能实现上述效果，则证明设置成功。

图 5.347 运行效果

5.5.2 钱币统计与收集系统

在该小节，将创建一个钱币统计与收集系统，它能自动记录场景中的钱币数量和收集到的钱币数量，当场景中的所有钱币都收集完，就能解锁下一关卡。

创建一个蓝图类，如图5.348所示，准备编写钱币统计系统。

❶ 在关卡编辑器中找到"蓝图"按钮并单击。

❷ 在菜单的"蓝图类"功能区域中选择"新建空白蓝图类"命令。

图 5.348 新建空白蓝图类

在"选取父类"面板中选择"Actor"，如图5.349所示。

命名并保存新建的蓝图类，如图5.350所示。

❶ 将新建的蓝图类放在"Blueprints"文件夹中。

❷ 将其命名为"money"。

❸ 单击"保存"按钮。

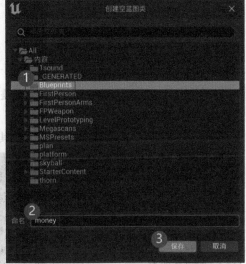

图 5.349　选择"Actor"　　　　　图 5.350　命名并保存新建的蓝图类

打开新建蓝图"money"，并添加一个"圆柱体"组件，如图5.351所示。

❶ 单击"添加"按钮。

❷ 在搜索框中输入"圆柱体"。

❸ 选择相应的组件。

调整组件形态，如图5.352所示。

❶ 将组件命名为"钱"。

❷ 在视口中将圆柱体调整成扁平的饼状物。

图 5.351　新建"圆柱体"组件　　　　图 5.352　调整组件形态

为新建组件添加材质，如图5.353所示。

❶ 来到"细节"面板，找到"材质"这一栏，打开"DefaultMaterial"下拉菜单。

❷ 选择材质"CubeMaterial"，这是虚幻引擎的自带材质，与钱币的颜色正好相配。

创建一个盒体碰撞组件，如图5.354所示。

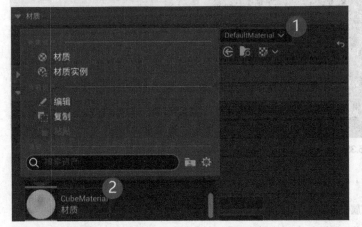
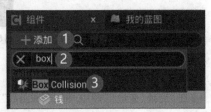

图 5.353　添加材质　　　　　　　　图 5.354　创建盒体碰撞组件

❶ 单击"添加"按钮。

❷ 在搜索框中输入"box"。

❸ 选择"Box Collision"。

创建完成后，将其放在场景组件的根目录下，即与组件"钱"为平行关系。

在视口中调整盒体碰撞组件大小，并覆盖组件"钱"，且在高度上增加1~2倍，提高其碰撞触发的可能性，如图5.355所示。

创建一个音频组件，如图5.356所示，将其放在场景组件的根目录下。

图 5.355 调整盒体碰撞组件大小

图 5.356 创建音频组件

在设置音频前，将附件中的音频文件"钱币声音"导入项目中。

在选中组件"Audio"时，来到右侧的"细节"面板，进行音频选择。打开"音效"属性右侧的下拉菜单，在搜索框中输入"钱币声音"，选择对应的音频，如图5.357所示。

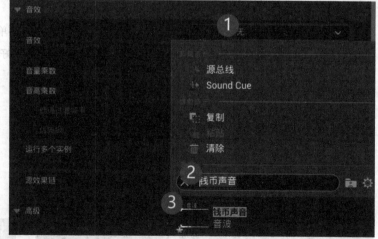

图 5.357 给音频组件添加音效

继续调节参数，如图5.358所示。

❶ 勾选"衰减"栏中的"重载衰减"选项。

❷ 在"衰减（音量）"栏中，将"衰减函数"属性设置为"自然声音"。

❸ 将界面中间切换为"视口"面板，在"细节"面板中对"内部半径"和"衰减距离"属性进行调整。原则上，让小的球体正好覆盖住压力板即可，大的球体半径是小的球体半径的3倍左右。

❹ "在衰减（空间化）"栏中，将"空间化方法"属性调整为"双声道"。

继续调节参数，如图5.359所示。

取消勾选"激活"栏的"自动启用"选项。

图5.358 调节参数

图5.359 调节参数

单击界面左上角的"编译"按钮，待"编译"显示绿色。

将面板切换为"事件图表"面板，开始编写蓝图。

新建节点，如图5.360所示。

❶ 按住"事件开始运行"节点后的引脚"▷"，然后向外拉出引线。

❷ 在弹出的蓝图节点搜索框中输入"序列"。

❸ 在"流程控制"栏中选择对应的"序列"节点。

图5.360 新建节点

继续新建节点，如图5.361所示。

图5.361 新建节点

❶ 按住"序列"节点上"Then 0"的引脚"▷"，然后向外拉出引线。

❷ 在弹出的蓝图节点搜索框中输入"添加时间轴"。

❸ 选择对应的"添加时间轴"节点。

接下来，通过编写时间轴来实现钱币的旋转。

双击新建的节点，进入编辑界面。创建轨道，如图5.362所示。

❶ 单击"轨道"按钮。

❷ 选择"添加浮点型轨道"命令。

　　来到轨道坐标系中，右击，选择"添加关键帧到CurveFloat_2"命令，如图5.363所示。

　　调整关键帧，如图5.364所示。将其"时间"和"值"都调整为0.0。

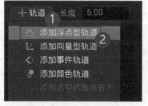

图 5.362　创建轨道

图 5.363　编辑轨道

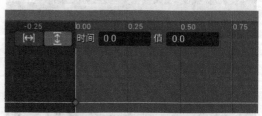

图 5.364　调整关键帧

　　创建第二个关键帧，如图5.365所示。来到轨道坐标系中，右击，选择"添加关键帧到CurveFloat_2"命令。

　　调整第二个关键帧，将其"时间"调整为5.0、"值"调整为365.0，如图5.366所示。

　　来到时间轴的工具栏，单击"循环"按钮，如图5.367所示。

图 5.365　编辑轨道

图 5.366　调整关键帧

图 5.367　单击"循环"按钮

　　单击界面左上角的"编译"按钮，待"编译"显示绿色。

　　回到"事件图表"面板，新建节点，如图5.368所示。

❶ 按住"时间轴"节点的"Update"引脚"▷"，然后向外拉出引线。

❷ 在弹出的蓝图节点搜索框中输入"设置世界旋转"。

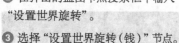

图 5.368　新建节点

❸ 选择"设置世界旋转（钱）"节点。

　　对"设置世界旋转（钱）"节点进行调整，如图5.369所示。

　　右击"New Rotation"选项，选择"分割结构体引脚"命令。

　　根据图5.370连接节点。

图 5.369　编辑节点

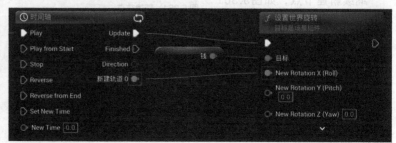

图 5.370　连接节点

新建节点，如图5.371所示。

❶ 按住"序列"节点上"Then 1"的引脚"▶"，然后向外拉出引线。

❷ 在弹出的蓝图节点搜索框中输入"延迟"。

❸ 选择对应的"延迟"节点。

图 5.371　新建"延迟"节点

编辑及新建节点，如图5.372所示。

❶ 将"延迟"节点上的"Duration"（持续时间）的参数调整为0.0。

❷ 按住"延迟"节点右侧的"▶"，然后向外拉出引线。

图 5.372　编辑及新建节点

❸ 在弹出的蓝图节点搜索框中输入"获取类的所有控件"。

❹ 选择对应的"获取类的所有控件"节点。

对"获取类的所有控件"节点进行调整，如图5.373所示。

将"Widget Class"的"选择类"设置为"coin"。

新建节点，如图5.374所示。

❶ 按住"获取类的所有控件"节点上"Found Widgets"的引脚"▦"，向外拉出引线。

❷ 在弹出的蓝图节点搜索框中输入"get"。

❸ 选择"Get（复制）"节点。

图 5.373　调整节点

图 5.374　新建节点

继续新建节点，如图5.375所示。

❶ 按住"Get（复制）"节点右侧的引脚"■"，向外拉出引线。

❷ 在弹出的蓝图节点搜索框中输入"获取总数"。

❸ 选择对应的"获取总数"节点。

图 5.375　新建节点

继续新建节点，如图5.376所示。

❶ 按住"获取总数"节点右侧的引脚"■"，向外拉出引线。

图 5.376　新建节点

❷ 在弹出的蓝图节点搜索框中输入"获取文本"。

❸ 选择"获取文本（文本）"节点。

继续新建节点，如图5.377所示。

❶ 按住"获取文本（文本）"节点右侧的引脚"■"，向外拉出引线。

❷ 在弹出的蓝图节点搜索框中输入"转换为字符串"。

❸ 选择"转换为字符串（文本）"节点。

继续新建节点，如图5.378所示。

❶ 按住"转换为字符串（文本）"节点右侧的引脚"■"，向外拉出引线。

❷ 在弹出的蓝图节点搜索框中输入"字符串到整数"。

❸ 选择"字符串到整数"节点。

继续新建节点，如图5.379所示。

❶ 按住"字符串到整数"节点右侧的引脚"■"，向外拉出引线。

❷ 在弹出的蓝图节点搜索框中输入"添加"。

❸ 选择"添加"节点。

将"添加引脚"选项左边的参数调整为1，如图5.380所示。

回到前面的"获取总数"节点，新建节点，如图5.381所示。

❶ 按住"总数"节点右侧的引脚"■"，向外拉出引线。

❷ 在弹出的蓝图节点搜索框中输入"设置文本（文本）"。

❸ 选择对应的节点。

图 5.377　新建节点

图 5.378　新建节点

图 5.379　新建节点

图 5.380　调整节点

图 5.381　新建节点

根据图5.382连接节点。

继续连接节点。根据图5.383连接节点，连接成功后会自动添加"转换为文本（整型）"节点。

图 5.382　连接节点

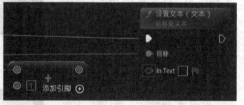

图 5.383　连接节点

单击界面左上角的"编译"按钮，待"编译"显示绿色。

至此，自动统计场景中钱币的功能已经编写完成，接下来开始编写收集钱币系统和当钱币收集完成后激活下一关卡的功能。

先编写收集钱币系统。

来到"事件图表"面板，进行编辑，如图5.384所示。

❶ 在"组件"面板选中"Box"组件。

❷ 来到"细节"面板，在"事件"栏中单击"组件开始重叠时"的加号按钮。

图5.384 编辑组件

开始编辑蓝图，如图5.385所示。

❶ 按住"组件开始重叠时（Box）"节点上"Other Actor"的引脚""，向外拉出引线。

❷ 在弹出的蓝图节点搜索框中输入"类型转换为BP_FirstPersonCharacter"。

❸ 选择"类型转换为BP_FirstPersonCharacter"节点。

图5.385 新建节点

新建节点，如图5.386所示。

❶ 按住"类型转换为BP_FirstPersonCharacter"节点右上角的引脚""，向外拉出引线。

❷ 在弹出的蓝图节点搜索框中输入"do once"。

❸ 选择"流程控制"栏中的"Do Once"节点。

图5.386 新建节点

复制前面钱币统计系统的节点，具体复制内容如图5.387所示，并粘贴在新建节点旁。

图5.387 复制节点

根据图5.388连接节点。

图5.388 连接节点

新建节点，如图5.389所示。

❶ 按住节点右侧的引脚"■"，然后向外拉出引线。

❷ 在弹出的蓝图节点搜索框中输入"获取收获"。

❸ 选择对应的"获取收获"节点。

图 5.389　新建节点

复制前面钱币统计系统的节点，具体复制内容如图5.390所示，并粘贴在新建节点旁。

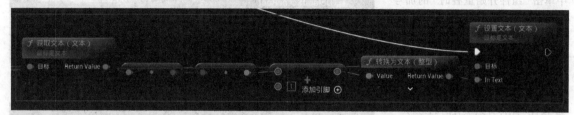

图 5.390　复制节点

根据图5.391连接节点。

根据序号和红框依次连接节点，如图5.392所示。

图 5.391　连接节点

将收集的钱币数量与场景中的钱币总数相比较，当它们相等时，下一关卡激活，这就是关卡激活功能。

在编写关卡激活功能之前，为了方便管理蓝图，先创建注释。

图 5.392　连接节点

框选所有参与钱币统计功能的节点，右击并选择"从选中项创建注释"命令，如图5.393所示，将注释命名为"统计钱币"。

图 5.393　从选中项创建注释

继续创建注释，如图5.394所示。

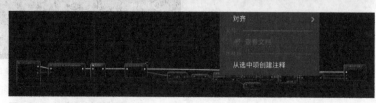

图 5.394　从选中项创建注释

框选所有参与钱币收集功能的节点，右击并选择"从选中项创建注释"命令，并将注释命名为"收集钱币"。

接着前面"收集钱币"注释的"设置文本（文本）"节点新建节点，如图5.395所示。

❶ 按住"设置文本（文本）"节点右上角的引脚"▷"，向外拉出引线。

❷ 在弹出的蓝图节点搜索框中输入"分支"。

❸ 选择"流程控制"栏中的"分支"节点。

图5.395　新建节点

找到"收集钱币"注释的"获取文本（文本）"节点，在后面新建节点，如图5.396所示。

❶ 按住节点右侧的引脚"●"，然后向外拉出引线。

❷ 在弹出的蓝图节点搜索框中输入"相等"。

❸ 选择"相等，不区分大小写（文本）"节点。

图5.396　新建节点

来到"统计钱币"注释这里，复制图5.397红框中的节点，将其粘贴在"收集钱币"注释外。

根据图5.398连接节点。

图5.397　复制节点

图5.398　连接节点

根据图5.399连接节点。

新建节点，如图5.400所示。

❶ 按住"分支"节点上"真"的引脚，向外拉出引线。

❷ 在弹出的蓝图节点搜索框中输入"获取类的所有actor"。

❸ 选择"Actor"栏中的"获取类的所有actor"节点。

调整新建的节点，如图5.401所示。

❶ 打开"获取类的所有actor"节点上"Actor Class"的"选择类"菜单。

❷ 在搜索框中输入"door"。

❸ 选择对应的蓝图类。

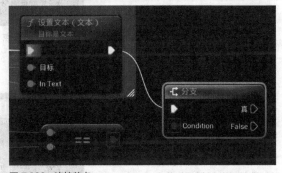

图5.399　连接节点

图5.400　新建节点

图5.401　调整节点

新建节点，如图5.402所示。

❶ 按住"获取类的所有actor"节点上"Out Actors"的引脚"⊞"，向外拉出引线。

❷ 在弹出的蓝图节点搜索框中输入"get"。

❸ 选择"Get（复制）"节点。

图 5.402　新建节点

继续新建节点，如图5.403所示。

❶ 按住"Get（复制）"节点的引脚"◉"，向外拉出引线。

❷ 在弹出的蓝图节点搜索框中输入"设置open"。

❸ 选择"设置Open"节点。

图 5.403　新建节点

编辑节点，如图5.404所示。

❶ 根据红框连接节点。

❷ 勾选"设置Open"节点上的"Open"选项。

图 5.404　编辑节点

继续新建节点，如图5.405所示。

❶ 按住"Get（复制）"节点的引脚"◉"，然后向外拉出引线。

❷ 在弹出的蓝图节点搜索框中输入"获取door"。

❸ 选择"获取Door"节点。

图 5.405　新建节点

继续新建节点，如图5.406所示。

❶ 按住"获取Door"节点的引脚"◉"，然向外拉出引线。

❷ 在弹出的蓝图节点搜索框中输入"设置材质"。

❸ 选择"设置材质"节点。

图 5.406　新建节点

根据图5.407连接节点。

设置节点，在"设置材质"节点上设置"Material"为"blue"，如图5.408所示。

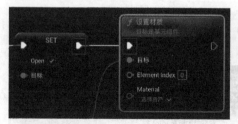

图 5.407　连接节点

图 5.408　设置节点

来到"收集钱币"注释中的"Get(复制)"节点,在其后新建节点,如图5.409所示。

❶ 按住"Get(复制)"节点的引脚,向外拉出引线。

❷ 在弹出的蓝图节点搜索框中输入"获取shine"。

❸ 选择"获取shine"节点。

图 5.409 新建节点

继续在"收集钱币"注释中的"Get(复制)"节点后新建节点,如图5.410所示。

❶ 按住"Get(复制)"节点的引脚"■",向外拉出引线。

❷ 在弹出的蓝图节点搜索框中输入"播放动画"。

❸ 选择"播放动画"节点。

图 5.410 新建节点

根据图5.411连接节点。

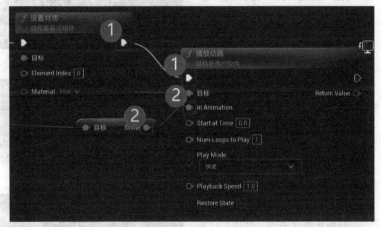

图 5.411 连接节点

根据图5.412连接节点。

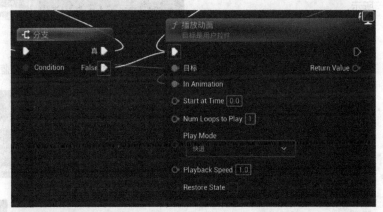

图 5.412 连接节点

新建节点,如图5.413所示。

❶ 将"组件"面板的"Audio"音频组件拖曳至"事件图表"面板。

❷ 按住"Audio"音频节点的引脚"■",向外拉出引线。

图 5.413 新建节点

❸ 在弹出的蓝图节点搜索框中输入"激活"。

❹ 选择"激活"节点。

　　根据图5.414连接节点。

　　新建节点，如图5.415所示。

❶ 按住"激活"节点右上角的引脚"▷"，向外拉出引线。

❷ 在弹出的蓝图节点搜索框中输入"设置actor在游戏中隐藏"。

❸ 选择"渲染"栏中的"设置Actor在游戏中隐藏"节点。

　　编辑及新建节点，如图5.416所示。

❶ 勾选"设置Actor在游戏中隐藏"节点上的"New Hidden"选项。

❷ 按住"设置Actor在游戏中隐藏"节点右上角的引脚"▷"，向外拉出引线。

❸ 在弹出的蓝图节点搜索框中输入"延迟"。

❹ 选择"流控制"栏中的"延迟"节点。

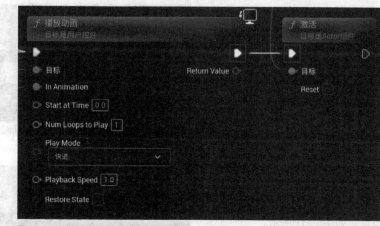

图 5.414　连接节点

图 5.415　新建节点

图 5.416　编辑及新建节点

　　编辑及新建节点，如图5.417所示。

❶ 将"延迟"节点上的"Duration"选项调整为2.0。

图 5.417　编辑及新建节点

❷ 按住"延迟"节点右上角"Completed"的引脚，向外拉出引线。在弹出的蓝图节点搜索框中输入"销毁actor"。

❸ 选择"Actor"栏中的"销毁Actor"节点。

　　单击界面左上角的"编译"按钮，待"编译"显示绿色。

　　来到视口，进行场景调整，如图5.418所示。

❶ 单击场景中的资产"door"。

图 5.418　调整场景

❷ 在右侧的"细节"面板中将"New Level"（新关卡）属性设置为"FirstPersonMap"，这样就可以切换到其他关卡。

　　将钱币在场景中进行复制，便于测试，如图5.419所示。

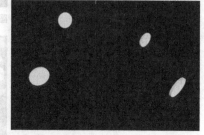

图 5.419　复制钱币

单击界面左上角的"编译"按钮，待"编译"显示绿色。

在关卡编辑器中单击"运行"按钮，项目运行后，界面左上角出现"0/4钱币"指示牌，当靠近钱币则出现淡入淡出的得分动画和音效，且左上角开始统计得分。当收集完毕后，"石之门"则被激活并显示为蓝色，如图5.420所示，此时靠近"石之门"，即可进入名为"FirstPersonMap"的下一关卡。如能实现上述效果，则证明设置成功。

图5.420 运行效果

5.6 优化关卡

在本节，将带领读者进一步完善游戏项目，创建一个具有游戏导航功能的字幕系统，同时制作不同难度的关卡，让项目具有关卡难度等级。

5.6.1 创建字幕系统

该小节将创建一个具有导航功能的字幕系统。

创建一个"控件蓝图"，如图5.421所示。

❶ 打开"内容浏览器"面板，在空白处右击调出菜单。

❷ 选择"用户界面"中的"控件蓝图"命令。

在弹出的面板中单击"用户控件"按钮即可完成控件蓝图的创建，如图5.422所示，将其命名为"captions"（字幕）。

打开"控件蓝图"，来到"控制板"面板，选择"画布面板"并将其拖曳至蓝图设计器面板中，如图5.423所示。

图5.421 新建"控件蓝图"

图5.422 创建"控件蓝图"

图5.423 新建"画布面板"

新建控件，如图5.424所示。

❶ 创建一个"背景模糊"控件并拖曳至蓝图设计器面板中。

❷ 调整"背景模糊"控件，将其放在"画布面板"底部。

调整"背景模糊"控件，如图5.425所示。

❶ 来到"细节"面板，打开"锚点"下拉菜单。

❷ 选择右侧的水平拉伸方式。

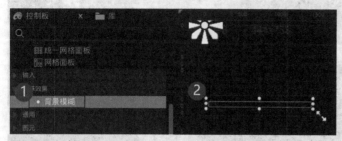

图 5.424　新建控件

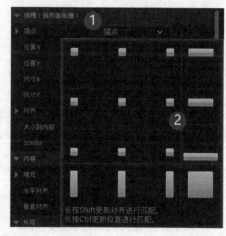

图 5.425　调整控件

调整控件的参数，将"模糊强度"调整为6.0，如图5.426所示。

新建一个"图像"控件并将其拖入"背景模糊"的方框中，如图5.427所示。

图 5.426　调整参数

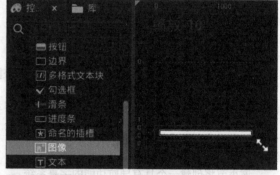

图 5.427　新建控件

对"图像"控件进行调整，如图5.428所示。

❶ 找到"细节"面板的"颜色和不透明度"，单击旁边的色块。

❷ 将灰度调至最低。

❸ 将不透明度参数调整为0.4。

❹ 单击"确定"按钮。

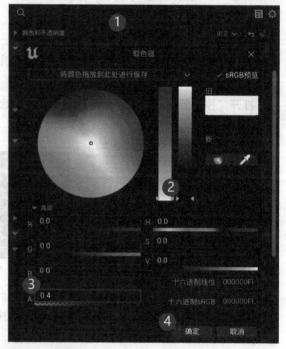

图 5.428　调整控件

创建控件，如图5.429所示。

❶ 来到"控制板"面板，将"文本"控件拖曳至"画布面板"中，完成控件创建。

❷ 将创建的"文本"控件拖曳到"背景模糊"的方框中，将"文本"控件的方框调整至与背景模糊的方框大小相近。

调整控件，如图5.430所示。

来到"细节"面板的"字体"栏，设置"字形"属性为"Light"、"尺寸"属性为24。

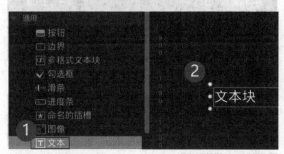

图 5.429 创建控件

图 5.430 调整控件

继续调整控件，如图5.431所示。

❶ 来到"细节"面板，打开"锚点"下拉菜单。

❷ 选择右侧的水平拉伸方式。

调整控件的文本对齐方式，如图5.432所示。

将"对齐"属性调整为"将文本中对齐"。

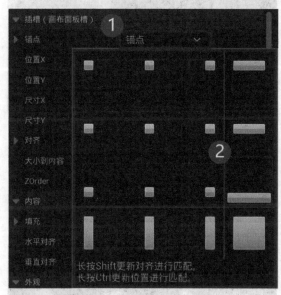

图 5.431 调整控件

图 5.432 调整控件的文本对齐方式

接下来，制作淡入淡出动画。

新建动画序列，如图5.433所示。

❶ 单击"动画"按钮，将创建的"动画"命名为"fade"。

❷ 单击"轨道"按钮。

❸ 在弹出的菜单中选择"画布面板"命令。

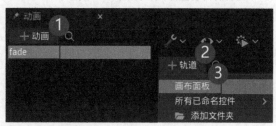

图 5.433 新建动画序列

编辑动画序列，如图5.434所示。

❶ 单击"轨道"按钮。

❷ 在弹出的菜单中选择"渲染不透明度"命令。

图 5.434　编辑动画序列

继续编辑动画序列，如图5.435所示。

❶ 单击"渲染不透明度"轨道最右侧的"+"按钮，添加新的关键帧。

❷ 将这里的不透明度调整为0.0。

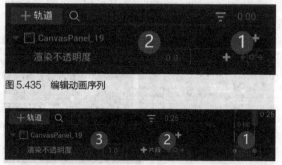

图 5.435　编辑动画序列

继续编辑动画序列，如图5.436所示。

❶ 将时间轴指针移动至0.25s。

❷ 单击"渲染不透明度"轨道最右侧的"+"按钮，添加新的关键帧。

❸ 将这里的不透明度调整为1.0。

图 5.436　编辑动画序列

新建动画序列，作为文本动画，如图5.437所示。

❶ 单击"动画"按钮，将创建的"动画"命名为"text"。

❷ 单击"轨道"按钮。

❸ 在弹出的菜单中选择"文本"命令。

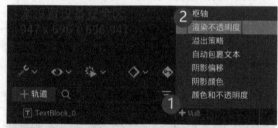

图 5.437　新建动画序列

编辑动画序列，如图5.438所示。

❶ 单击"轨道"按钮。

❷ 在弹出的菜单中选择"渲染不透明度"命令。

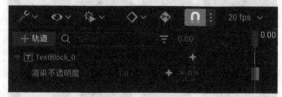

图 5.438　编辑动画序列

编辑动画序列，如图5.439所示。

单击"渲染不透明度"轨道最右侧的"+"按钮，添加新的关键帧。

继续编辑动画序列，如图5.440所示。

❶ 将时间轴指针移动至0.15s。

❷ 单击"渲染不透明度"轨道最右侧的"+"按钮，添加新的关键帧。

❸ 将这里的不透明度调整为0.0。

图 5.439　编辑动画序列

继续编辑动画序列，如图5.441所示。

❶ 将时间轴指针移动至0.20s。

❷ 单击"渲染不透明度"轨道最右侧的"+"按钮，添加新的关键帧。

❸ 将这里的不透明度调整为1.0。

图 5.440　编辑动画序列

图 5.441　编辑动画序列

单击界面左上角的"编译"按钮，待"编译"显示绿色。

单击界面右上角的"图表"按钮切换到图表编辑模式，如图5.442所示。

图 5.442　切换编辑模式

新建变量，如图5.443所示。

❶ 来到"我的蓝图"面板，单击"变量"栏旁边的加号按钮。

❷ 将变量命名为"number"。

❸ 单击"布尔"按钮。

❹ 在打开的菜单中选择"整数"命令。

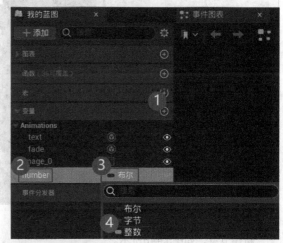

图 5.443　新建变量

继续新建变量，如图5.444所示。

❶ 来到"我的蓝图"面板，单击"变量"栏旁边的加号按钮。

❷ 将变量命名为"title text"。

❸ 单击"整数"按钮。

❹ 在打开的菜单中选择"文本"命令。

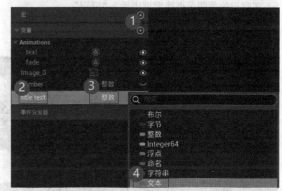

图 5.444　新建变量

在选中变量"title text"的情况下，来到"细节"面板，将"变量类型"切换为"数组"，如图5.445所示。

图 5.445　编辑变量

来到"事件图表"面板，新建节点，如图5.446所示。

❶ 按住"事件构造"节点的引脚"▷"，向外拉出引线。

❷ 在弹出的蓝图节点搜索框中输入"播放动画"。

❸ 在"动画"栏中选择对应的"播放动画"节点。

图 5.446　新建节点

将动画序列"fade"拖曳至"播放动画"节点的"In Animation"选项上，如图5.447所示。

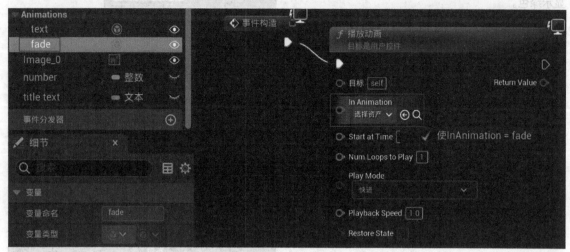

图5.447　调整节点

新建节点，如图5.448所示。

❶ 按住"播放动画"节点的引脚"▶"，向外拉出引线。

❷ 在弹出的蓝图节点搜索框中输入"延迟"。

❸ 在"流控制"栏中选择对应的"延迟"节点。

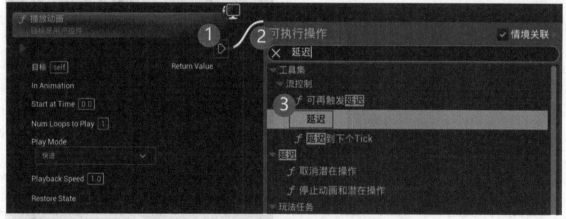

图5.448　新建节点

调整节点，将"延迟"节点上"Duration"的参数调整为0.0，如图5.449所示。

将变量"title text"拖曳至"事件图表"面板，并选择"获取title text"命令，如图5.450所示。

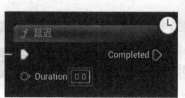

图5.449　调整节点

图5.450　添加变量到"事件图表"面板

新建节点，如图5.451所示。

❶ 按住"Title Text"节点的引脚"▦"，然后向外拉出引线。

❷ 在弹出的蓝图节点搜索框中输入"get"。

❸ 在"数组"栏中选择"Get（复制）"节点。

图 5.451　新建节点

单击界面左上角的"编译"按钮，待"编译"显示绿色。

切换到蓝图设计器模式，选中"文本"控件，在"细节"面板中勾选"是变量"选项，如图5.452所示。

图 5.452　编辑控件

切换回图表编辑模式，将"文本"控件"TextBlock_0"拖曳至"事件图表"面板，并选择"获取TextBlock_0"命令，如图5.453所示。

图 5.453　添加变量到"事件图表"面板

新建节点，如图5.454所示。

❶ 按住"TextBlock_0"节点右侧的引脚"●"，向外拉出引线。

❷ 在弹出的蓝图节点搜索框中输入"设置文本"。

❸ 选择"设置文本（文本）"节点。

图 5.454　新建节点

根据图5.455连接节点。

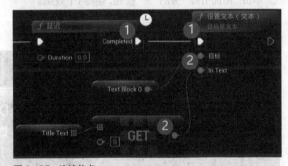

图 5.455　连接节点

单击界面左上角的"编译"按钮，待"编译"显示绿色。

接下来打开关卡蓝图，编写蓝图，将UI添加到屏幕上。

新建节点，如图5.456所示。

❶ 右击打开蓝图节点搜索框，输入"键盘个事件"。

❷ 选择"1"节点。

复制该蓝图中的两个节点，如图5.457所示。

图 5.456　新建节点

图 5.457　复制节点

根据图5.458连接节点。

调整节点，将"Class"选项的"Coin"切换为"captions"，如图5.459所示。

新建节点，如图5.460所示。

图 5.458 连接节点

❶ 按住"Return Value"的引脚"▇"，然后向外拉出引线。

❷ 在弹出的蓝图节点搜索框中输入"设置title text"。

❸ 选择"设置Title Text"节点。

图 5.459 调整节点

图 5.460 新建节点

根据图5.461连接节点。

继续新建节点，如图5.462所示。

❶ 按住"SET"节点上"Title Text"的引脚"▦"，然后向外拉出引线。

❷ 在弹出的蓝图节点搜索框中输入"创建数组"。

❸ 在"数组"栏中选择"创建数组"节点。

编辑"创建数组"节点，如图5.463所示。

❶ 单击"添加引脚"旁的"+"按钮，创建4个数组。

❷ 参考图中的文本依次填写文本框。

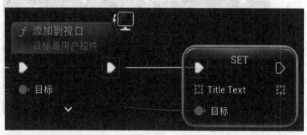

图 5.461 连接节点

图 5.462 新建节点

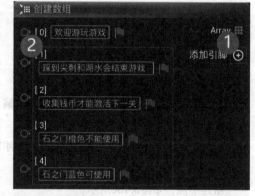

图 5.463 编辑节点

单击界面左上角的"编译"按钮，待"编译"显示绿色。

来到蓝图"captions"，继续编写蓝图。

新建节点，如图5.464所示。

❶ 右击打开蓝图节点搜索框，输入"事件tick"。

❷ 选择对应的"事件Tick"节点。

继续新建节点，如图5.465所示。

❶ 按住"事件Tick"节点的引脚"▶"，然后向外拉出引线。

❷ 在弹出的蓝图节点搜索框中输入"分支"。

❸ 在"流程控制"栏中选择对应的"分支"节点。

新建节点，如图5.466所示。

❶ 右击打开蓝图节点搜索框，输入"获取玩家控制器"。

❷ 选择对应的"获取玩家控制器"节点。

编辑节点，如图5.467所示。

❶ 按住"获取玩家控制器"节点上"Return Value"的引脚"●"，然后向外拉出引线。

❷ 在弹出的蓝图节点搜索框中输入"刚按下输入键"。

❸ 选择"刚按下输入键"节点。

设置节点，如图5.468所示。

打开"刚按下输入键"节点上"Key"的"选择键值"菜单，设置输入键为"鼠标右键"。

图 5.464　新建节点

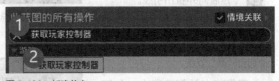

图 5.465　新建节点

图 5.466　新建节点

图 5.467　新建节点

图 5.468　设置节点

根据图5.469连接节点。

新建节点，如图5.470所示。

❶ 按住"分支"节点中"真"的引脚"▶"，然后向外拉出引线。

❷ 在弹出的蓝图节点搜索框中输入"分支"。

❸ 在"流程控制"栏中选择对应的"分支"节点。

图 5.469　连接节点

图 5.470　新建节点

将"文本"控件"title text"拖曳至"事件图表"面板，并选择"获取title text"命令 如图4.471所示。

新建节点，如图5.472所示。

❶ 按住"Title Text"节点的引脚"■"，然后向外拉出引线。

❷ 在弹出的蓝图节点搜索框中输入"长度"。

❸ 在"数组"栏中选择"长度"节点。

图5.471 添加变量到"事件图表"面板

图5.472 新建节点

继续新建节点，如图5.473所示。

❶ 按住"LENGTH"节点的引脚"⬤"，然后向外拉出引线。

❷ 在弹出的蓝图节点搜索框中输入"减"。

❸ 选择"减"节点。

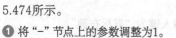

图5.473 新建节点

调整节点并新建节点，如图5.474所示。

❶ 将"-"节点上的参数调整为1。

❷ 按住节点右上侧的引脚"⬤"，向外拉出引线。

❸ 在弹出的蓝图节点搜索框中输入"等于"。

❹ 选择"等于"节点。

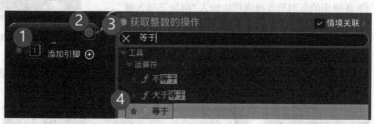

图5.474 调整并新建节点

将变量"number"拖曳到"等于"节点左下角的引脚"⬤"上，如图5.475所示。

根据图5.476连接节点。

图5.475 调整节点

图5.476 连接节点

新建节点，如图5.477所示。

❶ 按住"分支"节点上"真"的引脚，向外拉出引线。

❷ 在弹出的蓝图节点搜索框中输入"播放动画"。

❸ 在"动画"栏中选择对应的"播放动画"节点。

图5.477 新建节点

将动画序列"fade"拖曳到"播放动画"节点的"In Animation"选项上，如图5.478所示。

将"Play Mode"切换为"翻转"，如图5.479所示。

图 5.478 调整节点

图 5.479 调整节点

新建节点，如图5.480所示。

❶ 按住"播放动画"节点的引脚"▶"，然后向外拉出引线。

❷ 在弹出的蓝图节点搜索框中输入"延迟"。

❸ 在"流控制"栏中选择"延迟"节点。

继续新建节点，如图5.481所示。

图 5.480 新建节点

❶ 按住"延迟"节点上"Completed"的引脚"▶"，然后向外拉出引线。

❷ 在弹出的蓝图节点搜索框中输入"从父项中移除"。

❸ 在"控件"栏中选择"从父项中移除"节点。

图 5.481 新建节点

来到第二个"分支"节点，继续新建节点，如图5.482所示。

❶ 按住"分支"节点上"False"的引脚"▶"，然后向外拉出引线。

❷ 在弹出的蓝图节点搜索框中输入"do once"。

❸ 在"流程控制"栏中选择"Do Once"节点。

图 5.482 新建节点

新建节点，如图5.483所示。

❶ 按住"Do Once"节点上"Completed"的引脚，向外拉出引线。

❷ 在弹出的蓝图节点搜索框中输入"设置number"。

❸ 选择"设置number"节点。

图 5.483 新建节点

将变量"number"拖曳至"事件图表"面板，并选择"获取number"命令，如图5.484所示。

图 5.484 添加变量到"事件图表"面板

新建节点，如图5.485所示。

❶ 按住 "Number" 节点的引脚，然后向外拉出引线。

❷ 在弹出的蓝图节点搜索框中输入 "add"。

❸ 选择 "添加" 节点。

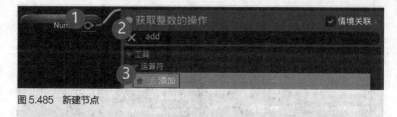

图 5.485　新建节点

调整节点，如图5.486所示。

❶ 根据红框连接节点。

❷ 将 "+" 节点的参数调整为1。

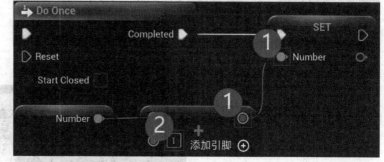

图 5.486　调整节点

新建节点，如图5.487所示。

❶ 按住 "SET" 节点的引脚 "▷"，然后向外拉出引线。

❷ 在弹出的蓝图节点搜索框中输入 "播放动画"。

❸ 在 "动画" 栏中选择对应的 "播放动画" 节点。

将动画序列 "text" 拖曳到 "播放动画" 节点的 "In Animation" 选项上，如图5.488所示。

图 5.487　新建节点

图 5.488　调整节点

复制节点，如图5.489所示。

来到以 "事件构造" 节点为起点的节点群，选择图中框选的节点进行复制。

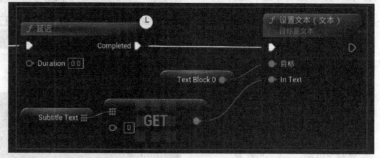

图 5.489　复制节点

调整节点，如图5.490所示。

❶ 根据红框连接节点。

❷ 调整节点，将 "延迟" 节点上 "Duration" 的参数调整为0.1。

将变量"number"拖曳到"Get（复制）"节点的引脚""上，如图5.491所示。

图 5.490 调整节点

图 5.491 调整节点

新建节点，如图5.492所示。

❶ 按住"设置文本（文本）"节点的引脚"▷"，然后向外拉出引线。

❷ 在弹出的蓝图节点搜索框中输入"延迟"。

❸ 在"流控制"栏中选择对应的"延迟"节点。

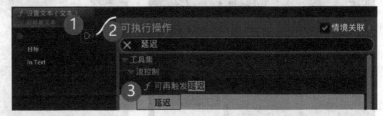

图 5.492 新建节点

将新建的"延迟"节点与之前的"Do Once"节点连接，如图5.493所示。

图 5.493 连接节点

单击界面左上角的"编译"按钮，待"编译"显示绿色。

至此，该小节的蓝图编写完毕。

在关卡编辑器中单击"运行"按钮，项目运行后，按数字键"1"，在游戏画面下方会出现字幕，如图5.494所示。此时右击，则开始播放字幕内容，为玩家介绍游戏规则，且有淡入淡出的动画效果。如能实现上述效果，则证明设置成功。

图 5.494 运行效果

5.6.2 关卡玩法调整

在该小节，开始进行关卡设计，在原关卡的基础上再创建两个关卡，利用之前所做的蓝图系统进行编辑，增加玩法的多样性。

将关卡进行复制，并命名为"level2"，如图5.495所示。

在这一关卡中要设置更多的钱币用于收集，不能像前面的关卡那样简单地散落在地面上，需要在湖中放置几座小山并在山上放置钱币，在湖中设置禁行区，且利用5.3节制作的移动平台来弥补游戏缺陷。同时，为了让玩家方便寻找，在钱币下放置点光源。这就是level2的玩法升级。

在湖中放置巨石，效果如图5.496所示。

图 5.495　复制关卡

图 5.496　放置巨石

接下来对天空大气进行调整。来到"大纲"面板，删除"SkyAtmosphere"，如图5.497所示。

打开"内容浏览器"面板，添加一个天空球，搜索"sky"，将"BP_Sky_Sphere"天空球拖入场景中，如图5.498所示。

来到"细节"面板，调整"Sun Height"（太阳高度）。改变太阳高度的值可以控制场景中的时间，在这里调整为傍晚的太阳高度，如图5.499所示。

图 5.497　删除"SkyAtmosphere"

图 5.498　放置天空球

图 5.499　调整太阳高度

将场景中的定向光源进行调整，如图5.500所示。

❶ 来到"大纲"面板，选择"DirectionalLight"。

❷ 来到"细节"面板，将"强度"属性调整为"2.0 lux"。

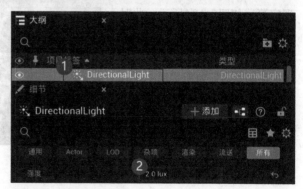

图 5.500　调整定向光源

将钱币放置于山顶上，如图5.501所示。

打开控制钱币的蓝图，在钱币下放一个光源，便于玩家寻找，如图5.502所示。

❶打开"内容浏览器"面板，在搜索框中输入"money"。

❷双击打开蓝图。

图5.501　布置场景　　　　　　　　　　　　图5.502　打开蓝图

添加一个点光源组件，如图5.503所示。

❶单击"添加"按钮。

❷选择"点光源组件"。

将点光源组件放在钱币下方，如图5.504所示。

保存蓝图后，回到主界面，可以看到钱币下方有点光源出现，效果如图5.505所示。

图5.503　添加点光源组件

图5.504　放置点光源组件

图5.505　点光源效果展示

将制作的地刺放在场景的湖水中，如图5.506所示。

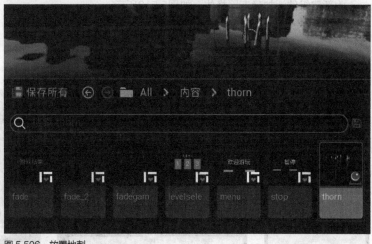

图5.506　放置地刺

为湖水添加接触就会触发游戏结束的功能，
如图5.507所示。

图5.507　调节"Box"

❶ 来到"细节"面板，选择蓝图中所包含的"Box"。

❷ 对"Box"的长和宽进行调节，尽量覆盖湖水，这样玩家一与湖水接触就会触发游戏结束画面。

来到"放置Actor"面板，添加一个"玩家出生点"，如图5.508所示。

❶ 单击"基础"分类。

❷ 将"玩家出生点"拖曳到场景中。

将"玩家出生点"放在河对岸的位置，如图5.509所示。

图5.508　添加"玩家出生点"

图5.509　放置"玩家出生点"

接下来将改造之前的移动平台，让其外形更加符合场景。

将蓝图"MobilePlatform"进行复制，并重命名为"船"，如图5.510所示。

打开蓝图"船"，删除原有的几何体，添加一个"静态网格体组件"，如图5.511所示。

❶ 来到"组件"面板，单击"添加"按钮。

❷ 选择"静态网格体组件"。

为新建组件添加静态网格体，如图5.512所示。

❶ 来到"细节"面板，打开"静态网格体"下拉菜单。

❷ 在搜索框中输入"boat"。

❸ 选择对应的资产。

图5.510　复制蓝图

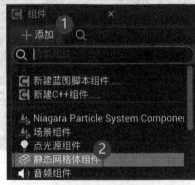

图5.511　添加"静态网格体组件"

图5.512　为新建组件添加静态网格体

将组件 "Box" 拖曳到组件 "StaticMesh" 上，若此时出现提示框 "放置到此处，将Box附加到StaticMesh。"，如图5.513所示，则松开鼠标，此时组件父子级关系已建立。

来到 "事件图表" 面板，将图5.514所示的节点删除，蓝图中有两处，均删除。

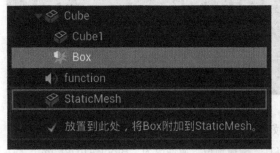

图 5.513　建立父子级关系

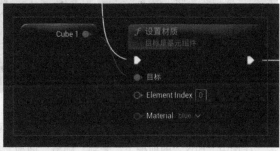

图 5.514　删除节点

按图5.515连接节点。

图 5.515　连接节点

将另一处节点也按照图5.516进行连接。

将蓝图中的组件 "Cube" 都替换为组件 "StaticMesh"，如图5.517所示。

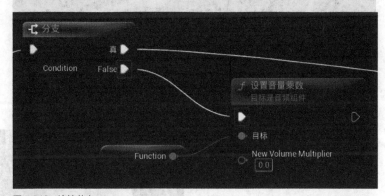

图 5.516　连接节点

来到 "组件" 面板，将图5.518中框选的组件删除。

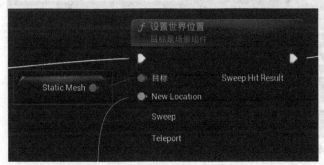

图 5.517　替换组件

图 5.518　删除组件

调整组件 "StaticMesh"，如图5.519所示。

❶ 选中组件 "StaticMesh"。

❷ 切换到 "视口" 面板，将网格体在z轴方向上进行缩放（以免和禁入区的盒体重合，发生误触）。

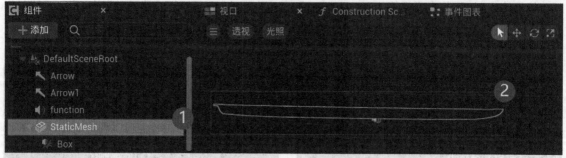

图 5.519　调整组件

选中组件"Box"，对其进行调整，使得其可以刚好覆盖组件"StaticMesh"，如图5.520所示。

在选中"Box"的前提下，来到"细节"面板，将其"碰撞预设"属性改为"BlockAllDynamic"，如图5.521所示。

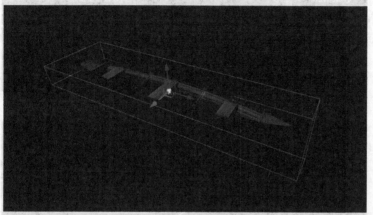

图 5.520　调整组件

图 5.521　修改"碰撞预设"

单击界面左上角的"编译"按钮，待"编译"显示绿色。

接下来将制作好的"船"蓝图拖入场景中，调整大小，放在象鼻山的对岸。

在场景中对"船"蓝图进行调整，如图5.522所示。

❶ 来到"细节"面板，选择"Arrow1"。

❷ 在场景中，将其坐标轴移动到有象鼻山的一岸。

图 5.522　调整蓝图

这样，就设置好了一个可以通过禁入区的船，玩家可以利用船到对岸，爬上小山收集钱币，游戏的趣味性多了一些。

将附件中的音效"水"导入项目中。

打开"船"的蓝图，修改音效，如图5.523所示。

❶ 来到"组件"面板，选择音频组件"function"。

❷ 来到"细节"面板,打开"音效"下拉菜单。

❸ 在搜索框中输入"水",进行搜索。

❹ 选择对应的音频文件。

对蓝图进行保存。

接下来,在"内容浏览器"面板中双击打开音频文件"水",在"细节"面板中勾选"正在循环"选项并保存,如图5.524所示。

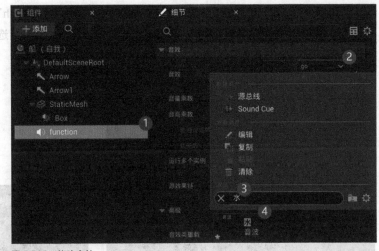

图 5.523　修改音效

接下来使用移动平台去修改,创造一个可以爬到小山山顶的"飞石"平台。

将蓝图"船"进行复制,重命名为"飞石"并打开。

将"StaticMesh"原有的静态网格体替换掉,如图5.525所示。

❶ 来到"细节"面板,打开"静态网格体"下拉菜单。

❷ 在搜索框中输入"SM_Rock"。

❸ 选择对应的资产。

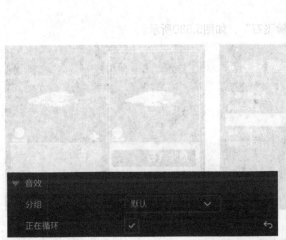

图 5.524　激活循环

图 5.525　为新建组件替换静态网格体

调整组件"StaticMesh",如图5.526所示。

❶ 选中组件"StaticMesh"。

❷ 来到视口,将网格体在x和y轴方向上进行缩放,使其近似石板。

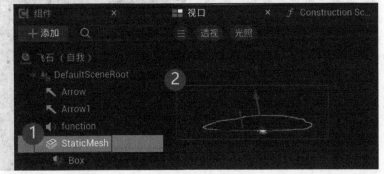

图 5.526　调整组件

选中组件"Box"进行调整，使其可以刚好覆盖组件"StaticMesh"，如图5.527所示。

在选中"function"的前提下，来到"细节"面板，将"音效"选项换为原来的"go"，如图5.528所示。

图 5.527 调整组件

图 5.528 修改音效

修改完毕后，保存蓝图，回到主界面。

将飞石放置在小山旁边。在场景中对"飞石"蓝图进行调整，如图5.529所示。

❶ 来到"细节"面板，选择"Arrow1"。

❷ 来到场景中，将其坐标轴移动到小山上方。

至此，"level2"关卡就修改完了，保存关卡后，下面开始设计"level3"关卡。

对关卡"level2"进行复制，并命名为"level3"。在这一关卡，将难度系数提升，在玩家收集钱币的路上放置"危险飞石"，阻挠玩家收集钱币，轻则击退玩家，重则将玩家击入湖水中直接结束游戏。

复制"飞石"蓝图，并将复制的蓝图改名为"危险飞石"，如图5.530所示。

图 5.529 调整蓝图

图 5.530 复制蓝图

打开"危险飞石"蓝图，对巨石外形进行编辑，如图5.531所示。

❶ 来到"组件"面板，选择"StaticMesh"。

❷ 在视口中对巨石进行缩放调整，使其恢复原形。

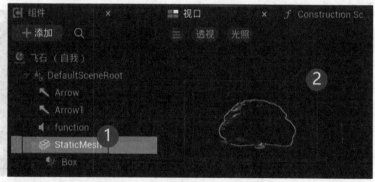

图 5.531 调整巨石

更改碰撞预设，如图5.532所示。

❶ 来到"组件"面板，选中"Box"。

❷ 来到"细节"面板，将其"碰撞预设"属性改为
"OverlapAllDynamic"。

图5.532　更改碰撞预设

打开地刺蓝图"thorn"，将其事件图表中的节点全部复制到"危险飞石"蓝图中，这样玩家接触到
"危险飞石"后就会结束游戏，如图5.533所示。

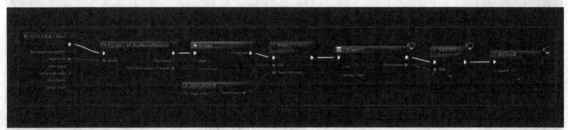

图5.533　复制节点

单击界面左上角的"编译"按钮，待"编译"显示绿色。

将"危险飞石"蓝图添加到场景中，放在玩家的必经之路上或收集钱币的路上，并通过移动
"Arrow1"的坐标轴，确定"危险飞石"的移动范围，如图5.534所示。

图5.534　放置蓝图资产

至此，3个不同难度和不同玩法的关卡就制作好了。

在关卡"level2"编辑器中单击"运行"按钮，项目运行后，可以乘坐"飞石"安全移动到"石之
门"旁；而在关卡"level3"中，可以躲过"危险飞石"的袭击，乘坐"飞石"到达"石之门"，效果如
图5.535所示。如能实现上述效果，则证明设置成功。

图 5.535　运行效果

5.7 创建用户界面

在该节，将带领大家对游戏项目做最后的完善，制作一个提供选择关卡功能的菜单，同时制作游戏暂停与开始功能以及结束界面，对游戏进行收尾。

5.7.1　制作菜单与关卡选择界面

首先为"level1"关卡添加一个游戏开始的淡入效果。

将蓝图"fade"进行复制，并将复制出的蓝图更名为"fadegamebegin"，如图5.536所示。

打开蓝图"fadegamebegin"，删除图5.537红框中的控件。

切换到图表编辑模式，删除红框选中的节点，如图5.538所示。

图 5.536　复制蓝图

图 5.537　删除控件

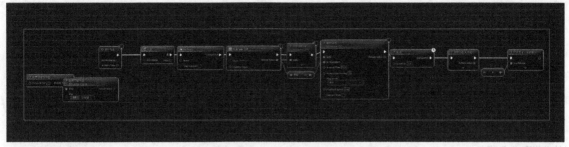

图 5.538　删除节点

单击界面左上角的"编译"按钮，待"编译"显示绿色。

打开关卡蓝图，编辑蓝图。

将图5.539中框选的蓝图节点进行复制，并粘贴在该关卡蓝图中备用。

调整节点，将"创建Coin控件"节点上的"Class"选项设置为"Fadegamebegin"，如图5.540所示。

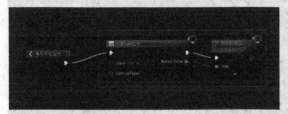

图 5.539　复制节点

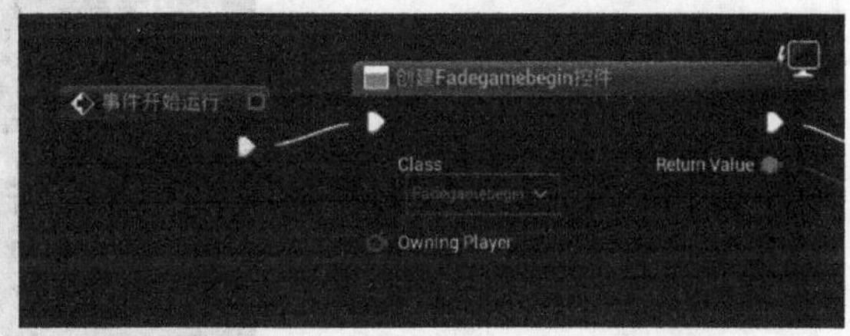

图 5.540　调整节点

新建节点，如图5.541所示。

❶ 按住"创建Fadegamebegin控件"节点上"Return Value"的引脚"■"，向外拉出引线。

❷ 在弹出的蓝图节点搜索框中输入"播放动画"。

❸ 在"动画"栏中选择对应的"播放动画"节点。

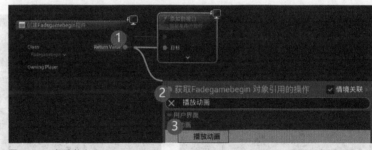

图 5.541　新建节点

根据图5.542连接节点。

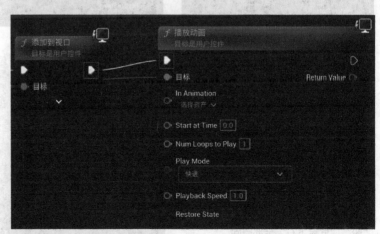

图 5.542　连接节点

新建节点，如图5.543所示。

❶ 按住"创建Fadegamebegin控件"节点上"Return Value"的引脚"▣"，然后向外拉出引线。

❷ 在弹出的蓝图节点搜索框中输入"获取die"。

❸ 在"Animations"栏中选择对应的"获取die"节点。

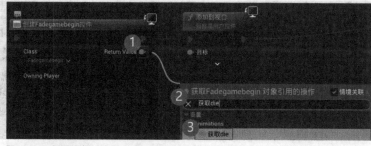

图 5.543　新建节点

根据图5.544连接节点。

调整节点，如图5.545所示。

将"播放动画"节点上的"Play Mode"调整为"翻转"。

根据图5.546连接节点。

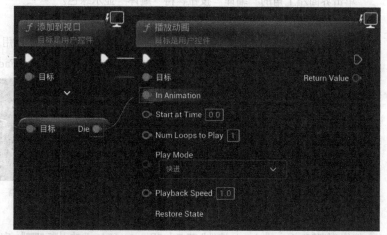

图 5.544　连接节点

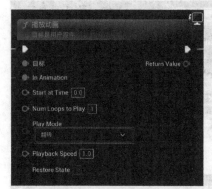

图 5.545　调整节点

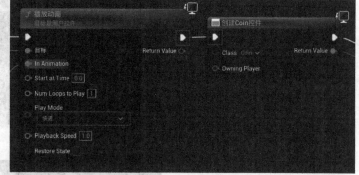

图 5.546　连接节点

单击界面左上角的"编译"按钮，待"编译"显示绿色。

将这部分具有淡入功能的节点添加到关卡"level2"和"level3"的关卡蓝图中。将关卡"level2"进行复制，并命名为"open"。

打开关卡"open"，将其中的场景保留，蓝图"money""thorn""船""危险飞石"全部删除。

将蓝图"fade"进行复制，并命名为"menu"，如图5.547所示。

图 5.547　场景调整

打开蓝图"menu"，开始编辑文本，如图5.548所示。

❶ 来到"层级"面板，选择"游戏结束"文本。

❷ 来到"细节"面板，将"文本"选项修改为"欢迎游玩"。

图5.548　编辑文本

删除框选的文本，如图5.549所示。

删除框选的动画，如图5.550所示。

添加一个按钮控件，如图5.551所示。

❶ 来到"控制板"面板，选择"通用"栏中的"按钮"。

❷ 将其拖曳到"画布面板"中，放置于"欢迎游玩"的左下方，并调整大小。

图5.549　删除文本

图5.550　删除动画

图5.551　添加控件

调整控件，设置鼠标悬停时的颜色，如图5.552所示。

❶ 来到"细节"面板，单击"着色"选项的色块，打开"取色器"面板。

❷ 选择颜色。

❸ 单击"确定"按钮。

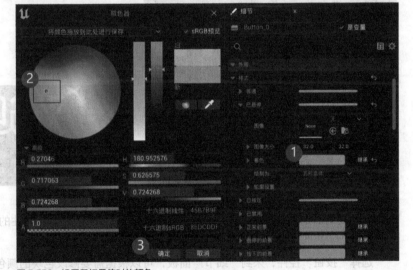

图5.552　设置鼠标悬停时的颜色

继续调整控件，设置背景颜色，如图5.553所示。

❶ 来到"细节"面板，单击"背景颜色"的色块。

❷ 选择一个比鼠标悬停时的颜色淡些的颜色。

❸ 单击"确定"按钮。

添加一个"文本"控件，如图5.554所示。

❶ 来到"控制板"面板，选择"文本"。

❷ 将其拖曳到"按钮"控件的方框内。

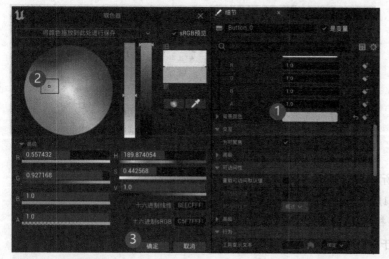

图 5.553 设置背景颜色

图 5.554 添加"文本"控件

在选中"文本"控件的前提下,来到"细节"面板,将"文本"属性的内容修改为"开始",如图5.555所示。

调整"按钮"控件的锚点的模式,如图5.556所示。

1 打开"锚点"下拉菜单。

2 选择"中心/中心"选项。

选中"画布面板"中的按钮进行复制,并粘贴于"画布面板"另一侧,如图5.557所示。

图 5.555 修改"文本"

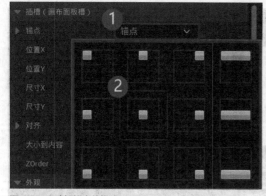

图 5.556 选择锚点的模式

图 5.557 复制控件

选择复制后的"文本"控件,在"细节"面板中修改"文本"属性的内容为"退出",如图5.558所示。

选择"按钮"控件,来到"细节"面板,可以根据需要修改色块的颜色,如图5.559所示。为统一色块,这里不进行修改,依旧使用蓝色。

图 5.558 修改"文本"

图 5.559 修改"着色"

在编写蓝图前，将该蓝图中的所有节点删除。

新建节点，如图5.560所示。

来到"细节"面板，单击"事件"栏中"点击时"的加号按钮。

图 5.560 新建节点

新建节点，如图5.561所示。

❶ 按住"点击时（Button）"节点，向外拉出引线。

❷ 在弹出的蓝图节点搜索框中输入"退出游戏"。

图 5.561 新建节点

❸ 在"游戏"栏中选择对应的"退出游戏"节点。

单击界面左上角的"编译"按钮，待"编译"显示绿色。

打开"menu"关卡蓝图，将图5.562中框选的节点剪切。

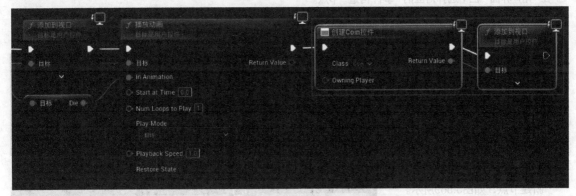

图 5.562 剪切节点

将节点粘贴在"事件开始运行"节点和"创建Fadegamebegin控件"节点之间，并与两端相连接，如图5.563所示。

图 5.563 调整节点

调整节点，如图5.564所示。

将"创建Menu控件"节点上的"Class"设置为"Menu"。

图 5.564 调整节点

打开蓝图"menu",新建节点,如图5.565所示。

❶ 右击打开蓝图节点搜索框,输入"获取玩家控制器"。

❷ 在"游戏"栏中选择对应的"获取玩家控制器"节点。

图 5.565　新建节点

新建节点,如图5.566所示。

❶ 按住"获取玩家控制器"节点上"Return Value"的引脚,向外拉出引线。

❷ 在弹出的蓝图节点搜索框中输入"设置仅输入模式ui"。

❸ 选择对应的"设置仅输入模式UI"节点。

图 5.566　新建节点

新建节点,如图5.567所示。

❶ 右击打开蓝图节点搜索框,输入"事件构造"。

❷ 在"用户界面"栏中选择对应的"事件构造"节点。

根据图5.568连接节点。

图 5.567　新建节点

图 5.568　连接节点

新建节点,如图5.569所示。

❶ 按住"设置仅输入模式UI"节点上"In Widget to Focus"的引脚"■",然后向外拉出引线。

❷ 在弹出的蓝图节点搜索框中输入"get self"。

❸ 选择"获得一个对自身的引用"节点。

打开关卡蓝图"open",新建节点,如图5.570所示。

❶ 按住"播放动画"节点右侧的引脚"■",然后向外拉出引线。

❷ 在弹出的蓝图节点搜索框中输入"序列"。

❸ 在"流程控制"栏中选择对应的"序列"节点。

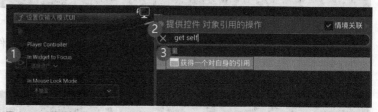

图 5.569　新建节点

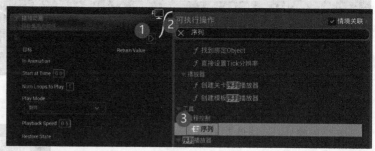

图 5.570　新建节点

新建节点,如图5.571所示。

❶ 按住"序列"节点上"Then 1"的引脚"■",然后向外拉出引线。

❷ 在弹出的蓝图节点搜索框中输入
"延迟"。

❸ 在"流控制"栏中选择对应的
"延迟"节点。

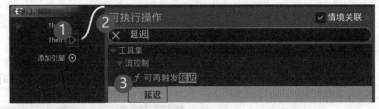

图5.571 新建节点

新建节点，如图5.572所示。

❶ 按住"创建Fadegamebegin控
件"节点上"Return Value"的引脚
"■"，然后向外拉出引线。

❷ 在弹出的蓝图节点搜索框中输入
"从父项中移除"。

❸ 选择对应的节点。

图5.572 新建节点

根据图5.573连接节点。

图5.573 连接节点

继续新建节点，如图5.574所示。

❶ 右击打开蓝图节点搜索框，输入"获取玩家控制器"。

❷ 在"游戏"栏中选择对应的"获取玩家控制器"
节点。

图5.574 新建节点

继续新建节点，如图5.575
所示。

❶ 按住"获取玩家控制器"节点上
"Return Value"的引脚，向外拉出
引线。

图5.575 新建节点

❷ 在弹出的蓝图节点搜索框中输入
"使用混合设置视图目标"。

❸ 选择对应的节点。

根据图5.576连接节点。

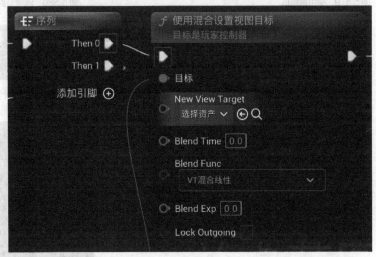

图5.576 连接节点

创建一个摄像机，如图5.577所示。

❶ 来到主界面的"放置Actor"面板，在搜索框中输入"摄像机"。

❷ 将"电影摄像机Actor"拖曳到场景中。

将摄像机调整到合适的角度，让这个镜头成为游戏的开始画面，如图5.578所示。

图 5.577　创建摄像机　　　　　　　　图 5.578　调整摄像机

在蓝图中引用摄像机，如图5.579所示。

选中新建的摄像机，打开关卡蓝图"open"，右击打开蓝图节点搜索框，选择"创建一个对CineCameraActor1的引用"。

根据图5.580连接节点。

图 5.579　引用摄像机　　　　　　　　图 5.580　连接节点

继续新建节点，如图5.581所示。

❶ 按住"获取玩家控制器"节点上"Return Value"的引脚，然后向外拉出引线。

图 5.581　新建节点

❷ 在弹出的蓝图节点搜索框中输入"设置show"。

❸ 选择"设置Show Mouse Cursor"节点。

编辑蓝图，如图5.582所示。

❶ 根据图示的红框连接节点。

❷ 勾选"SET"节点上的"显示鼠标光标"选项。

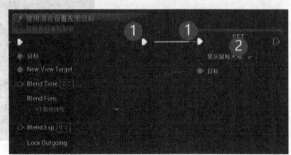

图 5.582　连接并编辑节点

将蓝图"menu"进行复制，其命名为"levelselect"，如图5.583所示。

打开蓝图"levelselect"，选择"文本"控件"欢迎游玩"进行编辑，如图5.584所示。

❶ 来到"细节"面板，将"文本"选项的内容修改为"选择关卡"。

❷ 来到"画布面板"，将文本"选择关卡"的方框调整到"画布面板"顶部。

图 5.583 复制蓝图

图 5.584 编辑"文本"

将图中的"开始"按钮复制两份，并调整其位置和大小，如图5.585所示。

将3个按钮的文本分别修改为"1""2""3"，同时将字体的大小也进行调整，效果如图5.586所示。

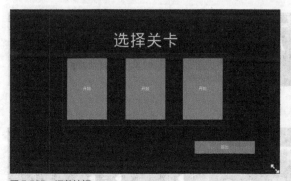

图 5.585 调整按钮

图 5.586 调整文本

选中"1""2""3"3个按钮，来到"细节"面板将其"背景颜色"的色块调整得更淡，如图5.587所示。

选中"退出"按钮，来到"细节"面板，将"文本"选项内容修改为"返回"，如图5.588所示。

图 5.587 调整"背景颜色"

图 5.588 修改"文本"

切换到图表编辑模式，删除图5.589中框选的节点。

图 5.589 删除节点

新建节点，如图5.590所示。

❶ 按住"点击时（Button）"节点的引脚"▷"，然后向外拉出引线。

❷ 在弹出的蓝图节点搜索框中输入"创建控件"。

❸ 在"用户界面"栏中选择对应的"创建控件"节点。

将"创建Menu控件"节点上的"Class"选项调整为"Menu"，如图5.591所示。

图5.590 新建节点

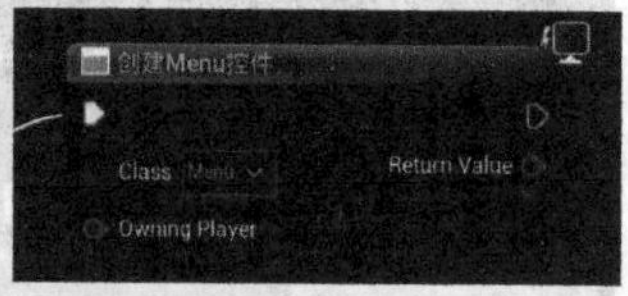

图5.591 调整节点

新建节点，如图5.592所示。

❶ 按住"创建控件"节点上"Return Value"的引脚，然后向外拉出引线。

❷ 在弹出的蓝图节点搜索框中输入"添加到视口"。

❸ 在"视口"栏中选择对应的"添加到视口"节点。

图5.592 新建节点

新建节点，如图5.593所示。

❶ 按住"添加到视口"节点右侧的"▷"引脚，然后向外拉出连接线。

❷ 在弹出的蓝图节点搜索框中输入"从父项中移除"。

❸ 在"控件"栏中选择对应的"从父项中移除"节点。

图5.593 新建节点

单击界面左上角的"编译"按钮，待"编译"显示绿色。

至此，在游戏的关卡选择界面单击"返回"按钮可以回到菜单界面。在菜单界面中，单击"开始"按钮可以切换到关卡选择界面，接下来编写蓝图实现这个功能。

框选图5.594所示节点进行复制，将其粘贴到蓝图"menu"中。

图5.594 复制节点

选中"开始"按钮，来到"细节"面板，单击"点击时"的加号按钮，如图5.595所示。

根据图5.596连接节点。

图5.595 新建节点

图5.596 连接节点

将"创建Levelselect控件"节点上的"Class"选项调整为"Levelselect",如图5.597所示。

单击界面左上角的"编译"按钮，待"编译"显示绿色，跳转选择关卡界面的功能就实现了。

接下来，编写一个选择关卡的功能。

打开"levelselect"关卡蓝图，选中按钮"1"，来到"细节"面板，单击"点击时"的加号按钮，如图5.598所示。

图 5.597　调整节点

图 5.598　新建节点

打开关卡蓝图，复制图5.599中框选的节点。

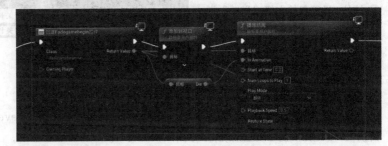

图 5.599　复制节点

根据图5.600连接节点。

新建节点，如图5.601所示。

❶ 按住"播放动画"节点右侧的引脚"▷"，然后向外拉出引线。

❷ 在弹出的蓝图节点搜索框中输入"延迟"。

❸ 在"流控制"栏中选择对应的"延迟"节点。

图 5.600　连接节点

继续新建节点，如图5.602所示。

❶ 按住"延迟"节点上"Completed"的引脚"▷"，然后向外拉出引线。

❷ 在弹出的蓝图节点搜索框中输入"设置仅输入模式游戏"。

❸ 在"输入"栏中选择对应的"设置仅输入模式游戏"节点。

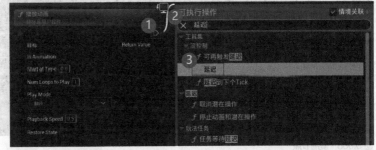

图 5.601　新建节点

图 5.602　新建节点

继续新建节点，如图5.603所示。

❶ 右击打开蓝图节点搜索框，输入"获取玩家控制器"。

❷ 在"游戏"栏中选择对应的"获取玩家控制器"节点。

根据图5.604连接节点。

图5.603　新建节点

图5.604　连接节点

继续新建节点，如图5.605
所示。

❶ 按住"设置仅输入模式游戏"节
点右侧的引脚"▷"，然后向外拉出
引线。

图5.605　新建节点

❷ 在弹出的蓝图节点搜索框中输入"打开关卡"。

❸ 在"游戏"栏中选择"打开关卡（按名称）"节点。

将"打开关卡（按名称）"节点上的"Level Name"设置为"level1"，如图5.606所示。这样在单
击按钮"1"后，就可以直接跳转到关卡"level1"。

用同样的方法去获取按钮"2"和"3"的"点击时"节点，如图5.607所示。

图5.606　修改节点

图5.607　获取节点

将图5.608中框选的节点复制两份，粘贴在新建的节点旁。

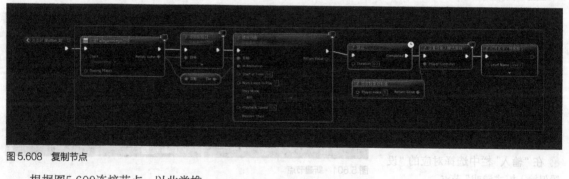

图5.608　复制节点

根据图5.609连接节点，以此类推。

将"打开关卡（按名称）"节点上的"Level Name"分别设置为"level2"和"level3"，如图5.610
所示。

图 5.609 连接节点

图 5.610 修改节点

单击界面左上角的"编译"按钮，待"编译"显示绿色。

在关卡编辑器中单击"运行"按钮，项目运行后，进入游戏菜单界面。单击"开始"按钮则进入关卡选择界面，选择数字按钮，就会进入相应的关卡，如果单击"返回"按钮，则返回上一层级，单击菜单上的"退出"按钮则结束游戏，同时鼠标指针悬停在任何一个按钮上都会有悬停效果，运行效果如图5.611所示。如上述操作正常运行，则证明编写成功。

图 5.611 运行效果

5.7.2 制作通关界面

将关卡"open"进行复制，并命名为"end"，如图5.612所示。

将蓝图"fade"进行复制，并命名为"end"。

打开蓝图"end"，删除图5.613中框选的动画序列。

选中内容为"按下'空格'重新开始"的"文本"控件，来到"细节"面板，将"文本"选项的内容修改为"按下任意键回到菜单"，如图5.614所示。

图 5.612 复制关卡

图 5.613 删除动画序列

图 5.614 修改"文本"

选中内容为"游戏结束"的"文本"控件，来到"细节"面板，将"文本"选项的内容修改为"通关达成"，如图5.615所示。

单击界面左上角的"编译"按钮，待"编译"显示绿色。

接下来，切换到图表编辑模式。

新建节点，如图5.616所示。

❶ 右击打开蓝图节点搜索框，输入"获取玩家控制器"。

❷ 在"游戏"栏中选择对应的"获取玩家控制器"节点。

图5.615 修改"文本"

图5.616 新建节点

新建节点，如图5.617所示。

❶ 按住"获取玩家控制器"节点上 "Return Value"的引脚"●"，然后向外拉出引线。

❷ 在弹出的蓝图节点搜索框中输入 "刚按下输入键"。

❸ 在"玩家"栏中选择对应的"刚按下输入键"节点。

图5.617 新建节点

对"刚按下输入键"节点进行调整，如图5.618所示。

❶ 单击打开"Key"旁的"选择键值"下拉菜单。

❷ 在搜索框中输入"任意键"。

❸ 选择"任意键"。

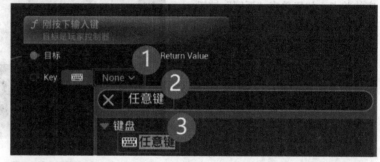

图5.618 调整节点

继续新建节点，如图5.619所示。

❶ 按住"事件Tick"节点右上角的引脚"▷"，向外拉出引线。

❷ 在弹出的蓝图节点搜索框中输入 "分支"。

❸ 在"流程控制"栏中选择"分支"节点。

图5.619 新建节点

根据图5.620连接节点。

继续新建节点，如图5.621所示。

❶ 按住"分支"节点上"真"的引脚"▷"，向外拉出引线。

❷ 在弹出的蓝图节点搜索框中输入"do once"。

❸ 在"流程控制"栏中选择对应的"Do Once"节点。

图5.620 连接节点

图5.621 新建节点

在播放通关画面时设置一个淡入模糊的效果，这里打开蓝图"fade"，复制图5.622中框选的节点，并粘贴到蓝图"end"中。

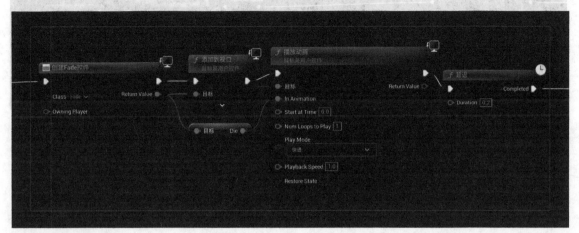

图5.622 复制节点

将"创建Fadegamebegin控件"节点上的"Class"设置为"Fadegamebegin"，如图5.623所示。根据图5.624连接节点。

图5.623 调整节点　　图5.624 连接节点

新建节点，如图5.625所示。

❶ 按住"延迟"节点上"Completed"的引脚"▷"，然后向外拉出引线。

❷ 在弹出的蓝图节点搜索框中输入"打开关卡"。

❸ 在"游戏"栏中选择"打开关卡（按名称）"节点。

将"打开关卡（按名称）"节点上的"Level Name"设置为"open"，这样就能够回到菜单界面了，如图5.626所示。

图5.625 新建节点　　　　　　　　　　　　　　　图5.626 修改节点

单击界面左上角的"编译"按钮，待"编译"显示绿色。

打开关卡蓝图，删除"播放动画"节点后的所有节点，如图5.627所示。

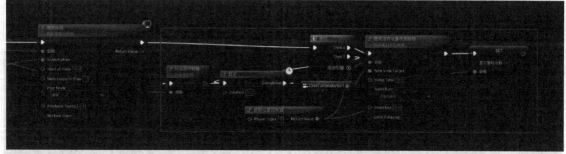

图 5.627　删除节点

　　将"创建End控件"节点上的"Class"设置为"End"，如图5.628所示。

　　新建节点，如图5.629所示。

❶ 右击打开蓝图节点搜索框，输入"获取玩家角色"。

❷ 在"游戏"栏中选择对应的"获取玩家角色"节点。

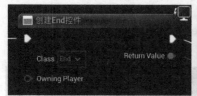

图 5.628　调整节点

图 5.629　新建节点

　　新建节点，如图5.630所示。

❶ 按住"获取玩家角色"节点上
"Return Value"的引脚"●"，然
后向外拉出引线。

❷ 在弹出的蓝图节点搜索框中输入
"禁用输入"。

❸ 在"输入"栏中选择对应的"禁用
输入"节点。

图 5.630　新建节点

　　继续新建节点，如图5.631
所示。

❶ 右击打开蓝图节点搜索框，输入
"获取玩家控制器"。

❷ 在"游戏"栏中选择对应的"获
取玩家控制器"节点。

　　根据图5.632连接节点。

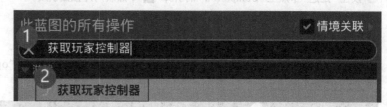

图 5.631　新建节点

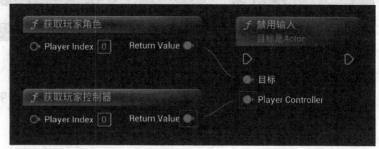

图 5.632　连接节点

根据图5.633连接节点。

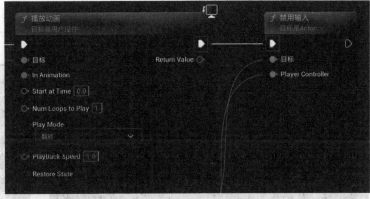

图5.633　连接节点

继续新建节点，如图5.634所示。

❶ 按住"获取玩家控制器"节点上"Return Value"的引脚"■"，然后向外拉出引线。

❷ 在弹出的蓝图节点搜索框中输入"使用混合设置视图目标"。

❸ 选择对应的节点。

图5.634　新建节点

根据图5.635连接节点。

来到主视口，将关卡中的摄像机调整为合适的角度，让这个镜头成为游戏通关的画面，如图5.636所示。

在蓝图中引用摄像机。选中摄像机，打开蓝图"end"，右

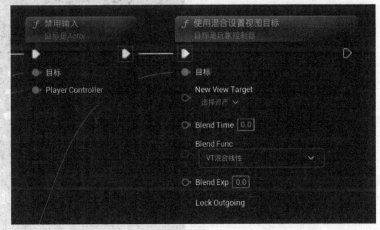

图5.635　连接节点

击打开蓝图节点搜索框，选择"创建一个对CineCameraActor的引用"，如图5.637所示。

图5.636　调整摄像机

图5.637　引用摄像机

根据图5.638连接节点。

将"使用混合设置视图目标"节点上的"Blend Time"选项设置为5.0，如图5.639所示，这样就拥有了一个动态的通关镜头。

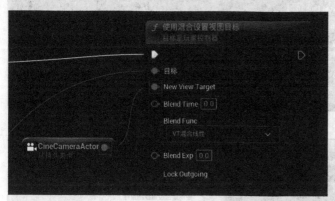

图 5.638　连接节点

图 5.639　调整节点

单击界面左上角的"编译"按钮，待"编译"显示绿色。

在关卡编辑器中单击"运行"按钮，项目运行后，来到通关界面，如图5.640所示，背景镜头在移动，此时按下任意键，可返回到菜单。如能实现上述效果，则证明设置成功。

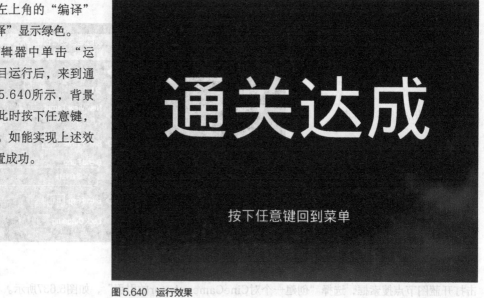

图 5.640　运行效果

5.7.3　串联关卡与制作暂停界面

接下来，将3个关卡串联在一起，让游戏更加流畅。

打开关卡"level1"，选中场景中的蓝图"door"，来到"细节"面板，将"New Level"选项的文本修改为"level2"，如图5.641所示。

同样，打开关卡"level2"，选中场景中的蓝图"door"，来到"细节"面板，将"New Level"选项的文本修改为"level3"。

打开关卡"level3"，选中场景中的蓝图"door"，来到"细节"面板，将"New Level"选项的文本修改为"end"，如图5.642所示，这样通过最后一关就可以直接播放通关画面。

图 5.641　编辑蓝图

图 5.642　编辑蓝图

至此，关卡就串联好了。

接下来制作一个暂停界面。

将蓝图"menu"进行复制，并命名为"stop"，如图5.643所示。

打开蓝图"stop"，对"画布面板"中的文本进行修改，如图5.644所示。

图5.643 复制蓝图

图5.644 修改文本

切换到图表编辑模式，将节点"点击时（Button_0）"后的节点全部删除，如图5.645所示。

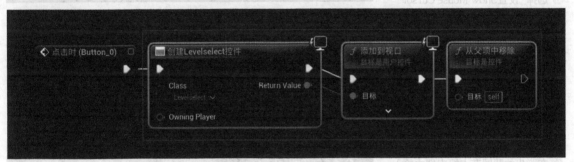

图5.645 删除节点

新建节点，如图5.646所示。

❶ 右击打开蓝图节点搜索框，输入"获取玩家控制器"。

❷ 在"游戏"栏中选择对应的"获取玩家控制器"节点。

继续新建节，如图5.647所示。

❶ 按住"获取玩家控制器"节点上"Return Value"的引脚，向外拉出引线。

❷ 在弹出的蓝图节点搜索框中输入"设置仅输入模式游戏"。

❸ 选择对应的节点。

图5.646 新建节点

图5.647 新建节点

根据图5.648连接节点。

图5.648 连接节点

新建节点，如图5.649所示。

❶ 按住"设置仅输入模式游戏"节点右侧的引脚，向外拉出引线。

❷ 在弹出的蓝图节点搜索框中输入"设置游戏已暂停"。

❸ 在"游戏"栏中选择"设置游戏已暂停"节点。

图 5.649　新建节点

继续新建节点，如图5.650所示。

❶ 按住"获取玩家控制器"节点上"Return Value"的引脚，拉出引线。

❷ 在弹出的蓝图节点搜索框中输入"设置show"。

❸ 选择"设置Show Mouse Cursor"节点。

图 5.650　新建节点

根据图5.651连接节点。

继续新建节点，如图5.652所示。

❶ 按住"设置Show Mouse Cursor"节点右侧的引脚"▷"，然后向外拉出引线。

❷ 在弹出的蓝图节点搜索框中输入"从父项中移除"。

❸ 在"控件"栏中选择"从父项中移除"节点。

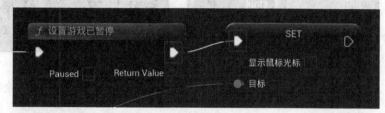

图 5.651　连接节点

图 5.652　新建节点

将节点"点击时（Button）"后的节点删除，如图5.653所示。

图 5.653　删除节点

打开蓝图"levelselect"，复制图5.654中框选的节点，粘贴到蓝图"stop"中。

图 5.654　复制节点

将"打开关卡（按名称）"节点的Level Name修改为"open"，如图5.655所示。

根据图5.656连接节点。

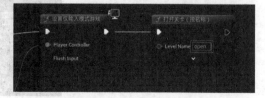

图 5.655　复制节点

单击界面左上角的"编译"按钮，待"编译"显示绿色。

接下来，通过编写第一人称玩家蓝图来实现调出暂停界面的功能。

图 5.656　连接节点

打开蓝图"BP_FirstPersonCharacter"，新建节点，如图5.657所示。

❶ 右击打开蓝图节点搜索框，输入"鼠标中键"。

❷ 在"鼠标个事件"栏中选择"鼠标中键"节点。

继续新建节点，如图5.658所示。

❶ 按住"鼠标中键"节点上"Pressed"的引脚"▷"，然后向外拉出引线。

❷ 在弹出的蓝图节点搜索框中输入"获取当前关卡名"。

❸ 在"游戏"栏中选择"获取当前关卡名"节点。

图 5.657　新建节点 　　　　　　　　　　　图 5.658　新建节点

继续新建节点，如图5.659所示。

❶ 按住"获取当前关卡名"节点上"Return Value"的引脚"●"，然后向外拉出引线。

❷ 在弹出的蓝图节点搜索框中输入"相等"。

❸ 在"字符串"栏中选择"相等，不区分大小写(字符串)"节点。

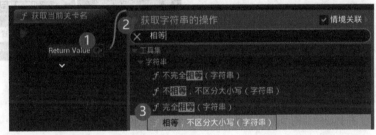

图 5.659　新建节点

将新建节点中的方框中的内容修改为"menu"，如图5.660所示。

继续新建节点，如图5.661所示。

❶ 按住"相等，不区分大小写(字符串)"节点的引脚"■"，然后向外拉出引线。

❷ 在弹出的蓝图节点搜索框中输入"分支"。

❸ 在"流程控制"栏中选择"分支"节点。

图 5.660　编辑节点 　　　　　　　　　图 5.661　新建节点

根据图5.662连接节点。

新建节点，如图5.663所示。

❶ 按住"分支"节点上"False"的引脚"▷"，然后向外拉出引线。

② 在弹出的蓝图节点搜索框中输入"创建控件"。

③ 在"用户界面"栏中选择"创建控件"节点。

调整节点，将"创建Stop控件"节点上的"Class"设置为"Stop"，如图5.664所示。

图 5.662　连接节点

图 5.663　新建节点

图 5.664　调整节点

继续新建节点，如图5.665所示。

① 按住"创建Stop控件"节点右上角的引脚"▷"，然后向外拉出引线。

② 在弹出的蓝图节点搜索框中输入"添加到视口"。

③ 在"视口"栏中选择"添加到视口"节点。

图 5.665　新建节点

继续新建节点，如图5.666所示。

① 按住"添加到视口"节点右侧的引脚"▷"，然后向外拉出引线。

② 在弹出的蓝图节点搜索框中输入"设置游戏已暂停"。

③ 在"游戏"栏中选择"设置游戏已暂停"节点。

勾选"设置游戏已暂停"节点上的"Paused"选项，如图5.667所示。

新建节点，如图5.668所示。

① 右击打开蓝图节点搜索框，输入"获取玩家控制器"。

② 在"游戏"栏中选择对应的"获取玩家控制器"节点。

图 5.667　调整节点

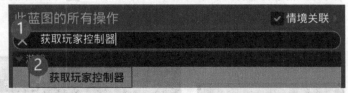

图 5.668　新建节点

继续新建节点，如图5.669所示。

① 按住"获取玩家控制器"节点上"Return Value"的引脚"●"，然后向外拉出引线。

图 5.669　新建节点

❷ 在弹出的蓝图节点搜索框中输入"设置show"。

❸ 选择"设置Show Mouse Cursor"节点。

连接并编辑节点，如图5.670所示。

❶ 根据图示的红框连接节点。

❷ 勾选节点"设置Show Mouse Cursor"上的"显示鼠标光标"选项。

单击界面左上角的"编译"按钮，待"编译"显示绿色。

在关卡编辑器中单击"运行"按钮，项目运行后，单击鼠标中键可暂停游戏并跳出暂停界面，单击"继续"按钮可继续游戏，而单击"返回"按钮可回到菜单界面。进行游戏时，通关后即可顺利进入下一关卡，而通过关卡"level3"的"石之门"后就能进入通关界面，如图5.671所示。如能实现上述效果，则证明设置成功。

图 5.670　连接并编辑节点

图 5.671　运行效果

06章

过场动画制作

过场动画一般指"cutscene"（剧情动画），是游戏项目的常见组成部分，经常用来暂停当前游戏、发展故事情节，或者提供游戏背景信息、环境氛围、对话以及线索等。

在虚幻引擎5中可以通过编辑用户控件并结合媒体动画的形式来实现过场动画，例如在玩家的屏幕上播放提前渲染好的影片；也可以通过关卡序列功能进行实时的动画演示。本章将通过实例讲解如何利用虚幻引擎5的关卡序列功能制作过场动画。

图6.1所示为本章过场动画效果。完成本章的学习后，可以在场景中制作过场动画，并将其渲染导出到硬盘中。

图6.1　过场动画效果

6.1 关卡序列

前面对过场动画进行了简述，本节将通过实例详细介绍如何使用虚幻引擎的过场动画功能。

6.1.1 添加关卡序列

"过场动画"是虚幻引擎制作关卡序列的功能总称，在虚幻引擎5中被简化为功能按钮。在关卡编辑器中找到"添加系列"按钮，它可以制作片头动画和过场动画，也可以直接导出为动画格式，它是以单镜头动画的形式进行实时拍摄、渲染的，可以记录游戏内的各种画面。

单击该功能按钮，选择"添加关卡序列"命令即可启用该功能，如图6.2所示。

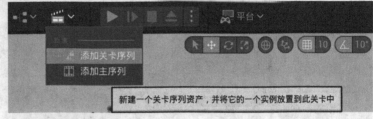

图6.2 关卡序列功能

弹出图6.3所示的面板，可以将关卡序列（保存拍摄参数的文件）保存在某个文件夹中，这里选择在根目录新建一个文件夹"影片"，随后确定该资产的名称并保存。后面所有过场动画的文件都会保存在这里，方便取用。

图6.3 保存到新建的"影片"文件夹中

保存后将弹出关卡序列的编辑面板，可以把"Sequencer"（序列编辑器）面板拖曳到下方的"内容浏览器"面板旁，便于操作，如图6.4所示。

单击该面板中的"新建相机"按钮，如图6.5所示，系统会添加一个摄像机到面板中，同时视口会变为当前创建的摄像机驾驶视角，此时就可以开始录制动画了。

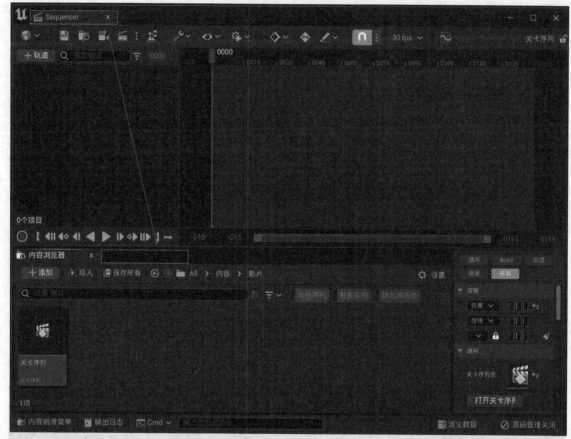

图 6.4　编辑面板

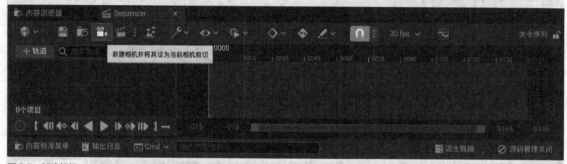

图 6.5　新建相机

需要注意的是,每单击一次"新建相机"按钮就会在列表中添加一个摄像机,所以需要谨慎使用,在场景中添加过多的摄像机不利于后期管理。

添加摄像机后,可以发现主视口两侧有了黑边,这表示摄像机已经激活,如图6.6所示。现在主视口中场景发生的变换是因为摄像机的视角在移动。在移动过程中,调整时间轴指针并添加关键帧即可完成动画的录制,该内容后面会详细说明。

在"Sequencer"面板中,"Cine Camera Actor"(电影摄像机Actor)轨道上有一个摄像机按钮,单击它就可以把主视口切换为自由编辑模式。学习了这一点,下面开始动画录制。

在打开驾驶激活模式的情况下,在"Sequencer"面板中进行编辑,步骤如下,如图6.7所示。

❶ 在面板左侧对"当前光圈"和"当前焦距"轨道的数值进行调整,让镜头聚焦于主体物。

❷ 将时间轴指针拖曳到第0000帧的位置。

❸ 找到"Transform"（变换）轨道，单击小的"+"按钮，添加关键帧记录摄像机的第0000帧位置。

图6.6　摄像机布置完毕

图6.7　根据时间轴指针添加关键帧

　　"Transform"轨道是记录摄像机在当前时间轴的位置、旋转、缩放数值的，在第0000帧记录了摄像机的位置后，后续摄像机都会以这个关键帧为起点进行运动与拍摄。

　　下面制作一个镜头由远推近的简单动画，把时间轴指针拉到尾部第0150帧的位置，在"Transform"轨道上单击小的"+"按钮添加关键帧，如图6.8所示，此时记录的是动画结束镜头。

图6.8 到时间轴尾部添加第二个关键帧

接着需要改变第0000帧的位置关键帧信息，如图6.9所示。

图6.9 回到第0000帧覆盖位置关键帧

❶ 拖曳时间轴指针回到第0000帧。

❷ 在视口内控制摄像机向后拉远。

❸ 在"Transform"轨道中添加关键帧（直接覆盖原来的关键帧）。

需要注意的是，请读者严格按照调整关键帧、移动视口摄像机位置、添加关键帧的步骤进行操作，否则会操作失效。各项调整好之后，一个由远推近、持续5秒的动画就记录完成了。单击面板左下角的"播放"按钮就可以观看动画效果了。

6.1.2 关卡序列设置

"关卡序列"功能是对关卡场景的实时录制和渲染，所以可以先记录摄像机的拍摄位置，再对场景、动画进行细节上的修改。

　　回到"Sequencer"面板，将序列显示率切换为60帧/秒，如图6.10所示，这一操作可以提升画面的流畅度，但设备性能开销会更高，所以在后面的演示中仍使用30帧/秒的序列显示率。

图6.10　调节序列显示率

　　下面通过调整光圈的数值来拍摄一个推近特写镜头的片头，需要一个由远推近，同时镜头从模糊到清晰的效果。调整光圈的数值，从而呈现想要的效果。

　　操作步骤如图6.11所示。

❶ 将时间轴指针移动至第0300帧（最后一帧）。

❷ 在面板左侧设置"当前光圈"轨道的数值为22.0。

❸ 在"当前光圈"轨道上单击小的"+"按钮添加关键帧。

　　因为特写效果的需求，不能让镜头做太远的位移，这样模糊的效果不够明显，读者需要根据模糊效果微调摄像机的位移距离。

图6.11　设置尾帧光圈数值

　　完成第0300帧的设置后，回到首帧进行编辑，操作步骤如图6.12所示。

❶ 将时间轴指针调整到第0000帧。

❷ 将"当前光圈"轨道的数值设置为1.2，达到最佳的模糊效果。

❸ 添加关键帧，使得动画画面在第0000帧到第0300帧的过程中逐渐从模糊变为清晰。

　　动画表现为，从离主体物较远的位置推到主体物面前，镜头效果从模糊至渐渐清晰，展现出主体物的特写效果。

以上的操作均建立在对关键帧的添加和覆盖上，理解了这个原理，就能明白该段动画的拍摄逻辑；也可以尝试调整"当前焦距"轨道的数值，营造出镜头放大、拉远的效果。

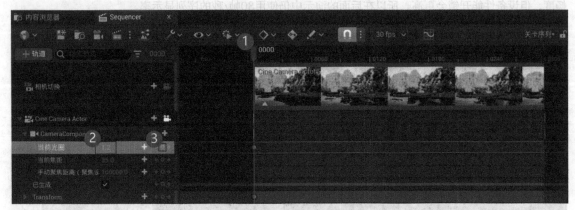

图6.12　设置首帧光圈数值

关卡序列的默认拍摄时长为5秒，可以通过图6.13所示的步骤来延长。注意，完成关键帧记录后再单击"保存"按钮，否则镜头的关键帧信息会丢失。

❶ 向右拖曳帧数的最大值（红色细线）来延长最大帧数。

❷ 向右拖曳胶片的最大值（淡蓝色细线）来延长动画长度。

图6.13　拖曳帧数和胶片的最大值

6.1.3　关卡序列与关卡蓝图

在完成动画的编辑和保存后，就可以把动画添加到关卡中了。这里先以设置开场动画的形式来讲解，读者也可以自行尝试将动画添加到关卡内的不同位置，即以过场动画的形式来播放，这需要读者结合关卡蓝图与触发器来进行编辑，或将过场动画节点连接到蓝图资产中去。

打开关卡蓝图界面，在"事件图表"面板空白处右击并选择"创建关卡序列播放器"节点，如图6.14所示。

随后从"创建关卡序列播放器"节点右上角的引脚拖曳出一个引线，在弹出的搜索框输入"循环播放"并选择第一项，如图6.15所示。

图6.14　创建关卡序列播放器

将"循环播放"节点的"目标self"选项与"创建关卡序列播放器"节点的"Out Actor"选项进行连接，如图6.16所示。

图6.15　激活"循环播放"节点

图6.16　连接节点

连接两者后生成了节点"目标 序列播放器"，后续编辑步骤如图6.17所示。

❶ 将"循环播放"节点中的"Num Loops"（循环数）的数值改为0，让动画只播放一次。

❷ 在"创建关卡序列播放器"节点中展开"Level Sequence"菜单。

❸ 选择前面拍摄好的"关卡序列"。

此时成功引入了关卡序列，需要把它连到"事件开始运行"节点上。

找到"事件开始运行"节点，将其与"创建关卡序列播放器"节点连接，如图6.18所示。

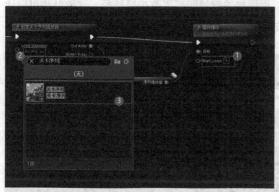

图6.17　选择关卡序列

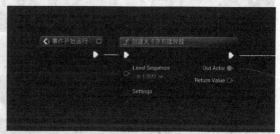

图6.18　连接节点

运行关卡后的效果如图6.19所示，动画可以正常播放了。

图6.19　关卡成功播放了动画

6.2 主序列

前面详细讲解了如何通过"关卡序列"功能在场景中捕捉实时影像，并将其设置为开场动画，本节将通过编辑镜头样条来更为细致地调整动画轨迹，最终将影片导出为常见的视频格式。

6.2.1 摄像机样条编辑

打开驾驶激活模式后（注意，若主视口两侧没有黑边，意味着驾驶模式没有激活，属于正常的编辑模式），在视口内可以看到关卡序列摄像机的运动轨迹，如图6.20所示，通过这种方式可以对摄像机的拍摄路径进行更精确的控制，详细操作方式如下。

❶ 在"Sequencer"面板中单击"Cine Camera Actor"（电影摄像机Actor）轨道的摄像机按钮，关闭驾驶激活模式。

❷ 在视口内调整视角，使摄像机出现在视口中。

❸ 从"大纲"面板或视口中选中该摄像机。

❹ 此时视口内出现的绿色样条线就是该摄像机的运动轨迹。

❺ 在选中该摄像机的情况下移动时间轴指针可以看到摄像机在沿着样条线匀速运动。

选择任意一处关键帧，在运动轨迹上移动摄像机，再添加关键帧即可更改拍摄路径，这种办法可以让摄像机的运动轨迹绕过一些障碍物。下面来使用这个技巧拍摄第二个动画。

图6.20　查看摄像机运动轨迹

回到"内容浏览器"面板，新建一个关卡序列，命名为"漫游"，如图6.21所示。为避免破坏之前已经完成的关卡序列，在后面可以拼合数个关卡序列，使其成为一个较长的动画。本次要通过编辑摄像机样条线来拍摄一个在场景中进行漫游的短片。

图6.21 新建关卡序列"漫游"

打开第二个关卡序列"漫游",打开驾驶激活模式,在场景边缘靠外的位置添加第一个关键帧,作为动画的起始位置,同时将"当前焦距"轨道的数值设置为35.0并在右侧单击小的"+"按钮添加关键帧,让动画的镜头从局部开始录制,如图6.22所示。

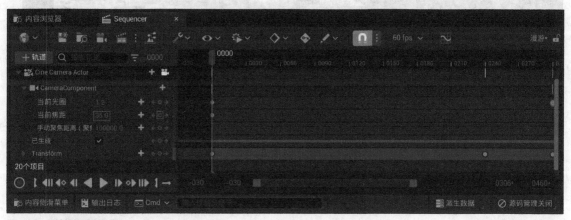

图6.22 开始拍摄漫游场景

在第0240帧处移动摄像机到场景的边缘位置,添加第二个位置关键帧,在0240帧范围内摄像机会以适中的速度匀速移动,展示两个关键帧内的场景,操作步骤如图6.23所示。

❶ 将时间轴指针调整至第0240帧。

❷ 在视口中将摄像机移动至合适位置,并在"Transform"轨道上添加关键帧。

❸ 为了让摄像机在当前位置能够拍摄到更多画面,将"当前焦距"轨道数值设置为25.0。

❹ 为"当前焦距"轨道添加关键帧,由于已经记录了初始焦距为35.0,所以在第0000帧到第0240帧中,焦距将匀速由35.0变化至25.0,使得画面逐渐拉远。读者可以根据场景的情况对焦距数值进行调整。

通常情况下,在动画制作中会比较忌讳动画出现闪烁、镜头速度过快的情况,所以后面在添加关键帧时也应该保证每个关键帧的间隔相同。

根据上述原理,将胶片和最大帧数延长至第0467帧(任意),控制摄像机在场景内进行匀速环绕运动,逐步展现场景内的所有内容,最终聚焦于拍摄主体的另一面,使两段动画产生交集,拍摄完毕的时间轴如图6.24所示,可以看到在4个关键场景处添加了位置关键帧,摄像机将围绕该4个区域进行拍摄。

图 6.23　添加关键帧并设置焦距

图 6.24　拍摄完毕的时间轴

　　单击"播放"按钮可以看到部分拍摄路径有障碍物遮挡了视线，如图6.25所示，此时就可以切换到正常编辑模式，修改摄像机样条来绕过障碍物。

图 6.25　出现障碍物遮挡

通过查看摄像机样条，能很清楚地看到每一个关键帧（线上的点），且当前视口中存在两段路径，这表示该两处路径的摄像机处在障碍物内，需要进行调整，如图6.26所示。

图 6.26　查看摄像机样条

调整方法如图6.27所示，直接单击视口中样条线段的关键帧（第0215帧）即可对该段样条进行修改，详细操作步骤如下。

❶ 单击样条线中的问题关键帧，或从时间轴中进行选择。

❷ 调整该关键帧中摄像机的位置，将摄像机从障碍物中拖曳出来。

❸ 直接在"Transform"（变换）轨道上单击小的"+"按钮进行覆盖，修改摄像机的运行轨迹。

覆盖完毕后，可以发现摄像机的路径也随之改变了，这说明摄像机的路径（样条）是随着关键帧而变化的。

图6.27　修改摄像机样条

样条编辑效果如图6.28所示，修改了第0215帧处的摄像机位置，同时在第二处深色路径位置添加了新关键帧，随后调整该处的摄像机位置即可使样条路径避开障碍物。

播放动画可以查看修复效果。该方法常用于在室内、室外场景中修正摄像机的运动轨迹来绕开障碍物，是比较常见的动画编辑方法。

图6.28　样条编辑效果

6.2.2　添加主序列

在掌握上述内容后，可以尝试拼合多段动画了，这需要用到"添加序列"中的第二项命令"添加主序列"（关卡序列可以单独渲染、导出）。

主序列的添加方式和关卡序列类似，保存到"影片"文件夹中并进行命名，其余属性默认即可，如图6.29所示。

图6.29　在"影片"文件夹中添加主序列

创建完毕后系统将自动打开主序列面板，如图6.30所示，可以看到主序列面板和关卡序列类似，在时间轴内删掉主序列自动添加的镜头片段。

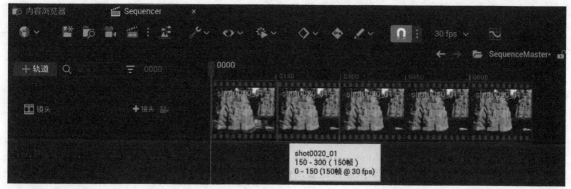

图6.30　主序列面板

　　删除完毕后，在面板左侧"镜头"轨道上单击"镜头"按钮，添加之前制作的关卡序列，如图6.31所示。

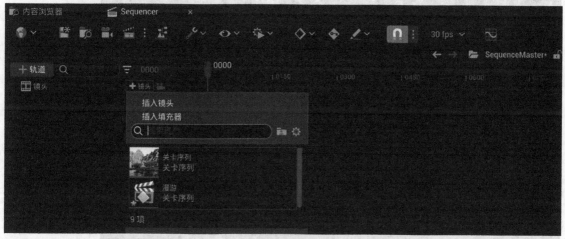

图6.31　添加两个镜头（关卡序列）

　　可以像常规剪辑软件那样去编辑它们，这里把特写镜头"关卡序列"拖曳到"漫游"后方，把两个片段拼合到一起，再将主序列的帧率设置为60帧/秒，如图6.32所示。

图6.32　拼合镜头

　　动画拼合完毕后单击"镜头"轨道上的摄像机按钮打开驾驶激活模式，并单击面板底部的"播放"按钮，可以看到两段动画已经剪辑到了一起，且可以按顺序播放了，如图6.33所示。

图 6.33　尝试播放主序列

在播放过程中可以发现，两段动画连接位置的镜头过渡较生硬。这里可以为影片的衔接处添加一个"黑色过渡"效果，这也是视频剪辑中常用的一种方式。

添加方式如图6.34所示，单击主序列面板左侧的"轨道"按钮，选择"渐变轨道"命令。

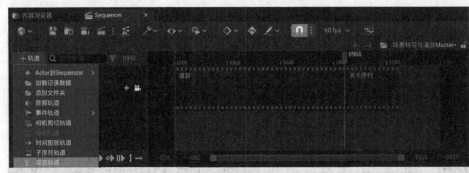

图 6.34　添加"渐变"轨道

"渐变"轨道的使用较为简单，详细操作步骤如图6.35所示。

图 6.35　使用"渐变"轨道

❶ 将时间轴指针调整至第0960帧。

❷ 选择"渐变"轨道，修改数值为1.0。

❸ 添加关键帧，这会使得整个画面呈现黑色。

随后在该位置的前后60帧处各添加一个关键帧，在"渐变"轨道输入0.0，如图6.36所示，一个简单的渐变效果就处理好了，这样动画在衔接处就会呈现一个时长为2秒的渐变效果。

图 6.36　设置渐变时长

也可以在片尾设置"黑色渐变"效果。假设动画的最后一帧为第1500帧（25秒），就需要在第1440帧处设置"渐变"关键帧（数值为0.0），如图6.37所示，随后在最后一帧处添加"渐变"关键帧（数值为1.0），如此设置的渐变效果较为自然。

图 6.37　在片尾制作渐变效果

6.2.3　影片渲染

现在尝试将主序列渲染为视频。虚幻引擎5中可选的视频渲染格式有AVI格式，单击主序列面板中的"影片渲染"按钮即可开始渲染，如图6.38所示。

动画渲染设置面板如图6.39所示，需要设置的项目较多，具体操作步骤如下。

❶ 在"图像输出格式"下拉菜单中选择AVI格式，使动画渲染为视频格式。

❷ 在"分辨率"下拉菜单中选择大小合适的比例。

❸ 设置"输出目录"。

❹ 在"过场动画"栏中取消勾选"过场动画模式"选项。

图 6.38　渲染影片

"过场动画模式"会使得导出的影片呈现第一人称模式，不勾选它则可导出第三人称效果的影片。确认好所有选项后单击"捕获影片"按钮即可。

渲染完毕后，可以在指定位置打开相关视频，可以发现视频体积较大，所以产出的视频需要使用相关工具压缩体积。需要注意的是，在使用相关软件优化视频体积的时候，输出格式必须是AVI格式，否则影片无法正常播放。视频渲染效果如图6.40所示。

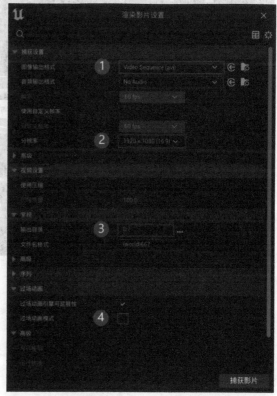

图 6.39　动画渲染设置面板

图6.40 视频渲染效果

此外，也可以把主序列直接添加到关卡中去。使用"创建关卡序列播放器"节点，将"Level Sequence"选项切换为主序列的名称即可，如图6.41所示。

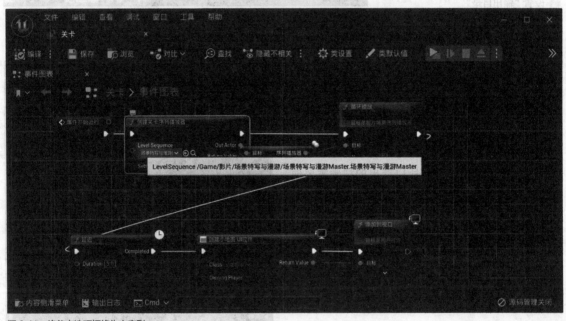

图6.41 将节点选项切换为主序列

07章

项目发布

在完成了前面的学习后，相信读者对虚幻引擎5已经有了较全面的了解。本章将讲解如何把前面制作的内容进行打包和分享，引导读者下载相关软件并逐步完成打包工作。

本章内容针对Windows平台，完成打包后，将生成一个包含可执行文件的文件夹，可以将该文件夹压缩后复制给甲方以完成交付。在通常情况下，甲方的计算机可以直接运行该程序。

虚幻引擎5中程序的打包操作比较简单，但仍有一些需要注意的地方，包括构建、无关资产清理、打包设置等，下面将以实例进行讲解。图7.1所示为程序打包后运行效果。

图7.1　程序打包后运行效果

7.1 **Visual Studio**

在项目的交付阶段，通常需要将制作的客户端进行压缩和发布后才能交付给客户，而虚幻引擎5的项目发布（打包）功能是基于 Visual Studio运行的，若缺少此项软件打包必定失败，该软件需要自行安装。Visual Studio是一款由微软公司发行的开发工具包系列程序，简称 VS。它是一种全面的集成开发环境（Integrated Development Environment，IDE），可用于编写、编辑、调试和生成代码，然后发布应用。

7.1.1　Visual Studio简述

除了代码编辑和调试之外，Visual Studio 还包括图形设计器、编译器、代码完成工具、源代码管理、扩展和许多其他功能，可以改进软件开发过程的每个阶段。利用 Visual Studio 中的各种功能和语言支持，用户可以从编写第一个"Hello World"程序进化到开发和部署应用。例如，可以使用.NET 生成桌面和 Web 应用，使用 C++ 生成移动和游戏应用。Visual Studio 2022预览图如图7.2所示。

图 7.2　Visual Studio 2022 预览图

7.1.2　Visual Studio下载与安装

下面将逐步引导读者下载并安装该程序。在搜索引擎搜索"安装Visual Studio Microsoft Learn"，访问其官方网站，如图7.3所示。

图 7.3　搜索

随后单击网页右上角的"下载Visual Studio"按钮进行跳转，如图7.4所示。

单击"社区"版下方的"免费下载"按钮即可进行下载，如图7.5所示。

图 7.4　下载 Visual　Studio

图 7.5　免费下载社区版

随后，打开下载好的文件"VisualStudioSetup.exe"进行安装，如图7.6所示。

执行安装程序后，系统会进行弹窗提示，单击"继续"按钮即可，如图7.7所示。

图7.6 "VisualStudioSetup.exe"

图7.7 执行安装程序

程序的配置文件选择如图7.8所示，在"桌面应用和移动应用"分类中勾选"通用Windows平台开发"选项，随后在右侧菜单中勾选"Windows 10 SDK (10.0.19041.0)"选项，该选项是进行打包的必要配置。

切换到"单个组件"选项卡，在搜索框中输入"CORE"（核心），勾选".NET Core 3.1 Runtime (Long Term Support)"，即".NET Core 3.1运行时（长期支持）"，然后进行安装即可，如图7.9所示。

图7.8 程序的配置文件选择

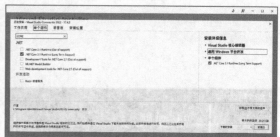

图7.9 "单个组件"选项卡

也可以重新打开安装程序，在该页面单击"修改"按钮来添加其他组件，如图7.10所示。

现在使用虚幻引擎5的打包功能来验证Visual Studio组件是否安装成功。在虚幻引擎5界面中打开"平台"相关操作菜单，选择"Windows"命令，可以看到该命令处没有三角形警告符号，表示当前可以选择在Windows平台进行打包发布，如图7.11所示。下面进行打包前的命令设置。

将Visual Studio组件安装完成后，读者可以直接尝试"打包项目"，若打包成功则可略过后续内容。

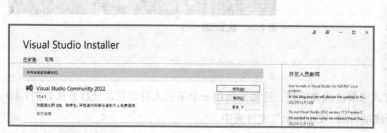

图7.10 添加或修改组件

图7.11 组件安装成功

7.2 项目发布

完成Visual Studio的安装后，可以尝试进行项目发布了，项目发布的进程速度与成功率将受到项目体量的影响，项目的体积越小，打包速度越快、成功率越高。

7.2.1 项目打包设置

若在打包过程中出现错误，则需要按照以下步骤依次进行设置，逐步排除问题。

从"编辑"菜单中打开"项目设置"面板，找到"地图和模式"设置中的"游戏默认地图"选项，查看引用是否指向正在编辑的关卡地图，如图7.12所示。若此处设置错误，则会导致打包完毕的项目运行后呈现黑屏状态。

随后再次尝试打包，选择"打包项目"命令，如图7.13所示。此时会弹出面板，其中可以选择打包文件的保存位置，选择完毕后即可开始打包，随后右下角会依次弹出"正在打包"和"打包失败"的提示，单击"打包失败"提示框中的"显示输出日志"按钮进行查看。

图7.12　检查默认地图

图7.13　打包失败

输出日志如图7.14所示，图中的白色字符表示正常内容，黄色字符表示警告，而红色字符表示出现的错误，可以看到日志中出现了大量关于"未知函数"的错误。

图7.14　输出日志

7.2.2 迁移项目关卡

可以通过将关卡"迁移"的方式来解决该类问题，这需要新建一个第三人称项目。迁移方法如图7.15所示，将当前使用的关卡迁移到新建项目的"Content"文件夹中。

选择"迁移"命令后，弹出"资产报告"面板，如图7.16所示，选择与该关卡关联的全部资产，单击"确定"按钮。

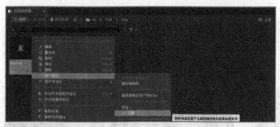

图 7.15　迁移关卡

资产报告
以下资产将被迁移到另一个内容文件夹内。
Bridge
MSPresets
M_MS_Decal_Material
MF_QuixelDecalPOM
M_MS_Default_Fuzz_Material
Functions
MF_Fuzz
MF_Tiling
确定
取消

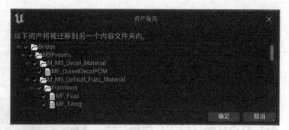

图 7.16　选择与该关卡关联的全部资产

选择目标项目的“Content”文件夹，如图7.17所示，单击“选择文件夹”按钮。

此电脑 › 文档 › Unreal Projects › teaching ›
在 teaching 中搜索
组织
新建文件夹
桌面
OneDrive - Perso
WPS网盘
此电脑
3D 对象
视频
名称
修改日期
类型
大小
Build
2022/12/16 15:29
文件夹
Config
2022/12/16 16:53
文件夹
Content
2022/12/16 17:02
文件夹
DerivedDataCache
2022/12/16 15:22
文件夹
Intermediate
2022/12/16 17:02
文件夹
Saved
2022/12/16 17:15
文件夹
Script
2022/12/16 16:53
文件夹

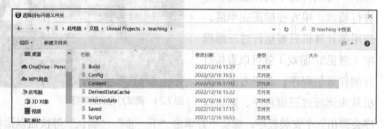

图 7.17　选择目标项目的“Content”文件夹

之前在数字人类的4.2节中提到数字人类的蓝图资产可能导致相关联的资产在迁移时发生错误，所以要求读者积极进行备份。在迁移使用了数字人类蓝图的关卡时发生了错误，如图7.18所示，需要将数字人类相关资产进行删除后才能使用迁移功能，也可以考虑将数字人类相关内容制作为视频资源进行使用。

消息日志
资产工具（1）
资产工具：无法确定资产/CharacterParts/Male/Medium/UnderWeight/Body/m_med_unw_body的内容文件夹
取消
显示消息日志
清除

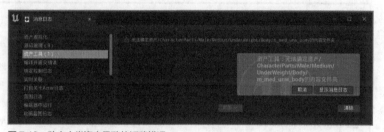

图 7.18　数字人类资产导致的迁移错误

处理以上错误后重新进行迁移，成功将关卡迁移到了新项目中，如图7.19所示，单击原关卡可以正常运行。此时需要将原关卡设置为新项目的游戏默认地图，并对关卡进行构建。

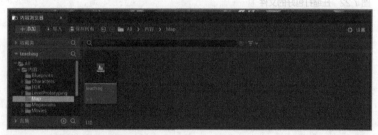

图 7.19　迁移后关卡正常加载

再次尝试打包后的效果如图7.20所示，成功在磁盘中完成了打包，单击扩展名为“.exe”的文件即可运行程序。

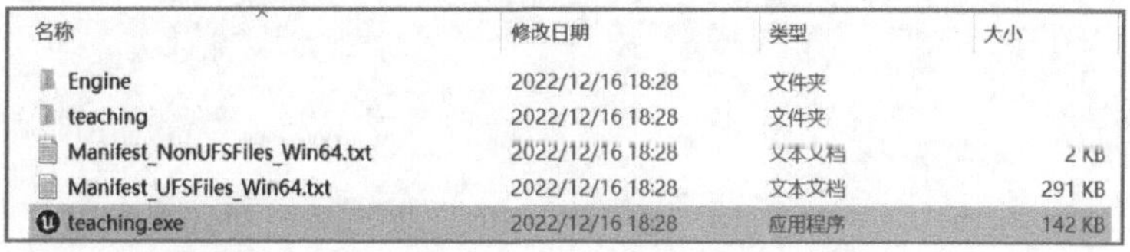

名称
修改日期
类型
大小
Engine
2022/12/16 18:28
文件夹
teaching
2022/12/16 18:28
文件夹
Manifest_NonUFSFiles_Win64.txt
2022/12/16 18:28
文本文档
2 KB
Manifest_UFSFiles_Win64.txt
2022/12/16 18:28
文本文档
291 KB
teaching.exe
2022/12/16 18:28
应用程序
142 KB

图 7.20　打包完毕

7.2.3　注意事项

注意，打包完毕的文件夹名和执行程序的名称不可以再更改，否则会导致文件无法运行。这里若需要更改，必须回到项目编辑界面，更改保存的文件夹名和项目文件名，再重新打包，也可以利用生成，exe格式文件的桌面快捷方式的方法来间接达到改名的效果，这也是常规游戏开发使用的技巧。

打包完毕后，要对打包程序进行测试，检测能否成功运行、主要功能是否实现，运行效果如图7.21所示。

在确认打包的程序运行无误后，将文件进行压缩，如图7.22所示，可以将这个文件发给甲方进行验收。甲方在解压完毕后，使用的计算机只要运行过三维程序（常见3D游戏）就可以直接打开制作好的程序；若甲方的计算机从未运行过三维程序，则该程

图 7.21　测试打包后的项目

序会弹出一个安装程序，需要甲方单击"下一步""确认"等按钮以运行。

名称	修改日期	类型	大小
WindowsNoEditor	2021/10/23 20:53	文件夹	
WindowsNoEditor.rar	2021/10/23 20:56	WinRAR 压缩文件	2,012,265 KB

图 7.22　压缩打包好的文件